電気事業講座

電力系統

電気事業講座編集委員会 編纂

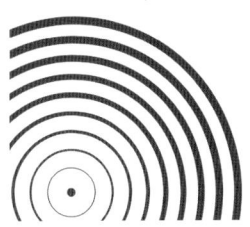

エネルギーフォーラム

講座編集委員会の構成 （敬称略・順不同）

濱田 賢一　北海道電力株式会社　取締役副社長
大山 正征　東北電力株式会社　取締役副社長
築館 勝利　東京電力株式会社　取締役副社長
山内 拓男　中部電力株式会社　取締役副社長
髙田 憲一　北陸電力株式会社　取締役副社長
森本 浩志　関西電力株式会社　取締役副社長
細田 順弘　中国電力株式会社　取締役副社長
太田 克己　四国電力株式会社　取締役副社長
芦塚 日出美　九州電力株式会社　取締役副社長
仲田 和弘　沖縄電力株式会社　取締役副社長
桝本 晃章　電気事業連合会　　副　会　長

編集責任者
酒井 捷二　エネルギーフォーラム　取締役社長

はしがき

　電気は、照明・動力源・熱源・コンピュータの信号や通信機器など家庭・産業・交通などのさまざまな分野にわたり、大きな役割を果たしている。

　この電気エネルギーは、貯蔵が難しいことから、需要家のニーズにあわせて発電所で生産され、送電線・変圧器・配電線などの流通設備を介して需要家に届けられた後、直ちに消費される製品である。

　社会を支えるインフラとして途絶えることなく電気を供給するためには、発電設備や流通設備などの電力系統は、瞬時瞬時のピーク需要に見合った設備を有する必要があり、電気事業者は、経済的で合理的な設備長期計画を策定し計画的に構築してきている。

　わが国においては、1995（平成7）年に行われた31年ぶりの電気事業法改正により卸発電分野が自由化され、1999年の法改正を経て2000年3月から特別高圧のお客さまを対象とした小売の部分自由化が行われた。その後、2003年の法改正を踏まえ、2004年には契約電力が500kW以上の高圧の需要家が自由化された。2005年4月以降はすべての高圧の需要家が自由化された。

　こうした電気事業制度改革により、電力系統は一般電気事業者だけでなく特定規模電気事業者や卸電力取引などにも利用され、電力流通のインフラとしての役割も高まってきており、電力系統の設備形成・運用にあたって、これまで以上に公平性・透明性が求められるようになってきている。

　また、電源が消費地から遠隔化していくことや大容量化に伴う電力系統安定化問題と、この電源を輸送するための大容量超高圧送電線に伴うさまざまな環境問題、さらに系統拡大に伴う短絡容量の増加などの問題も抱えている。

　電力系統は生き物であり、電源設備が電力系統のどこに連系されるか、また送電線や変圧器の設備容量をどの程度で構築するかによりさまざまな様相を呈する。それが電力系統の安定度や電圧・周波数の諸特性として表れる。

　本巻の編集にあたっては、上記の電力系統における課題や特質を踏まえ、第

1章では電力系統の構成と諸特性、第2章では電力系統計画の概要と運用業務支援について、第3章では電力系統の運用について、第4章では電力系統需給安定のための広域運営および電力系統利用協議会について記載した。

　本巻が、読者諸氏にとって、電力系統について理解を深める一助になれば幸いである。

平成19年1月

電気事業講座編集委員会

電気事業講座 第7巻 電力系統
目 次

はしがき

第1章 電力系統 ─────────────── 7

第1節 電力系統の構成 ──────────── 8
1. 電力系統の基本構成 9
2. 電力系統の変遷と特徴 11
3. 電力系統構成 17
4. 電力系統の連系 21
5. 直流送電 23

第2節 電力系統の諸特性 ──────────── 26
1. 電力の品質 27
2. 周波数・電圧の変動 38
3. 系統の安定度 47
4. 系統の短絡容量 60
5. 電磁誘導 64
6. 変動負荷の影響 66

第2章 電力系統の計画 ─────────────── 73

第1節 電力系統計画の概要 ──────────── 74
1. 電力系統計画の必要性 74
2. 電源開発計画と送変電計画 76
3. 電力長期計画と供給計画 78

第2節 電力需給計画 ──────────── 79
1. 電力需要想定 79

2．電力需給計画　85
　第3節　送変電計画---100
　　1．送変電計画の基本事項　100
　　2．基幹系統計画　111
　　3．大都市の送変電計画　114
　　4．一般地域の送変電計画　121
　第4節　配電計画---124
　　1．配電計画の基本事項　124
　　2．高負荷密度地域の配電計画　137
　　3．一般地域の配電計画　143
　第5節　系統保護計画---149
　　1．系統保護計画の基本事項　149
　　2．中性点接地方式　152
　　3．系統保護リレー方式　157
　　4．系統保護リレーのデジタル化と今後の方向性　168
　第6節　電力系統計画・運用業務の支援システム---------------171
　　1．システムの現状　171
　　2．これからの方向性　174

第3章　電力系統の運用―――――――――――――――177

　第1節　系統運用の概要---------------------------------------178
　　1．系統運用の目的と内容　178
　　2．給電指令組織とその機能　179
　第2節　電力需給の調整---------------------------------------182
　　1．需給調整　182
　　2．需要予測と発電計画　183
　　3．供給力　185
　第3節　電力系統の運転操作-----------------------------------197
　　1．系統操作とその必要性　197
　　2．系統操作の種類　197

3. 気象と電力系統の運転　200
    4. 系統操作の訓練　201
  第4節　電力系統の調整と制御------------------------------202
    1. 負荷周波数調整　202
    2. 潮流調整　216
    3. 電圧調整　230
  第5節　電力系統の経済運用-------------------------------242
    1. 水　力　242
    2. 火　力　249
    3. 水・火力総合経済運用　253
  第6節　電力系統総合自動化------------------------------257
    1. 総合自動化の目的と効果　257
    2. 総合自動化システム　258
    3. 総合自動化項目と内容　263

第4章　電力系統の広域運用 ──────────── 267

  第1節　広域運営の組織と機能----------------------------268
    1. 広域運営の目的　268
    2. 広域運営の組織　268
    3. 広域運営の機能　270
  第2節　広域運営における電力融通-------------------------273
    1. 電力融通契約　273
    2. 電力融通の運用　275
  第3節　広域運営における給電運用-------------------------277
    1. 広域給電運用機関　277
    2. 連系統の運用　277
    3. 連系設備の運用　279
    4. 広域給電運用の展望　280
  第4節　電力系統利用協議会-----------------------------282
    1. 電力系統利用協議会の設立の背景　282

2. 電力系統利用協議会の事業内容　282
3. 電力系統利用協議会の組織　283

索　引　286

装幀
安彦勝博

第1章
電力系統

第1節　電力系統の構成

　わが国における電力需要の伸びは、国家経済の成長と国民生活の高度化を反映して、順調に推移してきたが、二度にわたる石油危機を経て産業構造の変化、省エネルギーの進展等により安定成長型に変化してきており、今後も生活水準の向上やアメニティ志向の高まり、高年齢化社会の到来などから着実に増加していくものと考えられる。

　このような需要の伸びに対応し、供給の安定性と経済性の両面を勘案した最適な電源構成を指向した電源開発が進められるが、環境対策面並びに土地の有効活用面等から、電源開発地点は次第に需要中心地から遠隔化すると共に、発電所の規模もユニット容量の大型化と相まって増大してきた。このため、これら電源地点からの電力を輸送する流通設備は、ますます長距離かつ大容量化を図る必要が生じてきている。

　一方、需要への供給面としては、地域社会の発展に伴い、都市化、過密化の傾向はさらに一段と強まってきており、とくに大都市においては、ビルの高層化、大規模化、地下利用拡大など、都市構造の高度化に伴い供給設備も大容量・高電圧化が進んでいる。

　また、電力供給に対する社会的要請は次第に高度化・複雑化してきており、電力の質・量の充足はもちろんのこと、送電線経過地における用地・環境対策、地域開発や都市構造との調和など、電力輸送設備計画はますます困難になってきた。

　これらの諸情勢の中で、先見的かつ合理的な電力系統を構成していくため、発電設備、送電設備、変電設備、配電設備、それぞれ個々の計画立案のみに注目することなく、電気事業の将来展望をはじめ、地域社会の発展動向や電気事業に対する要請を的確に把握し、これに対して各設備間の協調を図り、経済効果とのバランスに十分留意しながら、総合的に計画を立案してきた。近年では、地球温暖化防止や熱エネルギーの有効活用の観点から、新エネルギーやコジェネなどの小規模の分散型電源も導入が進み、また、発電分野に競争が導入され、

IPP（independent power producer）や PPS（power producer and supplier）が参入するようになり、電源と流通設備の調和は、公平性と透明性の視点も加え、新たな局面を迎えている。

なお、2005（平成17）年4月の電気事業制度改革においても、電力会社の発送電一貫体制は維持され、発電・販売部門に対する競争中立性を確保しながら、経済的、効率的な流通設備計画を立案している。

1. 電力系統の基本構成

1-1　系統の構成

電気エネルギーは、そのまま貯蔵することができないため、生産から消費に至る流通機構は、瞬時に機能しなければならず、かつ生産と消費は常に同量でバランスがとれていなければならない。

電力は、このような特質をもつものであるため、発電・輸送・消費の流通経路は一貫したシステムとして構成する必要があり、これを「電力系統」という。

図1-1　電力系統の基本的構成例

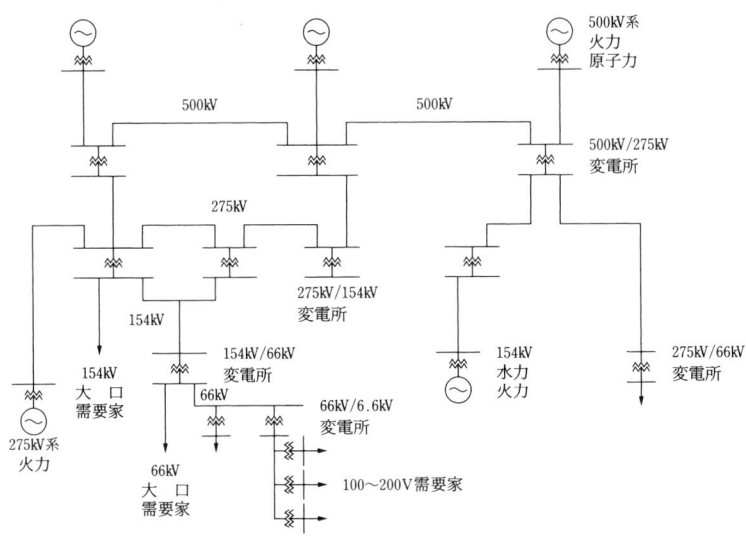

第1章　電力系統

　すなわち、電力系統は多くの発電所、変電所、送配電線および負荷が有機的に密接に連系されて、電力の発生から消費までを司るもので、通常、その機能上、大別して送変電系統と配電系統とに分けられる。

　電力系統の基本的構成例は（図1-1）に示した通りであるが、実際には、このような基本的系統が複雑に組み合わされて一つの電力系統が形成されている。

1-2　系統の構成要素

（1）　発電所

　発電所とは、電気エネルギー以外の形のエネルギーを、電気エネルギーに変換する一連の設備をいうもので、変換前のエネルギーの形態によって、その名称が付けられている。

　現在、一般に使われているものに、水力発電所、火力発電所、原子力発電所、地熱発電所、さらに風力発電所などがある。

（2）　変電所

　変電所とは、流通経路の中にあって、電圧の大きさを変換することを主目的とするものであり、その主な設備が変圧器である。

　変電所のその他の役割としては、電圧を適正に維持し、さらには電力の流れを集合したり、配分したりするものであり、そのために調相設備や開閉装置などが設置される。

（3）　送電線

　送電線とは、一般的に発電所もしくは変電所相互間、または発電所と変電所との間を連絡する電線路をいう。

（4）　配電線

　配電線とは、一般的に配電用変電所から需要家に至る電線路をいう。

2. 電力系統の変遷と特微

わが国の電力系統は、電力需要の伸びと共に拡充強化され、2004（平成16）年度末における電力10社の送電線亘長は（図1-2、3）に示す通り9万4124kmで、このうち超高圧以上の送電線のみでも2万616kmにも達し、また、（図1-4）に示すとおり電力10社の発電設備は約2億kW、事業用・自家用を含めると2億7千kWを有する膨大な電力系統を構成するに至っている。

2-1 系統構成の変遷

この系統構成の発展過程を大別すると、おおよそ次の5期に分けてみることができる。

（1） 単純系統時代

当初（明治20年代、1887年～）の電力系統は（図1-5）にみるように、1ない

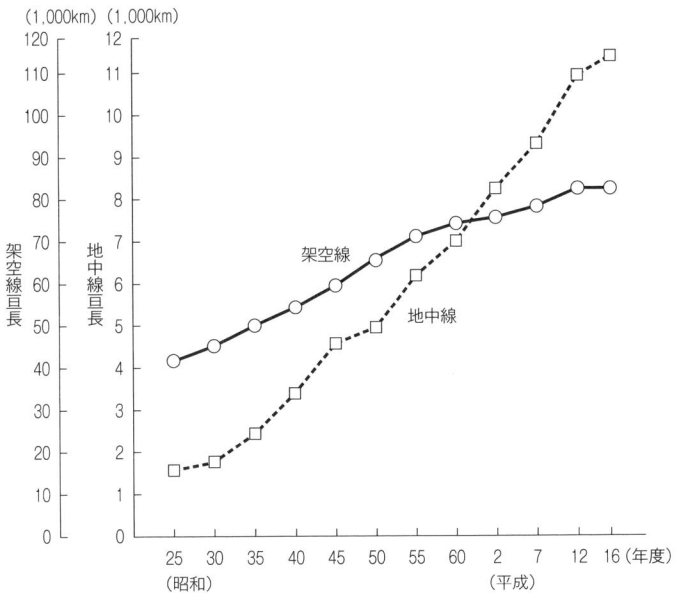

図1-2 送電線路亘長の推移

第1章　電力系統

図1-3　電圧別送電線路亘長の推移

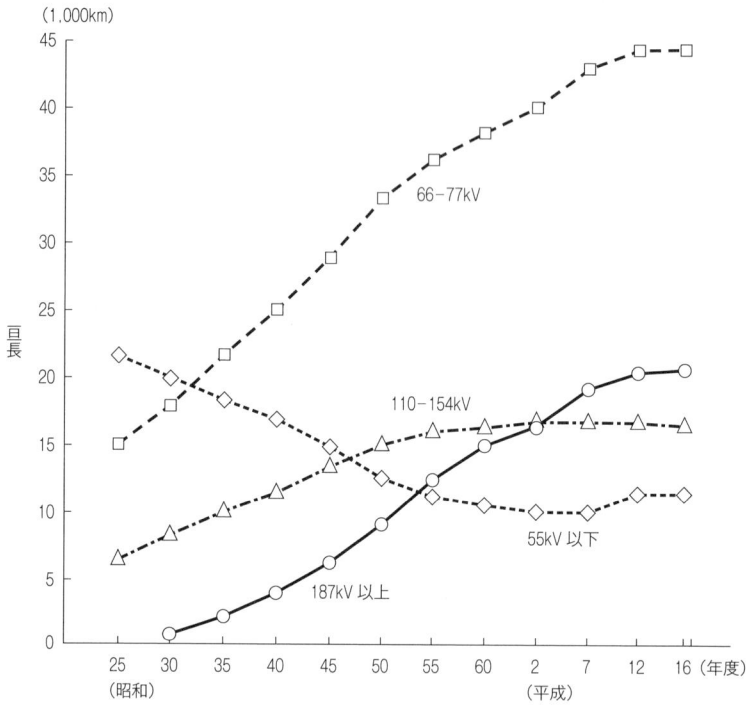

し数発電機を有する発電所を中心に、市内配電を行う単純な電力系統であった。

(2)　系統連系導入時代

　電力需要の増加に伴い、単純系統の運用では行き詰まりを生じてきた。そのため大正年代（1912年～）に入ると、（図1-6）のように単純系統群の負荷側に連系線を設け、1電力系統として運用するようになってきた。しかし、この場合も、各単純系統ができるだけ需給バランスをとり、連系線に流れる電力潮流を各系統の電力の過不足を補充し合う程度に極力小さく抑え、系統事故時には、まず系統分離点で各単純系統に分離し、各系統は単独で運転をすることができるように運用された。

　この連系系統は、単純系統に比べて発電設備の有効利用や電力損失の軽減な

図１−４　発電設備の推移

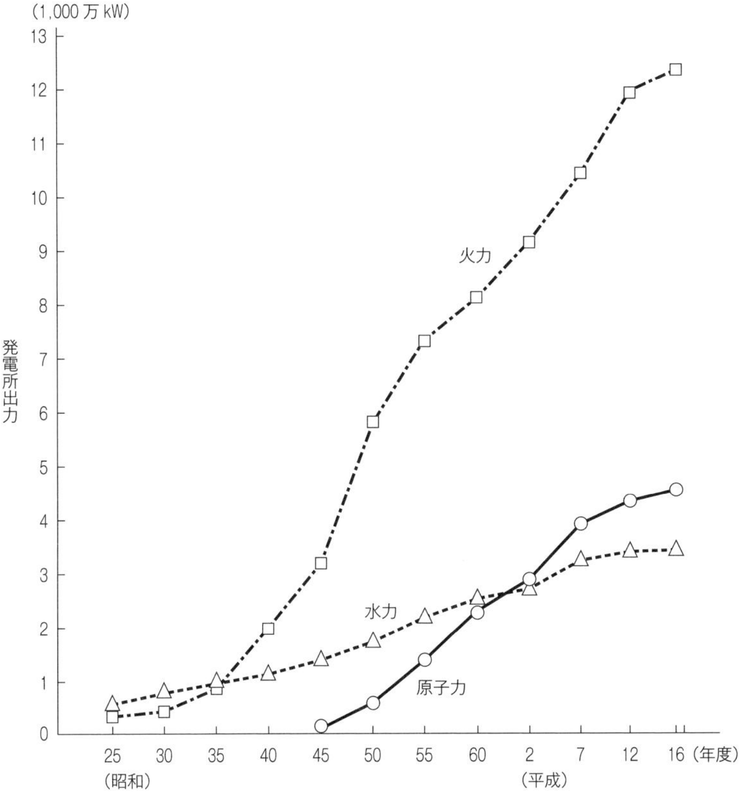
(1,000 万 kW)
13
12
11
10
9
8
7
6
5
4
3
2
1
0
発電所出力
火力
水力
原子力
25
30
35
40
45
50
55
60
2
7
12
16
(年度)
(昭和)
(平成)

図１−５　単純系統

発電所
G
G
変電所
需要家

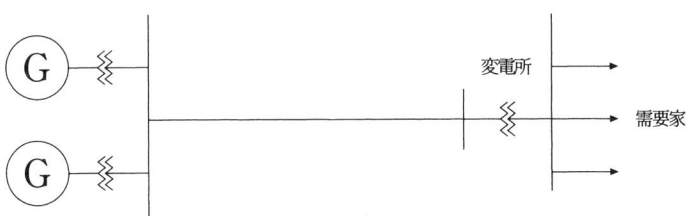

第 1 章　電力系統

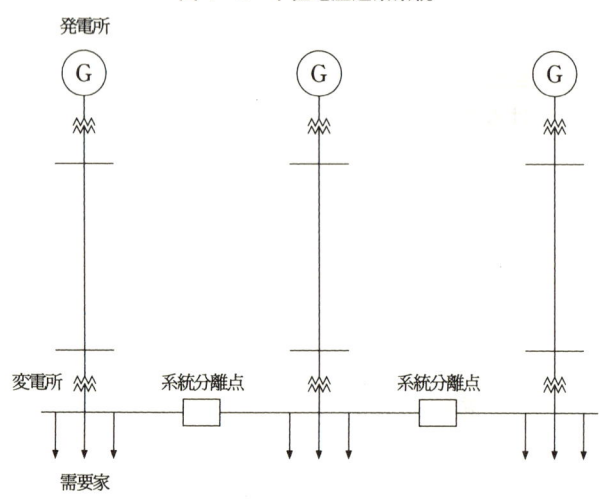

図 1-6　下位電圧連系系統

どの経済的効果が高く、そのうえ系統事故を系統分離により局所的に抑え、事故の拡大を防止する機能をもつ優れた系統方式である。このような方式で、もっとも著名なのが 1937（昭和 12）年に建設された東京 66kV 内輪線で、1958 年までの間、系統連系の機能を大いに発揮した。

　また、この時代には大規模水力発電の開発が急速に進展したが、消費地から遠く離れた水力発電の開発には高電圧・長距離送電が必要となってきた。このため、1914（大正 3）年には 115kV 猪苗代旧線、1923 年には 154kV 甲信線による送電に成功し、その後の 154kV 時代を拓いた。

（3）　下位電圧連系系統時代

　このように下位電圧連系系統は経済性の効果と共に、供給信頼度も向上したが、第二次世界大戦中および戦後の急激な需要の伸長に際し、送変電系統をそのままにして、大規模な山側水力の開発や里側火力の大容量化が図られたため、送電線の事故時などに安定度が崩れ、脱調事故が頻発すると共に、常時の運用においても連系線潮流を小さく抑えることが困難になってきた。

　このように、低圧連系系統の特長である系統の縦割り運用の妙味が薄れる一

方、里側低圧系統の拡大により、系統短絡容量の増大など問題が生じてきた。

(4) 超高圧連系系統時代

送電技術面における世界的な送電電圧の向上、電源開発面における大容量貯水池式水力発電所、高効率大容量火力発電所の開発などに伴い、大電力を効率的に輸送するため電圧の格上げが行われた。

1952（昭和27）年新北陸幹線の275kV採用以降、超高圧系統は大水力・火力発電所と連系される送電基幹系統として、また、連系能力の増大と短絡容量抑制対策として、里側基幹系統に採用されるようになってきた。

すなわち、（図1-7）のように里側超高圧系統を一つの系統母線として扱い、これに放射状の超高圧電源線を通系する形態をとった超高圧東京外輪線を昭和33年に完成させ、わが国初めて超高圧による系統連系が開始された。超高圧連系により、一般には下位系統は超高圧変電所を単位に分割して運用されるようになったが、一部には系統保護技術の発達に伴い、超高圧と下位電圧との異電圧ループ系統も構成されるようになった。

図1-7 超高圧連系系統

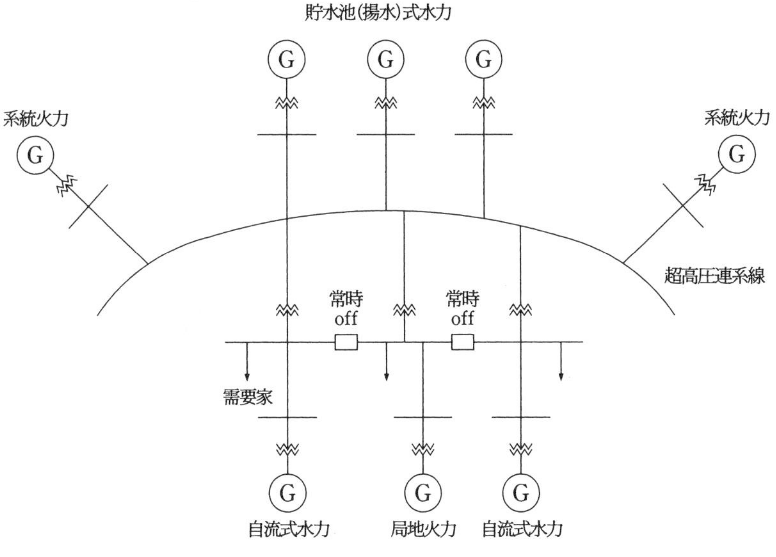

(5) 500kV 連系系統時代

1966（昭和41）年、茨城県の東海村に16万6000kWのわが国で初めての"原子の火"がともされ、原子力発電所建設の幕開けとなった。

その後は火力・原子力発電所共に新しい技術の開発により、単機容量100万kW級の大容量機が運転されるようになった。

一方、電源地点は、需要地点より遠隔化すると共に一地点に集中的に電源開発が推進されるようになり、超高圧による送電は安定度面並びに送電容量面からも困難となり、さらに上位電圧が必要となり、1973（昭和48）年に房総線が500kVに昇圧され、500kV送電が開始された。その後、各社においても逐次500kV系統が整備され、現在わが国の基幹系統を構成している。

2-2 わが国の電力系統の特徴

わが国は、周知の通り国土が北東から南西に約3000kmと弓なりになっており、面積的な広がりはあまりない。

一方、発電設備の分布面からみると、水力発電は本州中央部山岳地帯を主体に散在しているが、火力・原子力発電は、その燃料の大半を海外に依存していること、大河川が少なく冷却水は海に依存する必要があることなどから、臨海部周辺に建設されている。

これに対し電力需要は、人口および産業が気候の温暖な太平洋沿岸を中心に分布していることから、この地域に集中している。

このような背景のもとで、わが国の電力系統の特色として次のような点があげられる。

① 電力系統の発達の歴史的経緯から、地域により周波数が異なることは、わが国電力系統の宿命であって、いく度か統一の動きがあったが、全国的に統一するまでには至らず、現在では、本州中部以東の50Hz地域と、本州中部以西の60Hz地域に分かれている。

② 火力・原子力発電所は、環境面などを配慮する一方、用地の有効活用を図る面から限られた地点に電源が偏在し、かつ大容量化する傾向にある。

③ 大電源地帯と大都市に集中する需要家を結ぶ送変電系統は、狭隘で人口密度の高い地域を通過する部分が多いため、世界でも比類のないほど強い

制約を受ける。そのため主要架空送電線は、その大部分が1ルート2回線以上の設備となっており、とくに都市周辺においては4～6回線などの多回線鉄塔で建設される場合が多くなっている。

④　基幹系統の構成形態には、ループ系統を構成する電力会社と放射状系統を構成する電力会社があるが、これは、各電力会社がそれぞれの供給地域の地理的な状況を総合的に勘案して、最適な系統構成を選択しているためである。

さらに、近年におけるわが国の電力系統構成の特徴としては、次のものがあげられる。

①　電源の遠隔化、大容量化に伴い長距離送電用として500kV系統の増強が進められており、さらに次期上位電圧として1000kV設計送電線の導入も行われている。

②　都市配電系統においては、高負荷密度地域を中心に幹線の地中化、環状化が進められており、また需要に見合って高い信頼度で効率的に供給するため、22kVまたは33kVの地中配電ネットワーク方式も採用されている。

3. 電力系統構成

3-1　電圧階扱

わが国において、電力系統の拡大に伴い安定供給および経済性を追求してきた結果、次第に高電圧を採用するようになり、現在では500kVが最高電圧になっている［2004年度末　500kV送電線亘長7141km、変圧器容量20万1660MVA］。

このように、最高電圧の上昇により使用電圧は（表1-1）に示す通り、現在では多種類の電圧階級が存在している。

電力系統の拡大に伴い各電圧階級の機能は変化してきており、また各電力会社によって分類の仕方が異なるが、概ね次のように考えることができる。

　　①500kV系統　………………………大規模電源の長距離輸送、基幹中枢系統
　　②超高圧系統（187kV～275kV）……大規模電源の中距離輸送、基幹系統、特殊負荷供給
　　③一次系統（110kV～154kV）………中規模電源の輸送、大規模負荷供給

第 1 章　電力系統

図 1-8　わが国の送電ネットワーク概略図

[出所]　電気事業連合会 HP「発電と送電」―「送電のしくみ」―「インターネットに負けないネットワーク」―「日本のネットワーク」

④二次系統（77kV 以下）……………小規模電源の輸送、中・小規模負荷供給
⑤配電系統（33kV 以下）……………一般需要家への供給

第 1 節　電力系統の構成

表 1-1　わが国の送電系統電圧

(平成 17 年度末)

会社名	送電電圧（kV）										
北海道電力	—	—	275	—	187	—	—	110	—	66	33	22	11 以下
東北電力	—	500	275	—	—	154	—	—	—	66	33	22	11 〃
東京電力	(1000)	500	275	—	—	154	—	—	—	66	33	22	11 〃
中部電力	—	500	275	—	—	154	—	—	77	—	33	22	11 〃
北陸電力	—	500	275	—	—	154	—	—	77	66	33	22	11 〃
関西電力	—	500	275	—	187	154	—	—	77	66	33	22	11 〃
中国電力	—	500	—	220	—	—	—	110	—	66	33	22	11 〃
四国電力	—	500	—	—	187	—	—	110	—	66	33	22	11 〃
九州電力	—	500	—	220	—	—	—	110	—	66	—	22	11 〃
沖縄電力	—	—	—	—	—	—	132	—	—	66	33	—	—
電源開発	—	500	275	220	187	154	—	110	77	66	33	—	11 〃

（注）（　）は将来昇圧予定のもの。

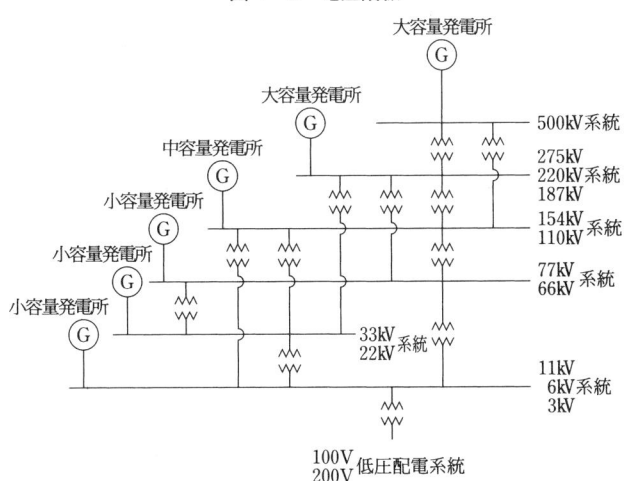

図 1-9　電圧階級

3-2　系統構成の形態

系統構成を形態別に分類してみると、代表的なものとして放射状系統とループ系統の二つの基本形態に分類することができる。

第 1 章　電力系統

（1）　放射状系統

　発変電所から放射状に延びた送電線で系統を構成し、電力輸送路が 1 ルートのものを放射状系統という。

　〇利点……系統構成が簡単であり、潮流調整、系統保護も容易なため経済的である。

　〇欠点……ルート事故時に供給支障が発生し下位系統の切り替えが必要である。

　なお、事故時に下位系統の切り替えができにくいところでは、2 電源からの受電を可能とする放射状環状方式を採用することもある。

図 1-10　放射状系統

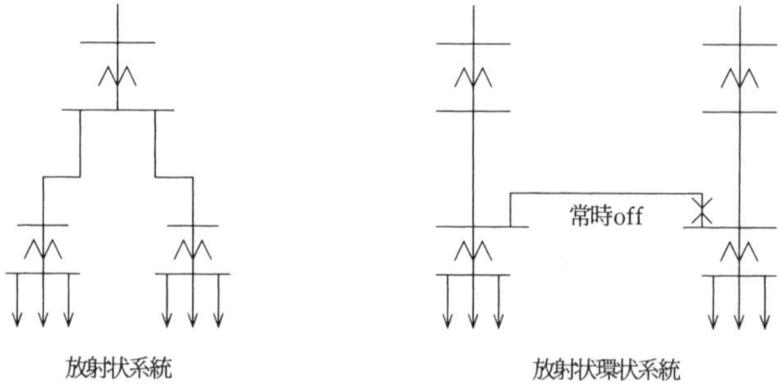

（放射状系統　　　放射状環状系統）

（2）　ループ系統

　発変電所から放射状に延びた送電線を、隣接する他の送電線と常時並列した系統を構成し、同時に複数ルートで電力を輸送するものをループ系統という。これは、負荷が面状に分散している場合に適用されている。

　〇利点……ルート事故時にも供給支障が発生しない。系統全体の送電容量の向上、送電損失の軽減が図れる。信頼性が高い。

　〇欠点……系統構成が複雑であり、潮流調整、系統保護が比較的複雑である。事故時に連鎖的な事故波及の恐れもある。

　なお、さらに信頼度を向上させるため、2 系統ループ方式を採用する場合もある。

図1-11 ループ系統

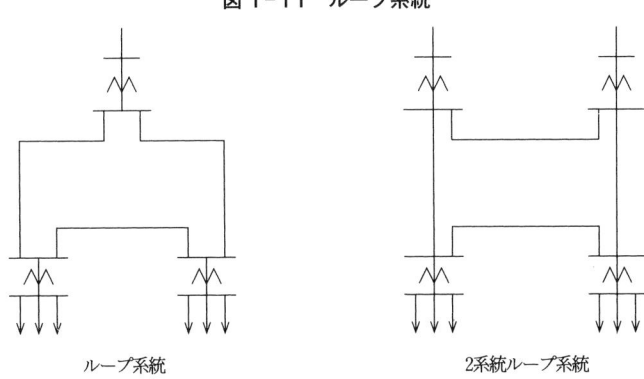

ループ系統　　　　　　　2系統ループ系統

4. 電力系統の連系

4-1　系統連系の必要性と効果

　電力設備の建設および運用を各社自主運営を原則としながら、広域的な視点から、さらに経済的、合理的に行うことが広域運営の主目的であるが、この目的を達成するためには、系統の連系を行うことが前提となる。

　すなわち、各社が単独に設備形成・運用を行うより、系統を連系して各社が協調し合って、電力設備を計画または運用することにより、電源および送変電設備の経費、並びに運転費の節減を図ることができる。

　このように、系統を連系することによるメリットは大きく、その具体的効果は以下の通りである。

（1）　経済的効果
①供給予備力の節減

　供給予備力は電源の計画外停止、渇水、需要の変動など、予測し得ない状況に対処するために、想定需要を上回って保有する供給力であるが、系統連系を行えば、事故などの緊急時に相互の応援ができるので、保有すべき予備力を低減させることが可能となる。

②電源設備のスケールメリット

小規模の系統では、単位容量が大き過ぎる場合でも、系統連系によって単位容量の大きいものを選定することができる。一般に、単位容量を大きくした方が経済的である場合が多いので、経済的な開発が可能となり、地点の有効活用にも寄与する。

③系統の総合運用

連系によっていくつかの系統を総合運用すれば、貯水池の有効利用、水・火・原子力の総合経済運用、運転予備力の節減、火力・原子力の定期補修時期の合理的選定などが可能となり、その結果、運転費や供給設備の節減を図ることができる。

④設備の効率化

各社の電力系統相互間を連系することにより、たとえば、自社の電源を他社の送変電系統を活用して自社の需要と連系することにより、設備の重複を避けることができ、広域運営による設備の効率化を図ることが可能である。

(2) サービスレベルの向上

①系統の安定性の向上

大電源の脱落時に、他電力系統からの応援電力により周波数低下を緩和し、電源の連鎖的脱落などによる大事故への進展を防止することが可能となる。

②常時の周波数、電圧変動幅の縮小

系統規模が大きくなるのに伴い、発電機数も増加するため、需要の変動による各発電機の出力調整分担量も減少し、変動に即応することが容易となる。その結果、周波数偏差は減少し、系統の電圧は安定する。

4-2 系統連系の現状

すでに述べたように、連系による効果は大きいことから、各電力会社は超高圧以上の基幹系統を基盤とした各社間の連系を行い、一大連系系統を形成し、連系の利益を分かち合いながら増加する需要に対して電力供給の安定を確保するなど、大きな成果をあげてきた。

現在、わが国では50Hz系2社（東北電力、東京電力）合計系統容量7532万

kW (2005 年度発受電実績) と 60Hz 系 6 社 (中部電力、北陸電力、関西電力、中国電力、四国電力、九州電力) 合計系統容量 9657 万 kW (2005 年度発受電実績) がそれぞれの同一周波数系統内で交流連系されると共に、佐久間周波数変換所、新信濃周波数変換設備および東清水周波数変換設備において、50Hz と 60Hz 系統間の直流連系が行われている。また北海道地区は 50Hz の単独系統、系統容量 546 万 kW (2005 年度発受電実績) を形成し、北海道、本州間電力連系設備により本州と直流連系が行われている。

この北海道・本州間電力連系設備が 1979 年に完成したことにより、北海道から九州まで電気的に接続され、全国一貫とした広域運営が可能となった。

その後、電気事業制度改革がなされ、電気事業法第 93 条第 1 項に定める送配電等業務の円滑な実施の支援のため送配電等業務支援機関 (中立機関) である「電力系統利用協議会」が 2004 (平成 16) 年に設立され、中央給電連絡機能として、卸電力取引所において成約した取引、地域間をまたがる広域取引、地域間連系線運用、混雑管理に係わる連絡調整を行っている。

5. 直流送電

5-1 直流送電の歴史

直流送電の歴史は、20 世紀の初めまでさかのぼることができるが、1940 年代 (昭和 15 年～) に高電圧水銀整流器が開発されて以来、スイス、ドイツ、スウェーデンなどを中心に直流送電の試験設備がつくられ、実用化を目指して研究が進められてきた。1954 年に世界で初めて商業ベースとして、スウェーデン本土からゴットランド島への直流送電 (2 万 kW、100kV) が運転を開始し、1961 年の英仏連系に至り、本格的な直流送電実用化時代となった。

その後、各国でも長距離大電力送電や、海底ケーブル送電および非同期連系、周波数変換などを目的とした大容量、高電圧の直流送電設備が続々と運用を開始し、さらに技術的にも水銀整流器に代わるものとして高信頼度のサイリスタ素子を用いた交直変換装置が実用化されている。

わが国においても、1965 年 10 月、佐久間周波数変換所 (30 万 kW、水銀整流器採用) が運転を開始し、50Hz 系と 60Hz 系とが連系され、さらに 1977 年 12

月には、サイリスタ変換装置を導入した新信濃周波数変換設備（30万 kW）が運転を開始し、1992 年 5 月には 60 万 kW に増設された。最近では、2006 年 3 月、東清水周波数変換設備（30 万 kW のうち 10 万 kW）が運転開始した。

また、北海道と本州を結ぶ本格的な直流送電として北海道・本州間電力設備が 1979 年 12 月に運開（15 万 kW）し、翌年 6 月には 30 万 kW、1993 年 3 月には 60 万 kW に増設された。2000 年 6 月には、関西電力と四国電力を結ぶ阿南紀北直流幹線（140 万 kW）が運転開始した。

5-2 直流送電の得失

直流送電は交流送電に比較し、主として次のような利点および欠点がある。

(1) 利　点
① 送電線路の建設費が安い。
② 送受電端で同期運転の必要がないため長距離大電力送電に適し、また系統間の非同期連系ができる。
③ 周波数の異なる系統間の連系ができる。
④ 短絡容量を増大しないで連系強化ができる。
⑤ 変換設備が段階的に建設できる。
⑥ 高速潮流制御が可能である。

(2) 欠　点
① 変換装置が高価である。
② 直流しゃ断器の開発、多端子構成の保護方式の面で系統構成の自由度が低い。
③ 高調波や高周波の障害対策が必要である。

5-3 直流送電の適用分野

直流送電は、交流送電では実現できない数々の利点を有しており、(表 1-2) の分野への適用が考えられ、今後も長距離大電力送電などの系統対策としての有力な手段となる。中国長江三峡ダム水力発電プロジェクトでは、長距離大電

第1節　電力系統の構成

力送電を目的とした世界最大規模の直流送電システムが構築されている。

表1-2　直流送電の適用分野

適用分野	交流と比較した技術的・経済的な利点	従来の適用例
長距離大電力送電	○交流送電のような直列リアクタンスによる同期機間の安定度問題がない ○送電線路の建設費が安価である	太平洋岸南北連系 　　（アメリカ） ネルソンリバー 　　（カナダ） イタイプ 　　（ブラジル）
海底ケーブル (離島送電、系統間連系)	○充電電流によるケーブルの容量低減がない ○ケーブルが安価である	ゴットランド島 　（スウェーデン） 英仏連系 北海道・本州連系
非同期連系 (系統間連系、系統分割)	○送受電端で同期運転の必要がないので安定度対策上有利 ○短絡容量対策面で有利	イールリバー 　　（カナダ） シャトーゲイ 　　（カナダ）
周波数変換 (異周波数系統間連系)	○送受電端で同期運転の必要がないので周波数の異なる系統間の連系に適している （非同期連系の一例）	佐久間 新信濃

第2節　電力系統の諸特性

　電力系統（Power System）とは、電気エネルギーを発生してから消費するまでの一連のプロセス、すなわち燃料などのエネルギー資源から電気エネルギーを発生し、輸送し、分配し、かつそれを需要家が消費するまでの流れを司るシステムである。したがって、ハードウエアとして原子力発電所、火力発電所、水力発電所、揚水発電所をはじめ、ピーク用ガスタービン発電所などさまざまな発電所からはじまって、架空送電線、地中送電線などの送電線並びに送電線の電圧を変換し、電気エネルギーの流れを各所に分配するための変電所、開閉所および最終的にこの電気エネルギーを消費する需要家までを含めた膨大な一連のシステムである。

　電力には、有効電力（active power）と無効電力（reactive power）の二つがある。有効電力は電灯に灯をともし、エアコンや冷蔵庫のモータを回し、熱を発生するというように実際的な仕事をするもので、エネルギーそのものの流れである。これに対し無効電力は、この有効電力の流れをスムーズにするための潤滑剤のようなもので、それを発生するためには石油や石炭のような他種のエネルギー源は必要としない。この無効電力はモータを回すためにも、蛍光灯を点けるにも、また送電線で安定に有効電力を送るにも必要なもので、電力系統の各部に必ず一定量ずつ存在しなければならないものである。電力系統の計画・運用にあたっては、それらの特性を把握して行わなければならない。

　このような電力系統を構成する場合の基本原理は、需要家にできるだけ安価に、かつ停電を起こさずに良質の電気エネルギー（すなわち周波数や電圧が規定値に保たれた電気）を供給することにある。

　停電、すなわち供給支障を引き起こす主な原因は、雷、台風、大雪などの自然災害による事故で、完全には避けられないものである。このような場合でも、事故による影響力所を最小限にとどめ、さらに早急に復旧する能力を備えることが必要となる。

　また電力系統は、安定運転時のみならず事故時に社会環境に与える影響は許

第2節　電力系統の諸特性

容範囲以下に抑えるなど、系統の諸特性について常に把握すると共に適切な対応策を講じなければならない。

パワートランジスタやサイリスタなど、パワーエレクトロニクスを応用した機器の普及に伴い、高調波電流の増大による電圧歪みの問題など、これらの対策も重要な課題となっている。

前節では電力系統の構成を中心に、いわば静的な面からみたが、本節では、この系統に実際に電力を流した場合の動的な諸現象、さらにはこれらの基になっている諸特性について述べる。

1. 電力の品質

わが国の電気事業は、これまで良質で安定な電力を供給することに努めてきており、その結果、一需要家当たりの年間事故停電時間は、昭和40年代初めには250分/年程度であったが年々減少し、最近では13分/年（平成14年度）と極めて少なくなっている。(図1-12)に1需要家（低圧受電）当たりの停電状況を示す。(『平成14年度 電気保安統計』（経済産業省 原子力安全・保安院）より抜粋）

しかしながら、電力需要の顕著な伸びによる増大や送電線、変電所の電圧階級の上昇などに伴い、一施設当たりの設備容量は増加しており、さらに電力化率の上昇やコンピュータの導入・オンライン化などによる社会の情報化の進展による電力依存度の増加により、いったん事故が発生した場合の波及範囲や社会的影響度はむしろ現在の方が高くなってきている。停電すれば需要家は困ることになり、その影響が大きい例としてよく引用されるものに、半導体工場がある。半導体はほこりを非常に嫌うため、その製造工場内の空気は極めてクリーンな状態に保たれているので、30分間の停電があると3時間、3時間停電すると三日間、空気をもとのクリーンな状態に戻すのにかかるといわれている。

また近頃は、コンピュータが広い分野で使われているが、このコンピュータが電圧や周波数のちょっとした変動によっても、誤動作や停止をしてしまうことがある。そして場合によっては、それが大きな社会的混乱を招いてしまうということもある。一例として羽田空港へ電気を供給している送電線にクレーンが接触したのが原因で、電圧がわずか0.08秒間低下しただけで、空港管制塔のコンピュータが停止してしまい、18分間にわたって管制機能が麻痺するという

第1章　電力系統

図1-12　1需要家（低圧受電）当たりの停電状況（10電力）

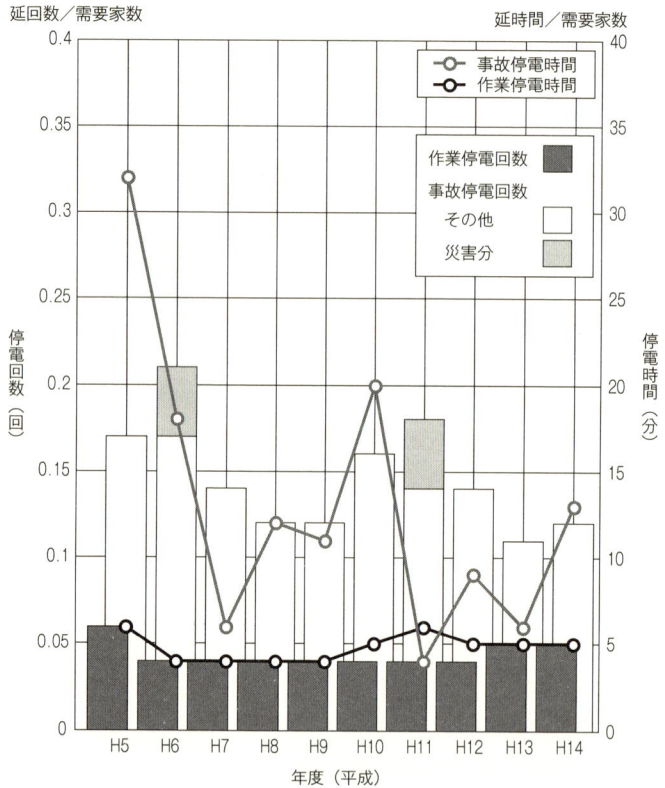

[出所] 原子力安全・保安院「平成14年度 電気保安統計」

ことが発生した。管制塔には無停電電源装置（CVCF）が3台も設置されていたが、間の悪いことに、まさか停電はないだろうという空港関係者の判断で、点検のためにすべて停止していた不運も重なった結果である。

　極めて稀な事故停電であっても、社会的・経済的影響は大きく、供給信頼度や電圧、周波数など電力品質の維持、向上に対する要望が一層強くなってきている。

1-1　サービスレベル

電力系統から需要家に供給される電力の質の程度は、一般的には次の三つの要素により示される。
a. 電力を停電せずに継続し供給することができる度合い。
b. 電圧を規定値どおり維持することができる度合い。
c. 周波数を規定値どおり維持することができる度合い。

電力の品質は極力向上させることが望ましい。電力系統は年々成長を続けていくから、電力系統を構成する諸設備構築のための投資もかさむため、電力原価も高くなってしまう。

電力系統は、供給者側の設備およびこれに連系する需要家の設備で構成される一体的なネットワークであり、サービスレベルの維持については供給者側のみならず、需要家側の協力が必要になってきている。

(1)　サービスレベル向上に対する要請

都市の過密化、高層化により、大規模停電発生時には社会的影響が深刻化することも懸念されている。諸外国の都市部での大規模停電が発生した場合の実例をみてみると単に生産上の損失や生活の不便さなどの影響にとどまらず、都市機能の麻痺など社会的混乱に至った例もあるように、電力の品質（サービスレベル）の向上に対する社会的要請が強くなっている。

近年、パワーエレクトロニクス技術の急速な進歩により、家電・OA 機器から産業用機器に至るまで広く半導体応用機器の普及が進んでおり、このような機器の利用に伴って発生する高調波電流によって電力系統の電圧歪みが増大し、他の所有する設備に障害を引き起こすなど、高調波問題が顕在化している。

また、系統事故などから発生する瞬時電圧低下は、落雷などの自然現象が主原因のため電力供給設備面の強化だけでは防ぎ得ない現象であり、より高い信頼度が必要な需要家については、需要家側の対策が必要となっている。極めて重要な設備やコンピュータを持っている需要家には、瞬時電圧低下に耐える機器の使用や CVCF（電圧、周波数を一定に保つ装置）の設置などが必要となる。

（2）サービスレベルに対する考え方

わが国の電気事業のサービスレベルはすでに世界のトップクラスにあり、大規模停電の可能性は極めて低いものと考えられる。

しかし、停電事故の原因の多くを占める雷など、自然現象を完全に防ぐことは困難である。また、瞬時電圧低下、高調波対策についても、電力系統側で防止することは、技術的・経済的にも極めて困難であり、個々の需要家のニーズに応じて、需要家側での対策を講じることが適切と考えられる。

これらの対応を図るには、利害が反する面があり、国民経済的にみても重要な課題として認識され、1984（昭和59）年6月には「新時代に即応した電力流通技術問題研究委員会」、1987年5月には、「電力利用基盤強化懇談会」によって対策の在り方が次のようにまとめられた。（『電力利用基盤強化懇談会とりまとめ』(1987年5月7日) より抜粋)

①信頼度問題
- 供給側では、供給コストとのバランスを考慮し信頼度向上に努めることが必要であり、なかでも社会的に大きな影響を生ずるような停電の回避に努めることがとくに重要である。
- 瞬時電圧低下については、物理的に回避不可能であることから、需要家側での無停電電源装置の設置などの対策が必要である。
- 信頼度向上対策にあたっては、供給側における対策と需要家側における対策が相互に補完しあうものであることから、両者で協調をとることが効果的かつ効率的である。

②高調波問題
- 発生源の増加により電圧歪みが将来増大すると予想され、先見的に対策を立てる必要がある。
- 機器からの高調波電流発生量を抑制することであるが、機器の性能面で限界がある。また、電力供給者側での対策も限界があることから、関係者の協力の下に対策が講じられるべきである。
- 障害発生との関係、諸外国の基準を考慮すると、総合電圧歪み率が配電系統5％、特別高圧系統3％以下を維持すべき目標レベルとすることが妥当と考えられる。

以上のような諸問題に対処していくには、電力供給者、需要家、メーカー、行政など関係者がそれぞれの役割に基づき、電力の質の維持、向上および電力利用の適正化・高度化を図り、電力の利用が円滑に、安定的、効率的かつ経済的に行われるような電力利用の基盤強化を図ることが必要である。

1-2 電圧の基準

電力系統の電圧は、需要および供給力の変化により変動するが、この変動を一定の範囲におさめ、需要家が電気器具・電気機械を支障なく使用できるように、電圧の安定維持を図ることが必要である。

低圧における電圧の許容範囲は、電気事業法施行規則で定められており、供給地点における基準値と許容変動幅は次の通りであり、通常この値を電圧管理目標としている。

・100V においては、101V±6V を超えない値
・200V においては、202V±20V を超えない値

高圧以上（交流においては600V以上）の電圧に関しては、とくに規定されていないが、低圧の許容電圧範囲に準じた電圧目標幅を定め、その維持に務めている。

各電力会社は発電機、同期調相機（RC）の電圧調整装置や電力コンデンサ（SC）、分路リアクトル（ShR）などの調相設備で電圧を適正値に維持すると共に、系統内の無効電力バランスを保持している。

この他、負荷時タップ切替変圧器（LRT：Load Ratio Tapchanger、on-load Tapchangerともいう）が、超高圧から配電用まで広範囲に採用され、電圧を目標電圧に近づけるよう制御されている。

これらの電圧・無効電力制御は、個別の制御方式と全系統を総合的に制御する中央制御方式とがある。

個別制御方式は、あらかじめ設定された目標値を維持するように個別に電圧や無効電力を調整するものである。すなわち、発電所においては、電圧スケジュールを維持するようにAVRによって送り出し電圧が制御され、また変電所では、SC、ShRのスケジュール運転や、変圧器タップを調整することでスケジュール化された目標電圧が維持されている。

第1章　電力系統

　一方、中央制御方式は、全系統の電圧・無効電力制御を1カ所、または階層構造の制御システムでオンライン情報に基づいて総合的に各調整機器の制御を行う。
　これにより、広範囲な系統の適正運用（無効電力バランス維持や送電損失最小化）が可能になる他、各調整機器の有効活用が期待できる。
　この他、電圧については変動負荷による電圧変動やフリッカの問題があるが、本節6項で詳しく述べる。

1-3　周波数の基準

　電力系統の周波数は、電力の需要と供給力のバランスによって安定するが、その需給バランスが崩れ、需要より供給力が大きいと周波数は上昇し、逆の場合、周波数は低下する。その変動幅は、次の点からできる限り小さくすることが望ましい。

(1)　需要家側の必要性
・電動機の回転ムラを少なくすることによる製品品質の向上
・電気時計、電子計算機など精度の維持など

(2)　電力系統側の必要性
・系統電圧の維持と系統安定度の向上
・連系線潮流の安定化など

　一般に電気器具は、0.5Hz程度までの周波数変動であれば使用に支障はないとされているのに対し、周波数調整容量の確保、高性能な自動周波数制御装置（LFC：Load Frequency Control）の導入、並びに50、60Hzの常時連系をはじめとする電力会社間の連系強化により、周波数の許容偏差は、±0.1～0.3Hzを目標値としているが、近年、電子機器の広範な使用から、ますます周波数の安定維持への必要性が高まっている。

1-4　供給信頼度

　電気の利用は社会の広範囲にわたり、電気への依存度は一段と高まってきて

おり、停電が社会に与える影響は、電圧・周波数に比べて比較にならないほど大きい。

各電力会社は、これまで電力系統の拡充強化、設備の機能維持や改良に力を注いできた結果、設備の保守・点検のための作業停電や設備の事故による停電のいずれも大幅に減少し、需要家は日常において停電を意識しないようになったものと受けとめられる。

しかし、電力はあらゆる分野で利用され、市民生活に密接に関係しているため、電力供給の信頼度向上に対する期待は極めて高い。

作業停電は計画的に実施し、あらかじめ調整できるので、需要家に与える停電の影響は少なくできるのに対し、設備の事故による停電は、予告なしであるため、特に影響が大きい。また、この停電の発生要因は、電力系統を構成する発電機、送電線の他、変圧器その他の様々な変電機器を含んだ全設備個々の信頼性と、これらを組み合わせたシステムの信頼性で決定される極めて複雑なものであるため、その対策は必ずしも単純ではないが、信頼度の維持・向上は今後とも必要であり、供給予備力の確保、高信頼度機器の導入、送電線ルートの選定、設備の二重化、多種多様な設備の信頼性を定量的に把握し、適切な系統運用と最適な設備計画を立案しなければならない。

(1) 供給信頼度の定義

電力系統の信頼度といっても、その内容はなかなか複雑である。大局的には需要家に対してもっとも大きな影響を与える停電が発生したときに、供給支障を極力少なくするため、電力システムの機能が十分に果たされているかどうかの度合いを表すものであり、通常、電力系統の信頼度といった場合にはこの停電によって計るのが普通である。

ところで、同じ供給支障でもその与える影響はそれが発生したときの周囲事情によって大きく左右される。需要家からみてその影響の度合いを左右する要因としては次のような事項を上げることができる。

①停電の頻度
②停電の大きさ
　（停電した需要家数、もしくは停電によって供給できなかった負荷の大きさ[kW]

③停電の持続時間
④停電の起きた時刻
⑤停電の起きた季節
⑥停電の起きた理由

以上の諸要因はいずれも互いに異質の事柄であり、いずれがより重要ということは言えないが、これらの中でもっとも一般的なものは、はじめの三つの要因すなわち、停電の頻度、大きさおよび持続時間である。

(2) 供給信頼度の定量的表現

電力供給の信頼性を表現するためには、停電の頻度、大きさおよび持続時間について考慮しなければならないが、これら三つの要因を一口に表現できる方法を見出すことは困難である。

信頼度を定量的に表現するのに通常用いられているのは、次の三つの方法である。いずれも完全な方法とはいえず、また実際に用いる場合に一つだけでは不便なことが多いため、場合に応じてこのうち二つもしくは三つを同時に用いるのが一般的である。三つの表現方法を次に示す。

a. 電力不足確率（loss of load probability、LOLP）
b. 電力量不足確率（loss of energy probability）
c. 頻度―持続時間曲線（frequency‐duration curve）

①電力不足確率

電力不足確率（pl）は、一つの負荷から見た場合、（図1‐13）のように供給力が負荷電力を下回って供給支障を起こす時間が、平均して何％を占めるかを示

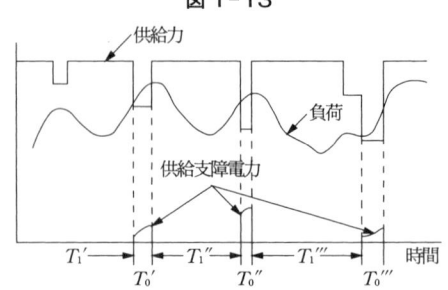

図1‐13

す値で、次式で与えられる。

　　　pl＝期間中の全停電時間の平均値／期間の全時間

　いま、停電の起きる平均頻度が単位時間（たとえば1年）F回／年、1回の停電の持続時間が平均 T_0 ［分］とすれば、

　　　pl＝F×T_0／(365［日］×24［時間］×60［分］)

で与えられる。また一つの停電が起きてから次の停電が起きるまでの、平均的な時間間隔を T_1 ［分］とすれば、

　　　F＝365×24×60／(T_1＋T_0)

であるから、

　　　pl＝T_0／(T_1＋T_0)

で与えられることも明らかである。T_1＞T_0 となることを考えれば、

　　　pl≒T_0／T_1　　　　　　　　　　　　　　　　　　　　　　　　となる。

　上に定義された電力不足確率には、前項で述べた三つの要因のうち、停電の頻度と持続時間の二つの要因は考慮しているのが、停電の大きさについては一切考慮していない。

　また、plはこの二つの要因の積で表現されているため、たとえば、pl＝0.01のとき、1年365日のうち3.65日間続く停電が年1回の割合で起きる場合と、36.5日間続く停電が10年に1回起きる場合との区別ができない。

　このように、この表現法は停電の大きさ、頻度、持続時間のいずれかについてもはっきり表せない。

②電力量不足確率

　電力不足確率が停電の大きさについて、まったく考慮していない欠点を補うために、停電で失われた負荷の電力量［kWH］が負荷の全消費電力量［kWH］の何％に当たるかを、表現したものが電力量不足確率 pe である。すなわち、

　　　pe＝期間中の失われた負荷の消費電力量の平均値／期間中の負荷の全
　　　　　消費電力量［kWH］

　　　　＝一つの停電によって失われた負荷の平均消費電力量／一つの停電か
　　　　　ら次の停電までの負荷の平均全消費電力量

　いま、期間中の負荷の平均消費電力をP［kW］、1回の停電で失われる負荷の平均消費電力を ΔP［kW］とすれば、

$$pe = \Delta P \cdot T_0 / P(T_1 + T_0)$$
$$= \Delta P/P \times pl$$
$$= 1/(365 \times 24 \times 60 \cdot P) \times F \times T_0 \times \Delta P$$

で与えられる。

上式を見てわかるように、電力量不足確率は停電を特徴づける三要素、すなわち、停電の頻度および持続時間、大きさの三つの積で表されていることがわかる。

③頻度―持続時間曲線

停電の頻度、継続時間および大きさの三つの特徴をもう少し詳細に表現するには、次のような方法が用いられる。いま、(図1-14)のように、大きさがP[kW]以上の停電だけをとらえ、その平均継続時間 T_{0p} と、このような停電が一度起きてから次にP[kW]以上の停電が再び起きるまでの時間 T_{1p} をとって、(図1-15)のようにこれらをPの関数として曲線に描く。この場合、

$$F = 1/(T_{0p} + T_{1p})$$

はP[kW]以上の停電が起きる頻度を表す。また、大きさにかかわらず、停電が起きる場合を考えれば、P＝0として、式 $pl = T_0/(T_1 + T_0)$ から電力不足確率 pe を求めることができる。

いうまでもなく、停電の平均継続時間 T_{0p} はPと共に単調に減少し、停電から停電までの平均発生間隔、$T_{0p} + T_{1p}$（≒T_{1p}）は単調に増加し、頻度Fは単調に減少となる。

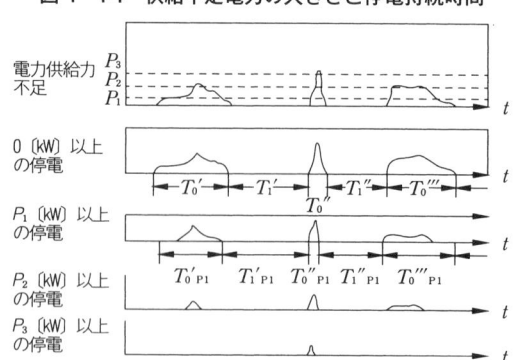

図1-14 供給不足電力の大きさと停電持続時間

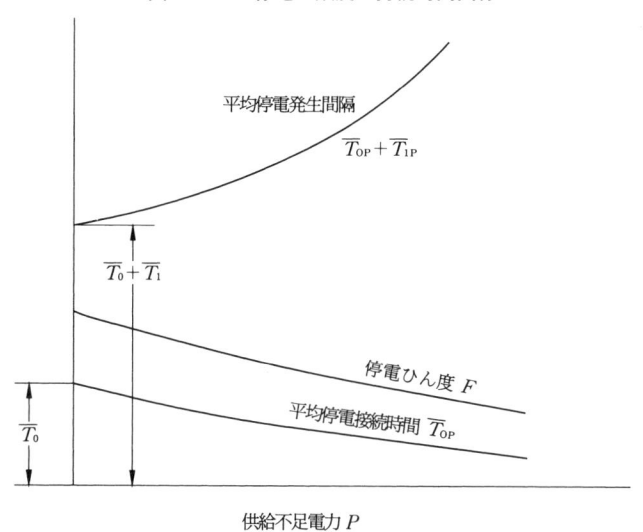

図1-15 停電の頻度―持続時間曲線

（図：縦軸に平均停電発生間隔 $\overline{T}_{OP}+\overline{T}_{1P}$、$\overline{T}_0+\overline{T}_1$、$\overline{T}_0$、横軸に供給不足電力 P をとった曲線。停電ひん度 F、平均停電接続時間 $\overline{T}_{OP}$ の曲線が示される）

　このように、この方法は信頼度を一つの数字でなく曲線で表現しており、停電の大きさおよび頻度、継続時間などの性質を正確に表すことができ、もっとも優れた表現法と考えられる。
　なお、いままで述べた信頼度表現で用いられた確率 pl、pe や平均停電発生間隔 T_0+T_1、平均停電継続時間、平均停電電力 ΔP などはすべて平均値としての意味を持っていることに注意する必要がある。たとえば、$T_1=1000$ 日、$T_0=1$ 日、$pl=1/1000=10^{-3}$ といっても、これは負荷や電力系統のいろいろな確率的特性が、いつまでも変わらないとして、10年とか100年とかいうように、極めて長い年月を観測した場合に、平均して1000日に1日の割合で事故が起きるという意味であって、1000日たてば必ず事故が1回起きて、継続するという意味のものではない。現実の系統は年々変化し、負荷の大きさ、特性もかなり変化するから、定義した信頼度は、現実には合致しない場合があるため注意する必要がある。

2. 周波数・電圧の変動

2-1 系統の周波数特性

(1) 電力系統の周波数特性
①静特性

電力系統の周波数は、系統に接続された発電機の回転速度によって決まる。系統の水車発電機およびタービン発電機は、各機間の負荷配分を適正にし、かつ安定に運転するために「周波数が低下すると発電電力が増加し、周波数変化を抑制するように働く」特性をもたせている。これを、発電機の速度垂下特性という。

速度垂下特性を表すものとして、速度調定率があり、一般に調定率 ε は2〜7%程度に設定されている。

$$\text{調速機の速度調定率} \quad \varepsilon = \frac{N - N_0}{N_0} \times 100(\%)$$

ここで、N；無負荷時の回転速度（rpm）

N_0：定格回転速度（rpm）

系統の負荷は、電圧の場合と同様に「周波数が低下すると負荷の有効電力も減少し、周波数の変化を抑制するように働く」特性をもっている、これを負荷の自己制御性といい、発電機の速度垂下特性と相反しており、（図1-16）のよ

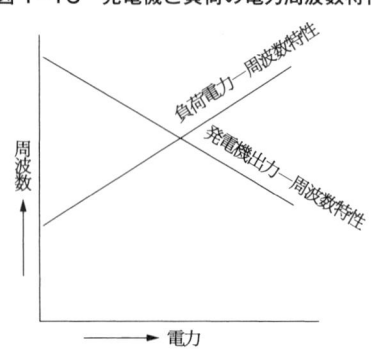

図1-16 発電機と負荷の電力周波数特性

うに両方が交差した点の周波数で発電機は運転されることになる。

多数の発電機および負荷をもつ一般の電力系統の有効電力変化量（ΔP）と、周波数変化量（ΔF）の間には次式の関係がある。

$\Delta P / \Delta F = K_G + K_L$

ここで、K_G；発電特性（MW／0.1Hz）
　　　　K_L；負荷特性（MW／0.1Hz）

ΔPは周波数が0.1Hz変化したときの電力変化量を示し、$K_G + K_L$を系統の電力周波数特性定数、または簡単に系統特性定数と呼んでいる。

一般にK_Gが大きいことは、調定率の低い発電機が多いことを示し、K_Lの大きいことは負荷の自己制御性が強く、電力変化に対する周波数変化が少ないので、周波数制御の点からは好ましい。

K_G、K_Lの値は系統容量、水力と火力の比率、発電機の特性、負荷の特性により異なり、それぞれ系統容量に対する百分率で表せば次の値程度であり、その値には幅があるが一日の中でもかなり変化している。近年、周波数特性の小さいインバータ機器の普及により、K_Lは小さくなる傾向にあると言われている。

$K_G = 0.6 \sim 1.0$（MW／0.1Hz）
$K_L = 0.2 \sim 0.5$（MW／0.1Hz）

②動特性

需給不均衡分ΔPが階段状に発生した場合、周波数は回転体の慣性や調速機の過渡応答特性によって急には変化せず、（図1-17）のように過渡状態をたどって、前述の周波数変化量に落ち着くが、その時定数は3～4秒位で、5～10秒

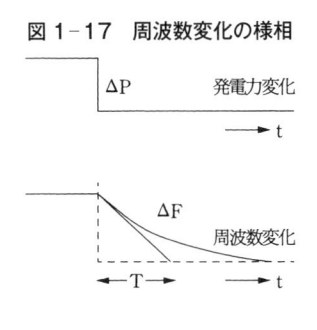

図1-17　周波数変化の様相

後には安定する。
　また、発電力の変化量（ΔG）を比較的ゆっくりと正弦波状に変化させた場合は、多くの実測によればΔGとΔFの関係は、次の一次遅れの式で表されることが確認されており、周波数変化の時定数は3～5秒である。

$$\frac{\Delta F}{\Delta G} = \frac{1}{K(1+Ts)}$$

ここで、　$K : K_G + K_L$
　　　　　$s : d/dt$
　　　　　$T : 時定数$

このことから、数秒以上の長い周期の負荷変動による周波数は、ほぼ系統定数で決まる一定値とみなすことができる。

(2)　連系送電線の潮流変化と周波数変化

①静特性

二つの系統A、Bを一本の連系送電線で連系している場合について考えてみる。

いま、A系統でΔP_Aだけ供給力が増加したとすると、周波数はΔFだけ上昇し、連系線にはA系統からB系統に向かって潮流変化分ΔP_Tが流れる。

ここでA・B両系統の系統定数をK_A（MW/0.1Hz）、K_B（MW/0.1Hz）とし、連系線潮流はA→Bを正方向とすれば、ΔFおよびΔP_Tは次式の通りである。

$$\Delta F = \frac{\Delta P_A}{K_A + K_B} \qquad \Delta P_T = \frac{K_B}{K_A + K_B} \cdot \Delta P_A$$

すなわち、周波数変化量は電力変化量を連系系統全体の系統定数（$K_A + K_B$）で割ったものである。

前記の二つの式から、ΔFとΔP_Tとの関係を示せば（図1-18）のごとく、$1/K_B$を傾斜とする直線で表される。同様にして、B系統のみに電力変化が生じた場合には、（図1-18）のように$-1/K_A$を傾斜とする直線で表される。

この結果、各系統の系統特性定数を知れば、ΔFとΔP_Tを測定することにより、各系統内の電力変化量を知ることができる。

②動特性

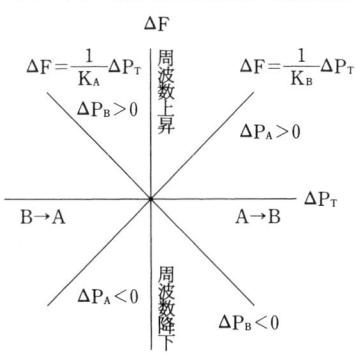

図1-18 連系線の周波数—潮流特性

比較的大容量系統が、小容量の送電線で連系されている場合は、系統の動揺時に同期化電力が系統間で振動を繰り返すため、(図1-19)のように静特性で決まる潮流変化に重畳して、一定周期の振動が持続することがある。

この場合、連系線潮流変化の最大値ΔP_{Tmax}は、最終変化量$\Delta P_{T\infty}$のほぼ2倍程度であり、潮流変化の周期Tは連系線の送電容量が小さく、両系統の慣性定数が大きいほど長くなる。

ここで、A・B両系統の慣性定数をM_A、M_Bとすると、Tは次式で表せる。なお、Cは連系線インピーダンスとA、B系統間の電圧位相差によって決まる定数である。

図1-19 連系線の同期化力変動

$$T = \frac{2\pi}{\sqrt{C\left[\dfrac{1}{M_A} + \dfrac{1}{M_B}\right]}}$$

Cは近似的に $\dfrac{V_A \cdot V_B}{X} \cos\phi_{AB}$ で表される。ここで、V_A、V_B は連系線両端の電圧、X は連系線のリアクタンス、ϕ_{AB} は定常状態での連系線両端間の電圧位相差である。

(3) 電力系統の負荷変動

電力系統の負荷変動は、系統の電圧変動や周波数変動を引き起こす原因であるが、これは次のように分類でき、電力系統、季節、時間などによって相違するものである。

①日負荷曲線における1日のうちの比較的大きい負荷変動
②①より若干小さく不規則に起きる負荷変動
③比較的短時間に頻発する負荷変動で、時間的に規則的なものと偶発的なものとがある
④極めて周期の短い負荷変動

また、周波数の制御にあたっては、負荷変動のうち、①、②は発電調整、③は負荷周波数制御（LFC）、④は発電機のガバナー・フリー運転により発電力を調整し、周波数を目標値に保っている。

2-2　系統の電圧変動特性

(1) 電圧変動の要因と影響

電力系統の電圧降下は、送電線や変圧器などのインピーダンスと電流の積によって定まる。系統電圧変動の要因とその影響は、電圧変動の周期によっておよそ次のように分けられる。

①長周期電圧変動

数十分～数時間以上の長周期の変動で、比較的長時間にわたる負荷変化や、系統構成の変化に伴って生じるものである。このような電圧変動が大きくなると、電動機、電子応用機器など一般需要家の負荷設備および発電機、変圧器などの電力供給設備の動作に支障を与える。

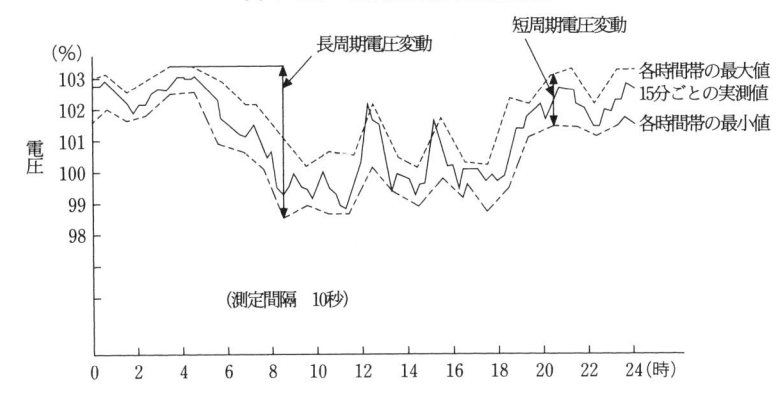

図 1-20　超高圧系統電圧変動例

(グラフ: 縦軸 電圧(%) 98〜103、横軸 0〜24(時)、長周期電圧変動、短周期電圧変動、各時間帯の最大値、15分ごとの実測値、各時間帯の最小値、測定間隔 10秒)

②短周期電圧変動

　数十分以下の短周期の変動で、主にアーク炉、電気鉄道、圧延機などの変動負荷によって生じるものである。このような電圧変動が大きくなると、電動機の回転ムラを生じて工場製品の質に影響を与えたり、発変電所の負荷時電圧調整装置の動作頻度が増えて、これを損傷する恐れがある。とくに大型アーク炉からの毎秒数回から数十回の激しい電圧変動は、フリッカと呼ばれる電灯照明のちらつきを発生する恐れがある。

(2)　電源側の電圧変動特性

　(図1-21)のように、一定電圧 V_s の無限大母線からインピーダンス $R+jX$ の送電線を通して、有効電力P、無効電力Qの負荷に送電している場合、送受電端の電圧降下率 ΔV は次のように求められる。

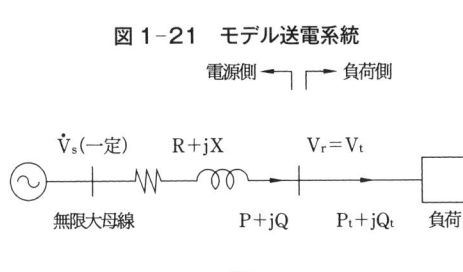

図 1-21　モデル送電系統

(回路図: 電源側—負荷側、$\dot{V}_s$(一定)、$R+jX$、$V_r=V_t$、無限大母線、$P+jQ$、P_t+jQ_t、負荷)

第1章　電力系統

$$\Delta V = \frac{V_s - V_r}{V_r} \fallingdotseq \frac{RP + XQ}{V_r^2} + \frac{(XP - RQ)^2}{2V_r^4} \quad \cdots\cdots\cdots\cdots\cdots\cdots (1-1)$$

（図1-21）で受電端電圧 Vr を位相基準にとれば、送電端電圧 $\dot{V_s}$ は、

$$\dot{V_s} = V_r + (R + jX)\dot{I}$$

$$= V_r + \frac{(R + jX)(P - jQ)}{V_r} = V_r + \frac{RP + XQ}{V_r} + \frac{j(XP - RQ)}{V_r}$$

上式より送電端電圧 Vs は、

$$V_s = \sqrt{\left(V_r + \frac{RP + XQ}{V_r}\right)^2 + \left(\frac{XP - PQ}{V_r}\right)^2}$$

$$\fallingdotseq V_r + \frac{RP + XQ}{V_r} + \frac{(XP - RQ)^2}{2V_r^3}$$

これより（1-1）式が得られる。

①短距離送電線の場合

比較的短距離の軽負荷送電線では（1-1）式の第1項に比べて第2項は十分小さいので、これを省略すると、

$$\Delta V \cong \frac{RP + XQ}{V_r^2} \quad \cdots\cdots\cdots\cdots\cdots\cdots\cdots\cdots\cdots\cdots\cdots\cdots (1-2)$$

さらに一次系統では通常 RP＜XQ であるから、受電端の短絡容量 $S = V_r^2/X$ とすれば、

$$\Delta V \cong \frac{Q}{S} \cong XQ \quad (V_r \cong 1.0〔単位法〕のとき) \quad \cdots\cdots\cdots\cdots\cdots (1-3)$$

となる。

すなわち、電圧降下率は「負荷の無効電力と短絡容量の比に等しい」または「送電線のリアクタンスと無効電力の積に等しい（単位法）」といえる。たとえば、S＝1000MVA、Q＝20MVAのときは、

$$\Delta V \cong \frac{20}{1000} = 0.02〔単位法〕= 2\%$$

となる。

②長距離送電線の場合

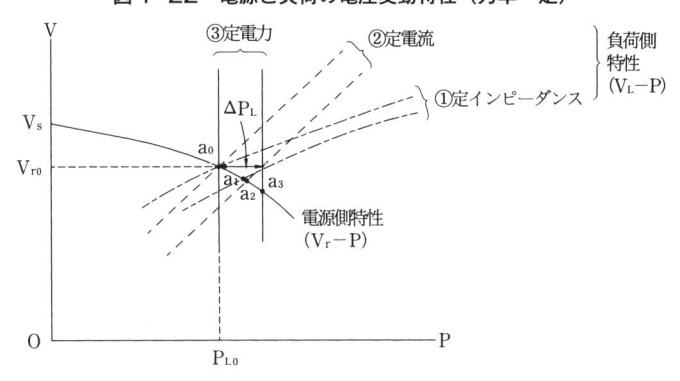

図 1-22 電源と負荷の電圧変動特性（力率一定）

長距離の重負荷送電線では、(1-1) 式の第 2 項が無視できなくなり、とくに負荷力率が低い場合は、負荷増加に伴って、受電端電圧は（図 1-22）のように急激に低下する傾向がある。

③負荷側の電圧変動特性

負荷側の電力 P_L、無効電力 Q_L は、電圧 V_L によって変化し、定格電圧 V_{L0} のときの負荷を P_{L0}、Q_{L0} とすれば、定格電圧付近では次のように表される。

$$P_L = P_{L0}\left(\frac{V_L}{V_{L0}}\right)^{K_p}$$
$$Q_L = Q_{L0}\left(\frac{V_L}{V_{L0}}\right)^{K_q} \quad \cdots\cdots(1\text{-}4)$$

したがって、電圧変化 ΔV_L に対する負荷の変化 ΔP_L、ΔQ_L は、

$$\left(\frac{\Delta P_L}{P_L}\right)\bigg/\left(\frac{\Delta V_L}{V_L}\right) = K_p \,[\%\mathrm{MW}/\%\mathrm{kV}]$$
$$\left(\frac{\Delta Q_L}{Q_L}\right)\bigg/\left(\frac{\Delta V_L}{V_L}\right) = K_q \,[\%\mathrm{MVar}/\%\mathrm{kV}] \quad \cdots\cdots(1\text{-}5)$$

K_P、K_Q は有効電力、無効電力の電圧特性定数と呼ばれ、負荷の種類によって異なる。一般に $K_P = 1 \sim 2\,[\%\mathrm{MW}/\%\mathrm{kV}]$、$K_q = 3 \sim 4\,[\%\mathrm{Mvar}/\%\mathrm{kV}]$

（3） 系統の電圧変動特性

電源側と負荷側の電圧特性が与えられると、系統の電圧は（図1-22）のように、これらの交点 a_0 で運転されることになる。負荷が増加すると交点が右下に移って受電端電圧は低下する。一定の負荷増加 ΔPL に対する電圧低下は定電力負荷（a_3）が最も大きく、定電流負荷（a_2）、定インピーダンス負荷（a_1）の順に小さくなる傾向がある。

（4） 電圧安定性

系統の電圧は(3)項に示した、系統と負荷の電圧特性の他、系統構成や調相設備の運転状況によって決定される。

系統に何らかの擾乱があった時に、電圧が新たな平衡点に落ち着く系統の能力、あるいはそれに関連した性質を、通常、電圧安定性という。

① P―V 特性

系統の電圧安定性を示す特性として、P―V カーブがある。

P―V カーブは、負荷の有効電力 P と、代表的な電気所の母線電圧 V の関係を示す特性であり、横軸を P、縦軸を V として表現される。P として、系統全体の総需要をとることもある。

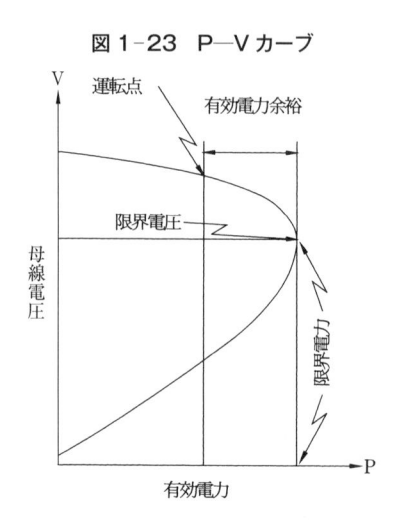

図1-23 P―V カーブ

P—Vカーブ上でPが最大となる点のPを与えられた条件のもとでのP—V特性の限界電力、あるいは送電限界といいその点の電圧を限界電圧という。系統の運転点の電力とP—Vカーブの限界電力との差を有効電力余裕という。

3. 系統の安定度

3-1 安定度

電力系統に接続されている各発電機は、通常同期速度で運転されている。しかし、系統に擾乱が発生すると、発電機の機械的入力と電気的出力間にアンバランスが生じ、発電機は加速あるいは減速され、動揺を生ずる。系統が強固であれば動揺はやがて収まり、再び同期速度での運転に戻るが、系統状態によっては特定の発電機が同期速度を保てず、脱調に至る場合がある。

定態安定度は通常の負荷変化などの微少擾乱に対して安定送電可能な程度を示すものであり、過渡安定度は事故などの大擾乱に対して安定送電可能な程度を示すものである。

(1) 定態安定度

(図1-24)のように、同期リアクタンス X_d の円筒形発電機が無限大母線(電圧の大きさおよび位相角一定の母線)に直接接続されている場合の安定条件を考える。

無限大母線電圧(位相基準)を $\dot{V}=V\angle 0$、X_d 背後電圧すなわち発電機内部電圧を $\dot{E}=E\angle\delta$ (δ：発電機内部相差角)、発電機電流を $\dot{I}$、有効電力、無効電力をP、Qとすれば、

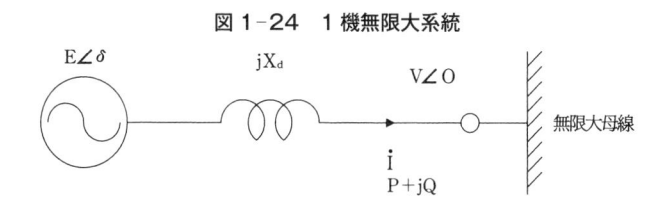

図1-24　1機無限大系統

$E\angle\delta$　　　jX_d　　　$V\angle 0$　　　無限大母線

$\dot{I}$
$P+jQ$

第 1 章　電力系統

$$P = \frac{EV}{X_d}\sin\delta$$

....(1-6)

$$Q = \frac{EV\cos\delta - V^2}{X_d}$$

　発電機内部電圧は、磁気飽和を無視すれば界磁電流に比例する。内部電圧を一定、すなわち界磁電流 I_f を一定とし、原動機からの機械的入力 P_M を増加して発電機の電気的出力 P を増したとき、(1-6) の第 1 式で表される P と、δ の関係すなわち電力―相差角曲線は、（図 1-25）のような正弦曲線となる。同図において、原動機からの機械的入力が P_M のとき、電気的出力 P が P_M と等しくなる点は、A、B 2 点存在するが、A 点は安定、B 点は不安定である。なぜなら A 点では内部相差角 δ_A で運転中、微少な擾乱によって回転子が加速し、内部相差角が $\Delta\delta$ 増加して A′ 点に移ったとすれば、電気的出力は ΔP だけ増加するが、機械的入力は一定だから、回転子には次のような減速力が働き、A′ → A へ戻そうとする。

　　減速力 = 電気的出力 − 機械的入力
　　　　　 = $(P + \Delta P) - P_M$
　　　　　 = $\Delta P > 0$　..(1-7)

逆に、微少擾乱によって A → A″ に減速すれば、電気的出力が ΔP だけ減少

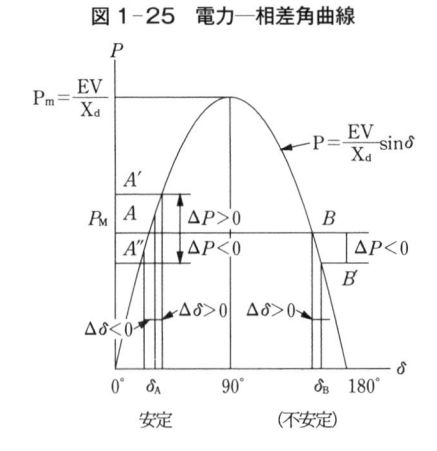

図 1-25　電力―相差角曲線

して加速力が働き、A″→Aへ戻そうとする。したがって、発電機はA点で安定に運転できる。

次にB点では、回転子が加速し、相差角が$\Delta\delta$増加してB′点に移れば、電気的出力は減少し、$\Delta P<0$となるために、(1-7)式より回転子には負の減速力、すなわち加速力が働き、回転子はますます加速されることになり、安定に運転できない。

以上をまとめると、

① A点では、$\Delta\delta>0$のとき$\Delta P>0$、すなわち、$\dfrac{\Delta P}{\Delta\delta}>0$で安定

② B点では、$\Delta\delta>0$のとき$\Delta P<0$、すなわち、$\dfrac{\Delta P}{\Delta\delta}<0$で不安定

$\Delta\delta$を微少としたとき、$d\delta$に対するdPの比率$\dfrac{dP}{d\delta}$は、P−δ曲線の接線の傾斜に等しい。$\dfrac{dP}{d\delta}$は、回転子の位相角が$d\delta$増加したときに、これを元へ戻そうとする復元力の強さを表すので、発電機間の同期を保つ力という意味で、同期化力（Synchronizing Power）と呼ばれる。

したがって、1機無限大系統の安定条件は、

$$同期化力 = \dfrac{dP}{d\delta} > 0 \cdots\cdots(1\text{-}8)$$

となる。(1-6)式より、

$$\dfrac{dP}{d\delta} = \dfrac{EV}{X_d}\cos\delta \cdots\cdots(1\text{-}9)$$

これは、(図1-26)のようになり、P>0の発電機領域において、

$0<\delta<90°$では$\dfrac{dP}{d\delta}>0$で安定

$90°<\delta<180°$では$\dfrac{dP}{d\delta}<0$で不安定

$\delta=90°$のとき、$\dfrac{dP}{d\delta}=0$で安定限界となる。

第1章 電力系統

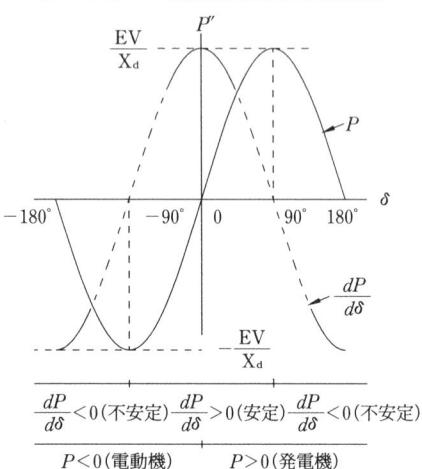

図1-26 1機無限大系統の安定範囲

$\dfrac{dP}{d\delta}<0$(不安定) $\dfrac{dP}{d\delta}>0$(安定) $\dfrac{dP}{d\delta}<0$(不安定)

$P<0$(電動機)　　$P>0$(発電機)

(2) 過渡安定度

(図1-27) の1機無限大母線系統で、送電線の1回線に三相地絡事故 (3LG) が発生した場合を考える。

事故前の発電機出力 P_E は、次式で表される。

$$P_E = \dfrac{EV}{X_d + X_T + \dfrac{1}{2}X_l} \sin\delta \quad \cdots\cdots (1\text{-}10)$$

事故中は、送電端電圧が3LGのため零となり、発電機出力 P_E は0となる。

$P_E = 0$

事故回線を開放し事故除去すると、事故除去後の発電機出力 P_E は、次式で表

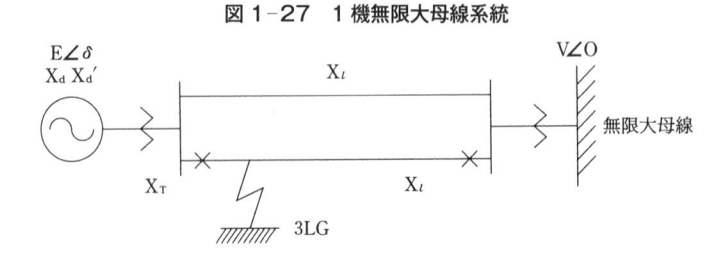

図1-27 1機無限大母線系統

される。

$$P_E = \frac{EV}{X'_d + X_T + X_l} \sin \delta \quad \cdots\cdots\cdots\cdots\cdots\cdots\cdots\cdots\cdots\cdots\cdots\cdots (1\text{-}11)$$

一方、発電機の運動方程式は (1-12) 式で表される。

$$\frac{M}{\omega_0} \frac{d^2\delta}{dt^2} = P_M - P_E = \triangle P \quad \cdots\cdots\cdots\cdots\cdots\cdots\cdots\cdots\cdots\cdots (1\text{-}12)$$

（注）　制動効果 $\left[\dfrac{D}{\omega_0} \cdot \dfrac{d\delta}{dt}\right]$ は省略した。

　　　M：慣性定数
　　　ω_0：定格角周波数（$2\pi f_0$）
　　　P_M：発電機の機械入力（＝タービン出力）
　　　P_E：発電機の電気出力

事故前後の発電機出力 P_E と、δ の関係を（図1-28）の電力相差角曲線に示す。事故前は $P_E = P_M$ で発電機は同期速度で回転している。事故中は $P_E = 0 < P_M$ となり、発電機は加速され、位相角は $\delta_0 \to \delta_1$ と大きくなる。事故除去後は

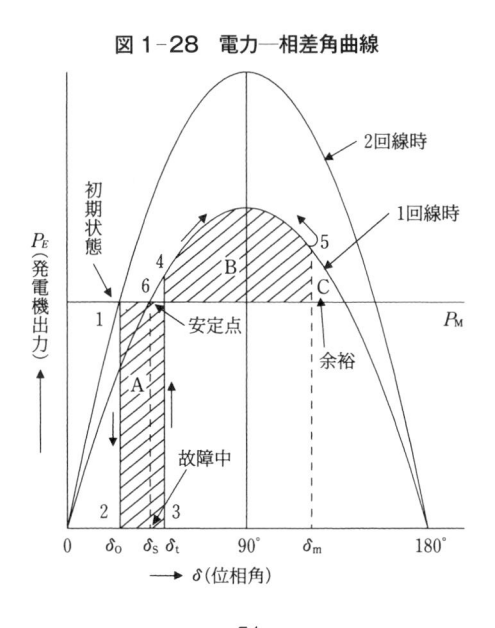

図1-28　電力―相差角曲線

この例では$P_E > P_M$となり減速され、加速エネルギー（図中 A）と減速エネルギー（図中 B）が等しくなるδ_mまで位相角は大きくなった後、減少する。（図中 C）の部分が過度安定度に対する余裕となる。

発電機の初期出力がもう少し増加し、余裕 C が零となった場合が過度安定度の限界となる。それ以上、発電機の初期出力が大きく、A>B となった場合には、位相角は増加する一方となり脱調してしまう。

3-2 安定化対策

前項では、安定度の概念について考えたが、次に系統の安定度向上を図るための諸対策について述べる。

(1) 系統の直列リアクタンスの減少

直列リアクタンスを減少すれば、安定極限電力を増加させることができる。これには次の方法がある。

①送電線の導体数増加

複導体方式を採用して1相の電線数を2～4本とすることにより、等価的に電線半径を増加したことになり、リアクタンスを20～40％減少できるので安定度が向上する。

②送電線の多回線化・ループ化

送電線1ルートあたりの回線数を増加（多回線化）したり、放射状系統をループ系統にすることによりリアクタンスを減少できる。なお、ループ化にあたっては、事故除去遅延やルートしゃ断事故によってその影響が広範囲に波及するため、万全な対策を講ずる必要がある。

③直列コンデンサの設置

直列コンデンサにより、線路のリアクタンスが補償されるので安定度が向上する。

しかし、過渡安定度向上のためには、事故除去と同時に急速に直列コンデンサを再挿入することが必要である。なお、直列コンデンサは鉄共振、低周波持続振動など、異常現象を発生する恐れがあるので、補償度、保護装置について考慮する必要がある。

④変圧器の多バンク化
　同期機間に存在する変電所では、バンク合成のインピーダンス低減のため、並列台数を増加することが行われる。
　一般に並列バンク数は、計画潮流に対し適正な稼働率となるよう選定されるが、インピーダンス低減のための多バンク化は稼働率の低下を伴う。
⑤発電機、変圧器など直列機器のリアクタンス減少
　発電機、変圧器のリアクタンスは、安定度上できるだけ小さいことが望ましい。しかし、標準値よりあまり低くすることは、価格の点と変圧器では短絡容量上から制約を受けることになる。
⑥中間開閉所の設置
　送電線事故時に開放する線路区間を小さくする。

(2) 電圧変動の抑制
①高速度 AVR の採用
　事故時の発電機端子電圧変動に即応して、急速に励磁電流を増加することにより、発電機内部誘起電圧を高めて同期化力を増大させ、安定度を向上させることができる。これにより、安定度上とくに問題となる進み力率運転時の動態安定度が著しく改善される。
　しかしながら、高速度、高ゲインの AVR の採用は、同期化力は増大するが、半面、制動力を弱める特性を有しており、系統構成や運転の状態によっては、AVR による二次的動揺を発生するおそれがある。この対策としては、発電機の回転速度や出力の変化分を検出して、安定化信号を AVR に入力し、制動力を増加させる方式が開発されており、系統安定化装置（PSS：Power System Stabilizer）と呼ばれている。
②中間調相設備
　送電線の中間点に調相設備を置き、中間地点の電圧を維持することにより安定度を向上できる。
③系統の連系
　多数の系統を連系することにより、系統容量が増加するため事故時の電圧変動が減少し、安定度が増大する。しかし、事故範囲が拡大される恐れがあるの

(3) 事故の高速除去

①高速度継電器およびしゃ断器

事故除去を早めれば、発電機の加速エネルギーを軽減できるので、過渡安定度が向上する。

(図1-29)は、2回線送電線において事故種別に対し、事故継続時間の長さが安定度に与える影響を示したものである。

重要送電線では高速度化されており、事故発生後70〜80msで、これを除去することができる。

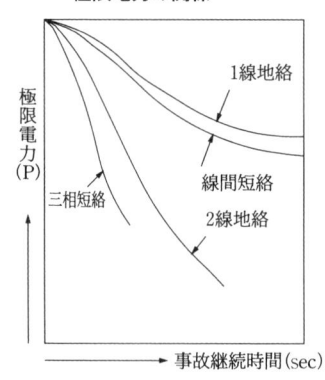

図1-29 各種事故に対する事故継続時間と極限電力の関係

②高速度再閉路方式

線路の事故区間をしゃ断後、適当な無電圧時間をおいて再閉路すると、事故点アークが消滅されている場合は、再び平常状態で送電を継続することができる。

この場合、無電圧時間が問題であり、安定度からは短いほど好ましいが、事故点のイオン消滅による絶縁の回復を待つため、一般に275kV系以下では500ms程度にとられている。さらに高電圧になると、より長い無電圧時間が必要となる。

再閉路方式には2回線あるいはループ区間における1回線三相再閉路、並びに2回線多相再閉路と、1回線区間での単相再閉路方式とがある。詳細は第2章5節3-1参照。

(4) 擾乱時における発電機入出力の平衡化
①制動抵抗
事故発生直後に発電機回路に直列、または並列に抵抗を挿入してエネルギーを消費させ、発電機の入力と出力の不平衡を抑制し、発電機の加速を防止して、過度安定度を向上させることができる。

制動抵抗は、事故直後の位相角動揺第1波の抑制に効果があり、その設備構成が簡単なため信頼性、経済性、保守性の面で優れており、また、異常現象の発生やリレーへの悪影響がないなどの利点がある。

その適用にあたっては、制動抵抗の投入効果を高めるため、設置場所、投入・開放の制御方式、容量選定などに留意する必要がある。

②高速バルブ制御
上記の制動抵抗は、発電機の出力側での不平衡を抑制するのに対し、入力側での対策として、タービンに入る蒸気を高速にバイパスさせて、機械入力を減らし、発電機の加速を防止することにより、過渡安定度を向上させることができる。

高速バルブ制御は、事故直後の位相角動揺第1波の抑制に効果があり、最近の大容量プラントでは標準装備となっている加速度防止機構に、簡単な起動回路を付加するだけで、安価に適用できる利点がある。

その適用にあたっては、蒸気温度や圧力変化、燃料系の追従性など発電プラントへの影響、中間領域の安定性維持などについてとくに留意する必要がある。

(5) 直流連系
直流連系設備による長距離交流系統の分割や交直並列系統の導入により、安定度を向上することができる。

直流連系の適用にあたっては、経済性、信頼性、交流系との制御協調、系統間連系の場合は連系点の選定などに留意する必要がある。

(6) 系統分離

事故発生によりすでに一部の系統で脱調現象が生じた場合、あるいは脱調が予測される場合には、系統を適切に分離することにより、残りの系統の安定度を確保することができる。なお、系統分離点の選定にあたっては、潮流および保護継電器の特性などを考慮して決定する必要がある。

(7) 電源制限・負荷制限

一部の電源や負荷を高速度に制限することにより、残りの発電機の加速を防止したり、著しい電圧低下を防止して安定度を確保することができる。

3-3 パワーエレクトロニクス応用機器

(1) FACTS構想

将来の基幹電力系統は、電源の遠隔・偏在化と需要の都市集中による大電力・長距離送電の傾向が強まり、安定度限界面、ループ潮流調整面などから、送電設備を熱容量限界まで効率的に活用することが難しくなると考えられている。

このため、最近、パワーエレクトロニクス技術を活用した新しい系統制御機器（FACTS機器）が着目されている。

FACTS（Flexible AC Transmission System）とは、アメリカEPRI（Electric Power Research Institute）のN.G.Hingorani氏が1988年に初めて提唱した「パワーエレクトロニクス（サイリスタ、GTOなど）とコンピュータの組み合わせによる各種システムを導入し、電圧、潮流などを自由に制御することによって、熱的な送電能力を最大限に利用できるような交流送電システム」のことであり、FACTSにより期待される効果としては下記が上げられている。

①系統安定度の改善

②ループ潮流の調整

③低コスト化・低損失化

FACTS構想の概念図を(図1-30)に示すが、FACTS機器は送電系統の種々な地点に配置され、系統の状態に即応して単独あるいは連係動作により位相、電圧、インピーダンスを高速に制御し、種々の目的を達成する機器である。

FACTS機器ではサイリスタなどを用いて高速制御を行うが、定常特性は固

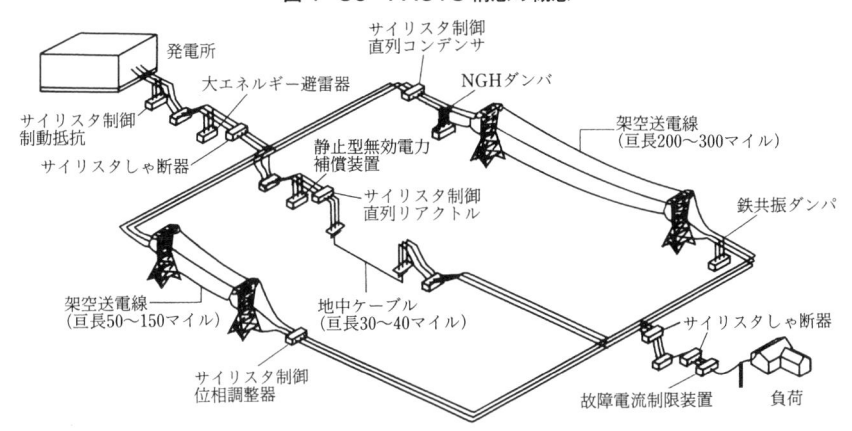

図1-30 FACTS構想の概念

定の直列コンデンサなどの従来技術と基本的に同じである。しかし、さらに送電電力が大きくなった場合には、安定度が低下するために、高速制御性を生かした安定化制御（ダンピング制御）が有効となっている。

(2) FACTS機器の種類と概要

FACTS機器としてEPRIが提案している各種装置を（表1-3）に示す。（表1-3）の中ではサイリスタ制御直列コンデンサ、自励式位相調整器（UPFC）、自励式SVCなどがとくに着目されている。

①サイリスタ制御直列コンデンサ

サイリスタ開閉直列コンデンサ（TSSC）は、（図1-31）のように直列コンデンサを数段に分け接続し、並列に接続されるサイリスタをスイッチング制御することによって線路リアクタンスをステップ上に変化させる装置である。これに対して、サイリスタ制御直列コンデンサ（TCSC）は、（図1-31）のように直列コンデンサに流れる電流の一部をサイリスタが負担し、サイリスタの点弧角制御を行うことにより等価的に線路リアクタンスを連続的に変化させる装置である。

固定直列コンデンサでも最大送電電力の増加と安定度向上が図られるが、リアクタンスを適切に制御することにより安定度向上効果が重畳される。

第1章 電力系統

表1-3 FACTSとしてEPRIが提案している各種装置の特徴

		機器名	原理、機器構成	効果、目的
他励式	直列型	サイリスタ開閉直列コンデンサ TSSC Thyristor Switched Series Capacitor	直列コンデンサをサイリスタによるスイッチング制御しインピーダンスをステップ状に変化させる	・安定度の向上 ・電圧安定性の向上 ・電力潮流の調整
		サイリスタ制御直列コンデンサ TCSC Thyristor Controlled Series Capacitor	直列コンデンサと並列リアクトルをサイリスタで制御しインピーダンスを連続的に変化させる	・安定度の向上 ・電圧安定性の向上 ・電力潮流の調整 ・低周波共振現象(SSR)の抑制
		サイリスタ開閉直列リアクトル TSSR Thyristor Switched Series Reactor	直列リアクトルをサイリスタによるスイッチング制御しインピーダンスをステップ状に変化させる	・電力潮流の調整（ケーブル過負荷防止） ・安定度の向上
		サイリスタ制御直列リアクトル TCSR Thyristor Controlled Series Reactor	直列リアクトルをサイリスタで制御しインピーダンスを連続的に変化させる	・電力潮流の調整（ケーブル過負荷防止） ・安定度の向上
		サイリスタ制御位相調整器 TCPST Thyristor Controlled Phase Shifting Trsnsformer	位相調整器のタップをサイリスタで制御し位相角を調整する	・安定度の向上 ・電力潮流の調整
		サイリスタCB	サイリスタスチッチにより開閉制御する	・高速、多頻度しゃ断
		故障電流減流器	直列インピーダンスをサイリスタで制御する	・故障電流の抑制
	並列型	静止型無効電力補償装置 SVC Static Var Compensator	電力コンデンサ、分路リアクトルをサイリスタで制御し無効電力を連続的に制御する	・安定度の向上 ・電圧安定性の向上 ・電圧の維持
		サイリスタ制御制動抵抗 TCBR Thyristor Controlled Braking Resistor	発電機単の制動抵抗をサイリスタで制御する	・安定度の向上 ・発電機脱調防止
		高エネルギー避雷器 TCVL Thyristor Controlled Voltage Limiter	酸化亜鉛避雷器の保護レベルをサイリスタで制御する	・過電圧保護 ・機器保護
		NGHダンパー	直列コンデンサと並列の抵抗をサイリスタで制御し共振点を外す	・低周波共振現象(SSR)の抑制
		鉄共振ダンパー	サイリスタ制御によるダンパー	・鉄共振による高電圧発生の抑制
自励式	直列型	自励式インバータ型直列コンデンサ SSSC Static Synchronous Series Compensator	直列変圧器を用いて自励式インバータにより、線路電流と90度位相のずれた電圧を加える	・安定度の向上 ・電力潮流の調整 ・低周波共振現象(SSR)の抑制
		自励式インバータ型位相調整器	直列変圧器を用いて自励式インバータにより母線電圧と90度位相のずれた電圧を加える	・安定度の向上 ・電力潮流の調整
	並列型	自励式SVC STATCOM Static Synchronous Compensator	自励式インバータを並列に接続し、内部起電力調整することにより進相・遅相の無効電力を発生させる	・安定度の向上 ・電圧安定性の向上 ・電圧の維持
	直並列型	自励式インバータ型位相器、電圧調整器 UPFC Unified Power Flow Controller	自励式SVCと自励式インバータ型位相調整器を組み合わせた機器である	・安定度の向上 ・電力潮流の調整 ・電圧安定性の向上 ・電圧の維持 ・低周波共振現象(SSR)の抑制

第2節　電力系統の諸特性

図 1-31

A. サイリスタ開閉直列コンデンサ(TSSC)の構成

B. サイリスタ制御直列コンデンサ(TCSC)の構成

(a)スイッチング制御　　(b)モジュレーション制御

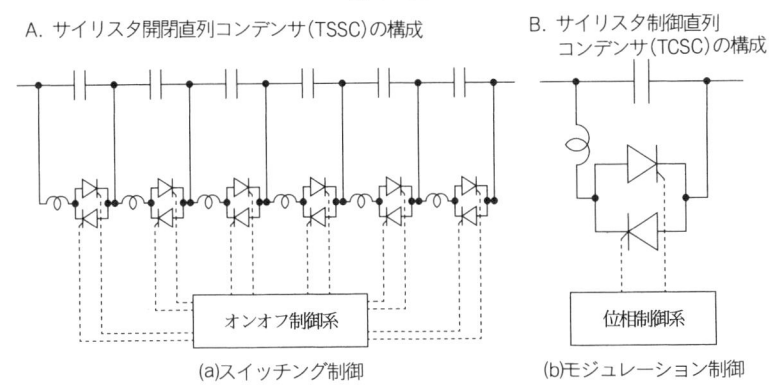

　また、固定直列コンデンサの最大の問題点である低周波共振現象（SSR）に関しても、サイリスタの点弧角を制御するモジュレーション制御により抑制することが可能である。これらの機能とニーズ面からFACTS機器の柱となるものとして期待が大きい。

②自励式SVC

　自励式SVCは（図1-32）に示すように、変換器出力電圧の位相と大きさを自由に変化させ、有効・無効電力を制御する装置である。他励式SVCはサイリスタのように自己消弧能力のない素子を用いており、電圧が低下すると定インピーダンス特性になる。これに対して、自励式SVCはGTO素子などの自己消

図 1-32　自励式 SVC の構成

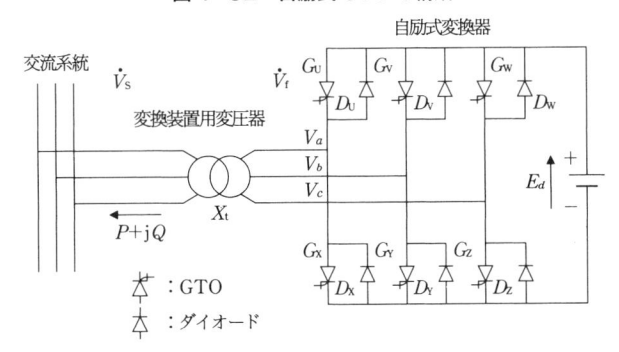

弧型の素子を用いており、電圧が低下すると定電流特性になる。

国内外で自励式 SVC がすでに運用に入っており、他励式 SVC と共に実用段階である。

③自励式位相調整器（UPFC）

EPRI では種々の FACTS 機器が提案されているが、代表的なものに UPFC があげられる。送電電力を制御する基本要素は、電圧の大きさ、位相、インピーダンスであるが、UPFC はこれらを自由に制御できる。

（図 1-33）に UPFC の構成を示す。自励式変換器 1 は自励式 SVC として送電側の電圧 V1 の大きさを制御しながら、自励式変換器 2 が系統とやりとりする有効電力を補償して、直流コンデンサ C の電圧を一定に保つ。自励式変換器 2 はこの直流電圧をもとに、直列変圧器により系統に挿入する電圧 V の大きさと位相を制御し、受電側の電圧 V2 を V1 を中心に半径 V の範囲で大きさと位相を自由に変化させることができる。線路電流 I に対して垂直方向に電圧を挿入すれば、その電圧はあたかも直列コンデンサや直列リアクトルを挿入したことと同じになり、等価的な送電線のインピーダンスを変化させることができる。

現在、海外では実用化されており、自励式変換器の制御は高速で連続であるため、定常時の潮流制御だけでなく、過度安定度、電圧安定度の改善に寄与できると期待されている。

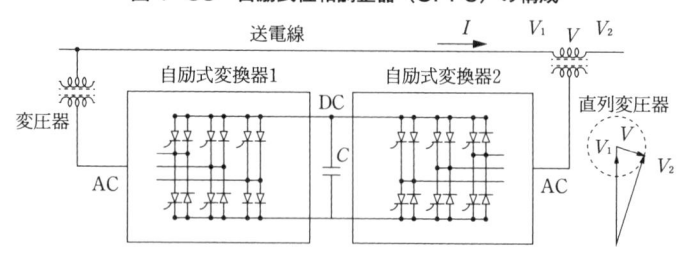

図 1-33 自励式位相調整器（UPFC）の構成

4. 系統の短絡容量

系統規模が増大してくると、50、60Hz の常時連系をはじめととする電力会社間の連系強化、ループ系統運用などが行われるようになり、系統内で短絡・地

絡などの事故が起きた場合に流れる事故電流が大きくなり、以下のような問題を生じる。

①事故電流をしゃ断するしゃ断器のしゃ断能力不足
②断路器、CTなどの直列機器や送電線の電磁機械的電流強度不足
③通信線への電磁誘導電圧発生による通信設備の損傷

なかでもしゃ断器のしゃ断容量不足の問題で、日本の各電力会社は、現在、しゃ断電流を一定値、たとえば、500kV系統は63kA、275kV系統では50kA以下に抑えることを目標としている。

この短絡・地絡電流の最大値と系統容量との関係は、(図1-34、出所：田村編「電力システムの計画と運用」)に示すように一般に直接接地系統となっている系統の最高電圧階級においては、系統容量にほぼ比例して、短絡・地絡電流が増加していくが、それより下位の電圧階級においては、一般に飽和していく傾向にある。

また、しゃ断器技術の進歩に伴い、大容量のしゃ断器も開発可能であるが、二線地絡を伴う短絡事故時に、地絡電流が増大し、付近の通信線に電磁誘導障

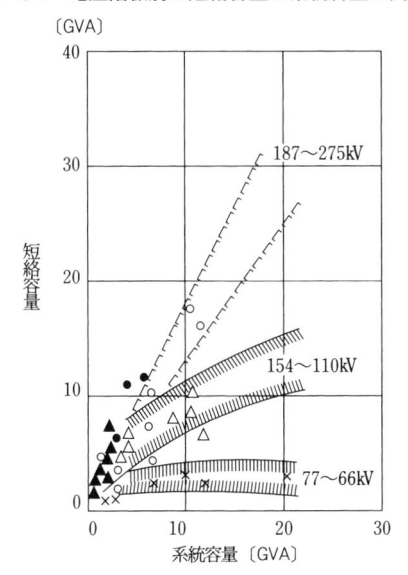

図1-34 電圧階級別の短絡容量と系統容量の関係例

害や、事故時の鉄塔付近の接触電圧、歩幅電圧が高くなり、人畜に危険を及ぼす恐れがある。反面、送電線の併用回線数や変圧器の併用バンク数が多いので設備の利用率が高くなると共に、高い供給信頼性を持つなどのメリットがある。

これらを総合的に勘案して短絡容量抑制対策を検討する必要がある。(ヨーロッパでは強い抑制、アメリカではしゃ断器開発に重点をおき短絡容量を抑制しない傾向にある。)

4-1 短絡容量抑制対策

系統の短絡容量の抑制対策について、次の方法が考えられる。

(1) 系統分割(分離)方式の採用

変電所の母線を分割したり、あるいは送電線のループ回線数を減らして、系統のインピーダンスを増加させることによって、短絡電流を抑制する方法である。

①系統分割方式

常時母線を分離しておくもので、対策上もっとも有効な方法であるが、系統を常に分割するため安定度が劣り、設備利用率の低下や損失の増加を招き、系統連系のメリットが失われることになる。

②系統分離方式

常時は母線を併用、系統を連系した状態で運用し、事故時に母線を分離、系統短絡容量を抑制した後事故点のしゃ断器を開放する方式である。

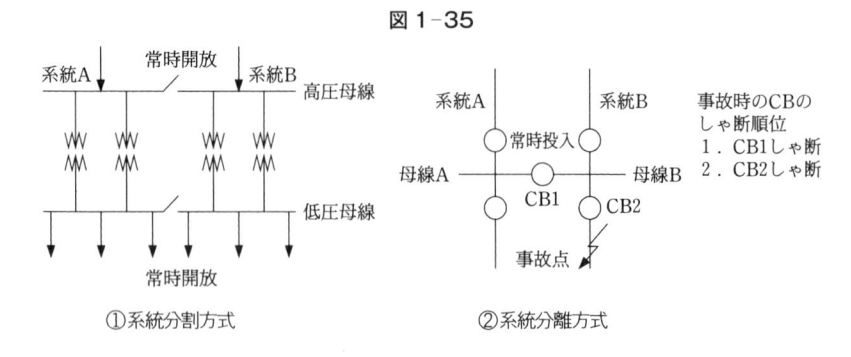

図1-35

①系統分割方式　　　　　②系統分離方式

この方式は系統連系のメリットが損なわれることなく運用できる利点があるが、母線分離時に変電所バンクが著しく不平衡となり、一部のバンクが過負荷になる恐れがあったり、系統分離をしてから事故点を除去することになるため、事故除去時間が延びるなどの欠点がある。

(2) 高インピーダンス機器の採用
変圧器や発電機のインピーダンスを高くして短絡容量を抑える方法である。

変圧器、発電機などのインピーダンスを高くすることは、系統短絡容量を抑制する効果は非常に大きい上、機器の縮小化、製作費の低減などの面からも利点がある。しかし、インピーダンスをある以上に高くすると設計が特殊となり、費用が高くつき、無効電力損失を増加させるばかりでなく、系統の安定度低下、電圧変動の増大などを招くことになる。

(3) 限流リアクトルの採用
母線にリアクトルを挿入して短絡容量を抑制する方法である。

この方法も系統のインピーダンスを高くする方法で、送電線に直列リアクトルを入れる方法と、母線にいくつかに分けて分路リアクトルを入れる方法とがある。直列リアクトルは、リアクトルに常時電流が流れるため、損失、電圧調整、安定度の面で不利であり、採用ケースは少なく、分路リアクトル方式多くが採用されている。

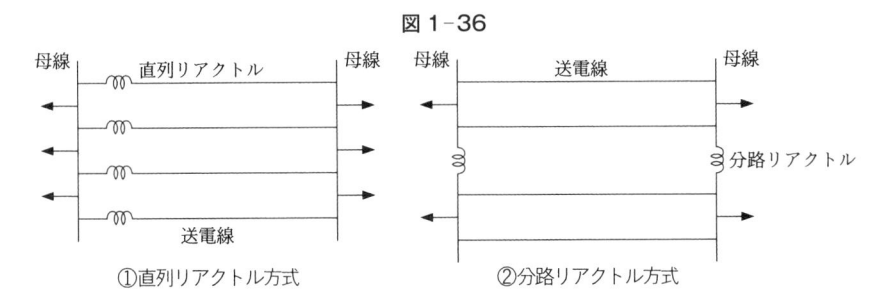

図1-36

①直列リアクトル方式　　②分路リアクトル方式

(4) 上位電圧系統を採用し既設系統を分割する方法
現在の短絡容量抑制技術のうち、もっとも効果のある方法の一つで高次の電

圧階級の系統を導入し、従来の系統を部分的または全体的に分割する方法である。

たとえば、現在の275kV送電系とは別に、500kV送電系を建設し、275kV送電系の全系並列を解き、いくつかの系統に分離する方法である。系統の再編成は巨額の投資を必要とするため、慎重な検討が必要である。

(5) 直流連系による交流系統の分割、その他

短絡電流の多くは無効電流である。直流送電線は無効電力を運ばないので、直流連系によって交流系統相互間を分割しておけば、短絡容量を抑制することができる。しかし交直変換装置が必要でその価格が非常に高くなり、交直変換装置の制御が複雑となる欠点があるが、将来の短絡容量抑制の一手段として採用されることも考えられる。

その他、系統間を特殊なリアクトルなどで連系させ常時は普通の交流回路の状態にし、事故時にリアクトルの作用を持たせて短絡容量を抑制する方法がある。

4-2 短絡電流と地絡電流の比較

直接接地系の短絡電流と地絡電流は、ほぼ同様の増加傾向をたどり、架空線を中心とする系統では零相インピーダンスは正相インピーダンスよりも大きい場合が多く、地絡電流は短絡電流よりも小さい場合がほとんどであった。

しかし、系統の拡大に伴い都市部など地中ケーブル系統が主体となるところや、大容量電源が集中するようなところでは、零相インピーダンスが正相インピーダンスよりも小さくなり、地絡電流が短絡電流を上回る場合がある。

したがって、事故電流がしゃ断器のしゃ断電流を超えるかどうか検討する際には、短絡電流のみではなく、地絡電流についても詳細に検討する必要がある。

5. 電磁誘導

送電線に地絡事故が発生すると、大地を通して大きな地絡電流が流れるため近接する通信線に電磁誘導電圧が発生し、人体および通信機器に対して影響を与える恐れがある。

図 1-37

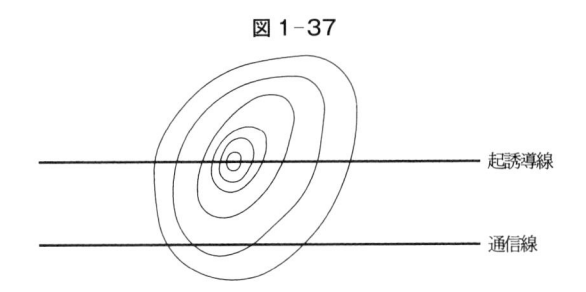

　（図1-37）のように、起誘導線に電流が流れると磁力線が発生する。この磁力線と通信線が交わっている場合、もし起誘導線が交流のように、流れる電流が変化すると、通信線に交わる磁力線も変化し、通信線に起電力が生じるため、電流が流れる。これを電磁誘導現象という。

　わが国では、地理的条件から送電線ルート選択の余地が少なく、一方通信設備については、山間部まで面的広がりをもつに至っていることなどから、今後、電磁誘導の問題はますます重要になってくるものと予想される。

　『電気設備に関する技術基準』では、通信管理者と協議の上、通信上の障害、人に危険を及ぼす恐れのないように送電線を施設することが定められている。

　現在、事故時の電磁誘導電圧値については、「電磁誘導電圧計算書の取扱いについて」（平成7年1月19日資源エネルギー庁公益事業部長通達）をもとに、（表1-4）のような制限値が適用されている。

表 1-4　事故時の電磁誘導電圧の上限値

特別高圧架空電線路の種類	制限電圧
使用電圧が100kV以上で、故障電流が0.1秒以内に除去される特別高圧架空電線路	430V以下
その他の特別架空送電線路	300V以下

　電磁誘導対策を制限値以下とする対策については、電力側、通信側それぞれ以下のような対策がある。低減目標値に応じて対策実施の可能性や経済性を考慮して、電力・通信協議の上、最適な方法を選定実施する必要がある。

(1) 電力線の対策
① 高速度しゃ断器を使用する。
② 特別高圧架空電線路にしゃへい線を施設する。
③ 弱電流電線路との離隔距離を大きくする。
④ 地中送電線（275kV以上）のしゃへい化。
⑤ 地中送電線（275kV以上）の相配置の検討

(2) 弱電流電線路の対策
① 弱電流電線路にしゃへい線を施設する。
② 弱電流電線路に排流中継線輪、中和線輪などの編成器を施設する。
③ 弱電流電線路に避雷器など適当な保安器を取り付ける。
④ 弱電流電線に電磁しゃへいケーブルを使用する。
⑤ 弱電流電線を光ファイバーケーブルに変更する。
⑥ 弱電流電線を架空から地中にする。

6. 変動負荷の影響

　最近の電力系統においては、大型アーク炉、大型整流器、交流電化、サイリスタ家電機器など不平衡負荷が増加し、これらの機器により高調波、逆相電流、フリッカが発生するため、系統の電圧、電流に激しい変動や波形歪みを生じさせる原因となっている。

　これら高調波、逆相電流、フリッカは、電力の質を低下させるばかりでなく、コンデンサの過熱、発電機の過熱、通信誘導障害などの悪影響を与える恐れがある。

6-1　高調波

　電力系統の電圧、電流波形は、基本周波数（50Hzまたは60Hz）の正弦波であるのが理想であるが、現実には種々の原因により完全な正弦波ではなく、やや歪んだ波形となっている場合が多い。この波形歪みを分析すると、基本周波数の整数倍の周波数成分の和として表すことができる。これらを総称して高調波と呼び、基本周波数のn倍の周波数成分を第n高調波と呼ぶ。

$$V = \sqrt{2}\,V_1\sin(\omega t + \alpha_1) + \underbrace{\sum_{n\geq 2}\sqrt{2}\,V_n\sin(n\omega t + \alpha_n)}_{\text{高調波成分}}$$

$$I = \sqrt{2}\,I_1\sin(\omega t + \beta_1) + \underbrace{\sum_{n\geq 2}\sqrt{2}\,I_n\sin(n\omega t + \beta_n)}_{\text{高調波成分}}$$

……………(1-13)

ここで、

V_n、I_n：各高調波電圧、電流の実効値（$n \geq 2$）

V_1、I_1：基本波電圧、電流の実効値

α_n、β_n：各次の電圧、電流の位相

通常、電力系統の電圧、電流に含まれる高調波は第3、第5、第7など、低次の奇数次のものが大部分を占める。

高調波の大きさを比較する尺度として、主に次のものが使われる。

① 高調波含有率 v_n：基本波電圧の実効値（V_1）と、第 n 高調波電圧の実効値（V_n）との比率を表したもので、次数ごとに求め、高調波含有の程度の検討に使用する。

$$v_n = \frac{V_n}{V_1} \times 100$$

$$ = \frac{\text{第 n 高調波のみの実効値}}{\text{基本波の実効値}} \times 100\,(\%) \quad \cdots\cdots\cdots\cdots\cdots\cdots(1\text{-}14)$$

図1-38 高調波の概念図

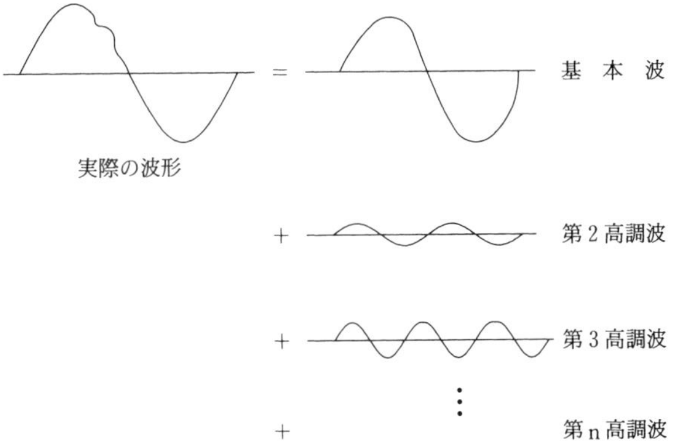

実際の波形 = 基本波

+ 第2高調波

+ 第3高調波

⋮

+ 第n高調波

② 高調波電圧歪率 D_{RMS}：各次数の高調波電圧含有率を2乗平方根として合成したもので、高調波の影響の総合的検討に使用する。

$$D_{RMS} = \frac{\sqrt{\sum_{n \geq 2} V_n^2}}{V_1} \times 100 = \sqrt{\sum_{n \geq 2} V_n^2} \quad \cdots\cdots\cdots\cdots\cdots\cdots\cdots\cdots\cdots\cdots (1\text{-}15)$$

電力系統において、とくに高調波の発生量が多いのは整流器とアーク炉である。高調波は、電力用コンデンサや発電機の過熱、通信線誘導障害などの影響を与える。その防止対策としては、電力供給側では上位電圧系統からの供給、発生源では整流器動作相数の増加、高調波フィルタの設置などが考えられる。

高調波の抑制対策を円滑に進めるため資源エネルギー庁は平成6年10月に『高圧又は特別高圧で受電する需要家の高調波抑制対策ガイドライン』を制定した。制定にあたっては、将来における電力系統の電圧歪みの増加予測を行い、高調波環境目標レベル（特高系統：3%、配電系統：5%）を維持するために必要な高圧・特別高圧の需要家および家電・一般事務機器など汎用品から発生する高調波の具体的な抑制量を定めた。高圧・特別高圧需要家に対しては、新増設する設備の高調波流出電流の計算を行い、その結果がガイドラインで定めた上限値を超過する場合には、需要家が自主的に対策を講じることを定めている。家電・一般事務機器など汎用品に対しては、機器容量クラスごとに、高調波発生限度値を定めている。

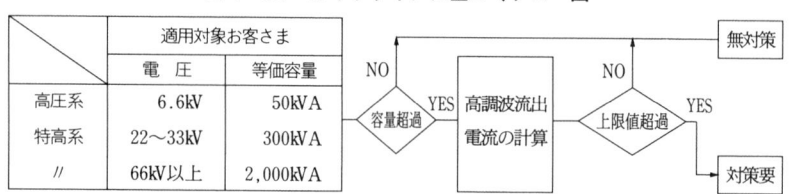

図1-39　ガイドラインに基づくフロー図

適用対象お客さま		
	電　圧	等価容量
高圧系	6.6kV	50kVA
特高系	22〜33kV	300kVA
〃	66kV以上	2,000kVA

容量超過 NO → 無対策
YES → 高調波流出電流の計算 → 上限値超過 NO → 無対策
YES → 対策要

6-2　逆相電流

正常時の電力系統を流れる三相電流は、各相とも大きさが等しく（三相平衡）、位相順は第一相→第二相→第三相の順に120°ずつ遅れている。これを正相電流

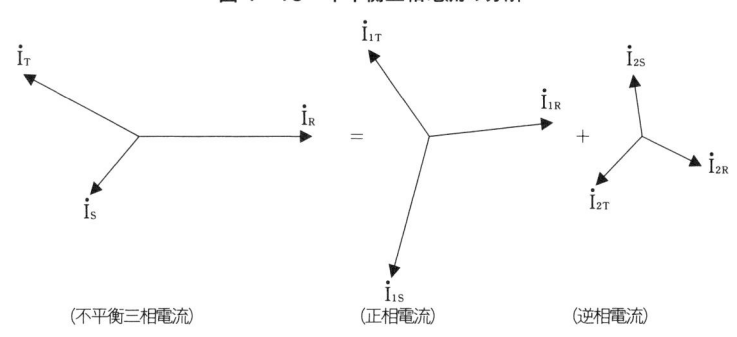

図 1-40 不平衡三相電流の分解

(不平衡三相電流)　　(正相電流)　　(逆相電流)

というが、何らかの原因によって各相電流の大きさが異なってきた場合（三相不平衡）は、これを正相電流と逆相電流とに分解することができる。

逆相電流は、大きさが等しく（三相平衡で零相電流は存在しないとする）相順のみが第一相→第三相→第二相と、正相の場合と逆順の電流である。

系統内の三相電流が不平衡となる原因は、主にアーク炉、交流電気鉄道等の大型三相不平衡負荷、送電線三相インピーダンスの不平衡、送電線の断線、地絡、短絡などである。これらによって発生した逆相電流は、発電機、電動機の回転子表面に2倍の周波数のうず電流を発生させ、過熱させる。

発電機の逆相電流許容限度は、一般に次のように考えられている。

① 連続許容限度 I_{2max}：全出力運転状態で発電機定格電流（I_N）の5％程度以下なら問題がない。すなわち、

$$\frac{I_{2max}}{I_N} < 0.05 \quad \cdots\cdots\cdots\cdots\cdots\cdots\cdots\cdots\cdots\cdots\cdots\cdots\cdots\cdots\cdots\cdots (1-16)$$

② 短時間許容限度：次の程度とされている。

$$\left(\frac{I_{2max}}{I_N}\right)^2 \times t < 10\sim30 \quad \cdots\cdots\cdots\cdots\cdots\cdots\cdots\cdots\cdots\cdots\cdots\cdots (1-17)$$

t＝逆相電流の継続時間、ただし120秒以下

このような限度内に抑えるための逆相電流防止対策には、設備新設または変更時の検相試験の徹底化、負荷を三相平衡負荷に近づける方法、短絡容量の大きい系統から供給する方法などがある。

6-3　電圧フリッカ

　電圧フリッカとは、比較的短い時間間隔で連続的に生ずる電圧変動をいう。このような電圧変動により照明のちらつきが引き起こされるが、人間の目に感ずるちらつき感は（図 1-41）のような特性をもつ。このためフリッカの指標として、目に最も感じやすい 10Hz の電圧変動に換算した値 ΔV_{10} が用いられる。

$$\Delta V_{10} = \sqrt{\sum_{n=1}^{\infty}(a_n \Delta V_n)^2} \quad \cdots\cdots\cdots\cdots\cdots\cdots\cdots\cdots\cdots\cdots\cdots\cdots (1\text{-}18)$$

　a_n：ちらつき視感度曲線から求められる変動周波数 fn [Hz] に対応するちらつき視感度係数
　ΔV_n：変動周波数 f_n の電圧変動成分の振れ

　電圧フリッカの発生源は、大型アーク炉、溶接機などであり、照明のちらつき、テレビの色調変化、画面の動揺などに影響を及ぼす。フリッカの許容値は、電圧フリッカ・メータで測定される ΔV_{10} の値において、（表 1-5）のように 2 種類となっている。

　フリッカ防止対策には、系統上からは短絡容量の大きい上位系統からの供給、需要家側では直列リアクトル、静止型無効電力補償装置の設置などがある。

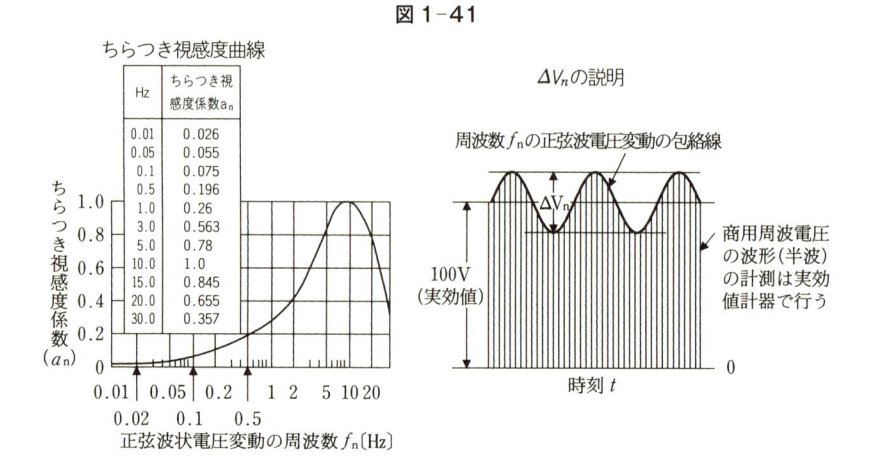

図 1-41

ちらつき視感度曲線

Hz	ちらつき視感度係数 a_n
0.01	0.026
0.05	0.055
0.1	0.075
0.5	0.196
1.0	0.26
3.0	0.563
5.0	0.78
10.0	1.0
15.0	0.845
20.0	0.655
30.0	0.357

ΔV_n の説明

周波数 f_n の正弦波電圧変動の包絡線
商用周波電圧の波形（半波）の計測は実効値計器で行う

表1-5 フリッカ許容値（V）

グループ	Ｉグループ
最大値	0.45
平均値	0.32

第 2 章
電力系統の計画

第1節　電力系統計画の概要

1. 電力系統計画の必要性

　電力系統の計画にあたっては、電力需要の見通し、立地情勢の動向などを踏まえて、良質で安定な電力供給を確保することを目的に、地域社会の要請に的確に対応すると共に、先見的かつ合理的に、電力系統の拡充強化を進めていく必要がある。

　電力系統計画とは主に電源開発、送変電・配電計画を含んだ設備計画をいうが、ここでは、計画を必要とする目的と、その計画の果たす役割について述べる。

1-1　電力系統計画の目的

　電力系統計画は、需要増加に対応する電源開発や送変配電系統の拡充、系統信頼度の維持向上、さらには将来を展望した先見的な対応を図ることなどを目的とするものである。

（1）　拡充要因
①電源開発

　電源開発とそれに伴う電力輸送線および関連系統の新増設を図るための計画であり、計画にあたっては電源開発計画と送変電系統計画の整合が必要である。

②需要増加

　需要増加に対応するため必要となる変電所と、それに供給する送電線の新増設、並びに関連系統の拡充を行うことを目的に計画するものであり、需要の動向を的確に把握して、適正な時期に計画することが大切である。

③系統増強

　電源開発の遠隔化、集中大規模化および電力系統の巨大化、複雑化によって系統運用上の制約が生ずることを防止するため、電圧改善、安定度向上、電力

第1節　電力系統計画の概要

損失の軽減などの系統の改善や増強を図るための計画が必要である。

(2) 改良要因
①電力品質向上対策
電力供給に対する社会的要請の高度化、複雑化に対応するため、事故時の供給支障の規模、時間、頻度など地域社会に与える影響、お客さまの要請を的確に把握し、必要な時期に改善することを目的に計画を行う。信頼度、品質を向上させる方法としては、系統増強による他、系統保護装置や自動化装置によるものもあるので、これらを含め総合的な判断が必要となる。

②環境保安対策
都市部における構造物の建築、高負荷密度地区での地下利用、周辺地区における土地区画事業など地域社会からの要請に伴う既設設備の移転や、環境保安対策の必要が生じた場合には、地域特性と将来の方向性などを十分に配慮し、合理的な規模で改善計画を策定する必要がある。

③老朽化対策
数十年にわたり長期間使用された設備を老朽設備というが、これらの更新にあたっては、現在までの故障や補修経歴を十分調査、必要に応じ余寿命診断を行った上で、改修による効率向上効果なども考慮のうえ、工事計画を決定する必要がある。

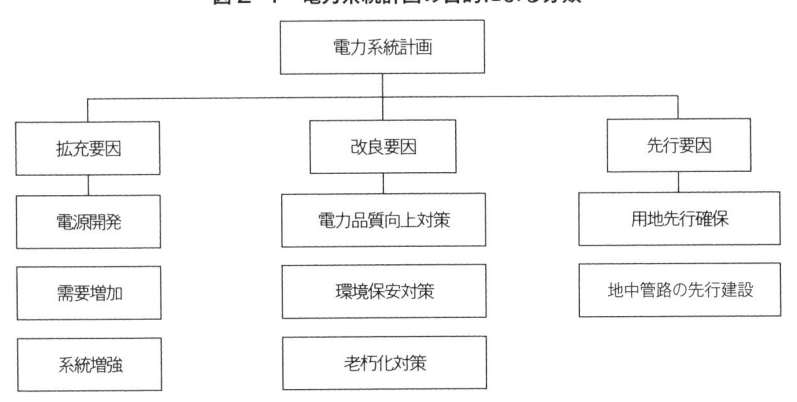

図2-1　電力系統計画の目的による分類

```
                電力系統計画
        ┌───────────┼───────────┐
     拡充要因      改良要因      先行要因
        │             │             │
     電源開発    電力品質向上対策   用地先行確保
        │             │             │
     需要増加     環境保安対策   地中管路の先行建設
        │             │
     系統増強     老朽化対策
```

(3) 先行要因

都市の過密化が進むにつれて、変電所用地の取得あるいは送電線のルート確保がますます困難化する傾向にある。このような情勢の中で、電力系統を長期にわたって合理的に構成していくためには、超長期の基本構想を策定すると共に、この構想に合致する用地の先行確保、地中管路の先行建設など、合理的な先行投資に努めなければならない。

1-2 電力系統計画の役割

(1) 総合計画

電力系統は、機能を異にする多種類の電力設備が互いに関連をもち、有機的に結びついて構成されている。

このため電力系統の計画は、その構成区分にしたがい「電源開発計画」、「送変電計画」、「配電計画」の三つに大別できるが、それぞれを単独で検討するだけでなく、電力系統全体の立場で総合検討し、最適な計画とすることが必要である。

(2) 地域社会と電力系統計画

良質で安定な電力供給を目的とした電力設備の建設は地域社会と協調し、地域開発、環境保全などの諸問題に配慮して行わなくてはならない。したがって、地域社会の要請と長期的視野に立った合理的な電力系統計画との協調が必要で、その役割は極めて大きい。

2. 電源開発計画と送変電計画

電力系統の計画は、はじめに、「電力需要想定」を行い、次に、この需要に見合った「電源開発計画」に基づき「送変電計画」、「配電計画」を行うという手順を踏み、作成される。電力需要想定および送変電計画、配電計画については本巻で詳述するが、電源開発計画に関しては第8巻「電源設備」との重複を避けるため割愛したので、その基本的考え方について述べるにとどめる。

2-1 電源開発計画

電源開発計画とは、基本的には増加する電力需要に対応して種々の供給力の組み合わせを行い、最も効率的な電源設備を計画することである。具体的には、各種の電源をどのような開発順序で、いつどの規模で運転開始をして、予想される需要を賄うのが最も効率的な計画であるかということであり、要約すれば、次の事項を決定することである。

①建設すべき電源の種類・規模・立地地点
②建設時期・運転開始時期・建設工程

これらを決定するにあたって、次の諸条件を検討する必要がある。

①需給バランスを満足し、適正供給予備力を確保できるか
②ユニット容量は事故時の脱落など系統運用面から適正か
③エネルギー源の安定確保の上からバランスのとれた構成となっているか
④経済性はどうか
⑤環境・立地上の問題はどうか
⑥法手続き関係はどうか

2-2 送変電計画

電源開発計画が定まると、この電力を負荷地点まで運ぶための送変電計画を決定しなければならない。送変電設備は、単に発電所で発生した電力を需要地へ届けるというだけでなく、他の電源設備や送変電設備などの機能に与える影響を十分考慮し、これらを総合した電力系統全体としての協調が必要である。

このように、電源開発計画に基づく送変電計画は、電力系統としての総合的観点に立って計画立案することが重要である。

しかしながら、電源立地は困難、かつ流動的になってきており、とくに需要地に近い地点での電源開発は非常に難しくなってきている。

また、限られた立地地点も需要地から遠隔化すると共に、一地点の容量も大型化してきているため、これらの電力を輸送する送電線は、長距離・高電圧・大容量送電線となっている。

このように、送電系統が巨大化してくると、安定度・短絡電流・電圧安定性

などの諸問題が顕在化してくる。これらに対応するためには、次期上位電圧の導入の検討やパワーエレクトロニクス応用機器の適用などの新しい技術開発が必要となってくる。

一方、送変電設備の建設も電源立地と同様に非常に難しくなってきているため、長期的観点から適正な先行投資を見込んだ効率的な送変電計画がますます必要となってくる。

3. 電力長期計画と供給計画

3-1　電力長期計画

電力長期計画は、将来10カ年程度を対象として、
①需要並びに電源などの立地動向
②供給信頼度、サービスの維持確保
③収支、経済性の向上
④広域的計画
⑤新技術の積極的導入

などを総合勘案し、需要想定、需給計画、電源開発計画、送変配電計画、工事資金並びに資金調達計画などについて検討を行う。

このようにして策定された電力長期計画は、後述の供給計画の基礎となるばかりでなく、用地、要員、資材、その他、会社経営全般にわたる諸計画の基礎としても活用される。

3-2　供給計画

電力系統計画は、毎年度、供給計画に記載し、経済産業大臣に届け出ることが、電気事業法第29条第1項により、義務付けられている。

この供給計画は、1995（平成7）年12月施行の改正電気事業法により、従来の「施設計画」と「供給計画」が一本化されたものであり、電気工作物の設置および運用に関する計画の他、電気の供給に関する計画が記載されている。

供給計画の届け出事項は、電気事業法施行規則第46条に定められている。

第2節　電力需給計画

　将来の需要を想定し、この需要に応じてどのようにして供給を行うのか、この計画を電力需給計画という。
　電気事業者は、電気事業法第29条の定めにより、毎年度、電気の供給や電気工作物の設置および運用に関する計画を「供給計画」として経済産業大臣に届け出ている。このうち至近年度のものは、一般的に青本計画といわれ当該年度および次年度の2カ年を作成している。また、長期にわたるものは、通常将来10カ年について電源開発計画と関連して作成され、長期需給計画といわれている。
　電力需給計画は、需要と供給の均衡を図ることを目的として作成されるため、一般に需給バランスといわれ、最大電力バランスと電力量バランスに大別される。

1. 電力需要想定

1-1　電力需要想定の目的

　電力需要想定は収支計画、供給計画、電源開発計画、燃料計画など経営計画の基盤となるものであり、想定にあたっては電気事業としての下記の特性を考慮しなければならない。
① 　電気事業は小売り自由化の実施に伴い地域的な独占が認められなくなったが、引き続き規制部門の需要家への電力供給の義務が課せられている。
② 　電力は、生産と消費が同時に行われる。つまり、他産業に比べ在庫調整機能は極端に少ない。したがって、常に最大電力と電力量に見合う供給設備を準備しておかなければならない。
③ 　電気事業は設備産業であり、設備投資の適否は直接企業経営に大きな影響を与えるため、過剰な設備投資は極力排除する必要がある。
④ 　電源開発計画を立てる場合、深刻化する立地問題などを反映して、設備

の建設に要する期間が長期化することから、相当長期間にわたって想定を行う必要がある。

このような特性から、電力需要想定は正確であることが要求される反面、とくに長期需要想定については、広く国民の経済、社会、生活面における諸活動の動向により、直接、間接に左右されるので、実績のように確定した点もしくは線と考えるべきではなく、幅のあるすう勢を示したものとして考えるべきである。したがって、想定値が予期しない経済変動などにより、実績と差異を生ずる結果となることもあるが、需要想定にあたって必要なことは、情勢変化への適切な対応に基づき、絶えず見直しを行うことである。

1-2 電力需要の想定方式

電力需要の想定方式としては種々の方式があるが、これを分類する一つの手段としてミクロ的手法と、マクロ的手法に区分することができる。

(1) ミクロ的手法

需要動向および地域の実情などを詳細に分析し、それらを構成する要素の因果関係から想定する手法である。たとえば、電灯需要については、需要数と家庭用主要機器普及率から機器別の普及台数を想定し、これに機器1台当たりの年間使用電力量（原単位）を乗じて主要機器の電力量を想定する。

また、大口電力は特掲産業（電力多消費で変動の大きい産業）と一般産業（特掲以外の産業）に分け、それぞれ業種別に想定して積み上げる。特掲産業については、物資生産量に生産量当たりの電力消費量を乗じ、一般産業については、過去の実績を用い傾向線の延長による方法などから想定する。

最大電力については、年負荷率による方法、夏季需要・ベース需要による方法などにより需要構造の変化を織り込み想定する。

(2) マクロ的手法

需要全体に対する何らかの法則性を見出し想定する手法、すなわち、電力需要それ自身の時系列傾向、経済指標（国内総生産、鉱工業生産指数など）との相関、経済指標との弾性値による想定手法などをさす。

上記手法は、あくまでも想定の一つの手段であり、一つの想定手法をとることによって数値が計算されるが、これはあくまでも計算値であって、実際の想定は、いろいろな想定手法に基づく計算値を参考にしながら、適切な判断のもとに行われるものである。

1-3　電力需要想定の種類と対象

(1)　電力需要想定の種類

　電力需要想定の種類としては、長期と短期の二つに大別され、それぞれ次のような性格を持っている。

　短期想定は、最近の実績分析に重点を置き、その傾向を反映するもので、該当期間の電源開発計画はすでに定まっているため、至近年度の需給の指針として火力補修計画、貯水池使用計画、電力融通計画、収支計画などの立案にも用いられる。これに対して長期想定は水力、火力、原子力などの電源開発計画をはじめ、送変電設備計画などを作成するために不可欠なもので、対象期間についての経済指標などをもとに、前述した各方式により想定するものである。

(2)　電力需要想定の対象

　電力需要想定は、使用目的により電力量、最大電力および負荷曲線が必要となる。電力量は前述の想定方式により、通常、販売電力量として想定し、これに変電所所内電力量、送電損失電力量を加えて送電端電力量に換算する。

　これらの電力量の関係は次の通りである。

　　　　販売電力量　　＝需要家における消費電力量の合計（図2-2参照）
　　　　需要端電力量＝販売電力量＋変電所所内電力量
　　　　送電端電力量＝需要端電力量＋送電損失電力量（一次、二次、三次）
　　　　発電端電力量＝送電端電力量＋発電所所内電力量

なお、最大電力および負荷曲線は、送電端電力量をもとにして送電端で想定され、電源開発計画においては、その規模、方式を決めるのに重要な要素となる。

　最大電力の想定方法としては、最大電力を夏季需要とベース需要に分け、別個に想定し合成する方法などがある。

第2章 電力系統の計画

図2-2 場所別需要

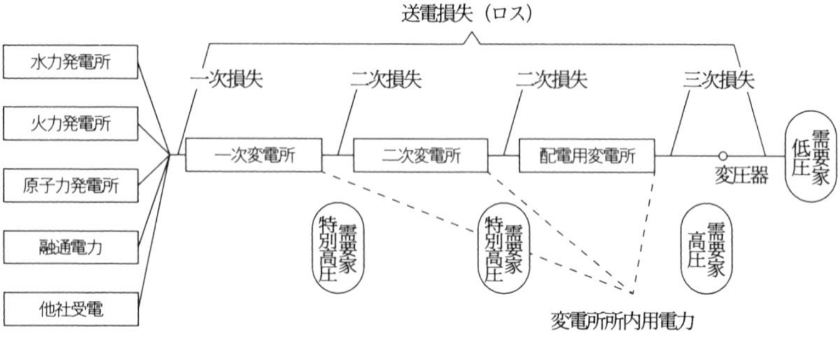

また、負荷曲線の想定方法としては、電力量構成比の変化など、変動する諸要因を織り込み想定する積み上げ方法や、過去の時系列傾向から想定するマクロ手法などがある。

1-4 電力需要の推移

(1) 電力量

昭和30年代以降の2度にわたる電化ブームによる電灯需要の著しい成長と、高度成長期の旺盛な設備投資を背景とした産業用需要の伸長によって、総需要は1955～1970（昭和30～45）年度には年平均10%以上の伸びを示した。

しかし、2度におよぶ石油危機を経て、電力需要は全用途にわたり伸びが大幅に低下した。とくに、第二次石油危機後の産業用需要の低迷は著しく、1980～1985年度の産業用の伸びは1.2%と総需要の伸び（2.9%）の半分以下となり、第二次石油危機以降の産業構造の電力寡消費化と各産業における省電力化の進展がうかがえる。

その後、電力需要の低成長時代は、石油を中心とするエネルギー価格の低下とそれに伴う省エネマインドの弛緩、さらに平成の大型景気の到来により終わりを告げ、1985～1990年度の平均伸び率は5.0%と大きく上昇した。

その後、日本経済は、バブル崩壊を契機としてはじまった長期間の調整を終え、緩やかながら回復の傾向をたどっている。この間、民生用需要は、経済のソフト化・サービス化、アメニティ指向の高まりなどから堅調に推移する一方、産業用需要は、円高の進展などによる国際競争力の低下、製造業の海外シフト、

表2-1 電力需要の長期推移

年度 \ 用途別	総需要 億kWh	年平均増加率(%)	民生用 億kWh	年平均増加率(%)	産業用 億kWh	年平均増加率(%)	自家発自家消費 億kWh	年平均増加率(%)
昭和26年度（1951）	370	—	—	—	—	—	—	—
昭和30年度（1955）	528	9.3	181	—	347	—	86	—
昭和40年度（1965）	1,695	12.4	457	9.7	1,239	13.6	217	9.7
昭和45年度（1970）	3,197	13.5	884	14.1	2,313	13.3	468	16.6
昭和50年度（1975）	4,283	6.0	1,486	11.0	2,797	3.9	541	2.9
昭和55年度（1980）	5,203	4.0	2,000	6.1	3,202	2.7	560	0.7
昭和60年度（1985）	5,993	2.9	2,593	5.3	3,400	1.2	579	0.7
平成2年度（1990）	7,656	5.0	3,480	6.1	4,176	4.2	875	8.6
平成7年度（1995）	8,816	2.9	4,351	4.6	4,464	1.3	1,050	3.7
平成12年度（2000）	9,821	2.2	5,100	3.2	4,721	1.1	1,240	3.4

省エネの浸透などから1990年以降の平均伸び率は1％台にとどまった。

(2) 最大電力

電力負荷は時々刻々変化するが、ある期間の中で最も多く使用する時間（通常1時間平均でみる）の消費電力を最大電力とよんでいる。また、ある月について毎日の最大電力を上位から三つとり、その平均値を最大3日平均電力といい、需給計画などに使われる。

年間における最大電力は、冷房需要があまり普及していなかった1965年以前は、冬季の12～1月の点灯時刻（18～19時）に発生するのが通例であった。しかし、冷房需要の急増に伴い、1966年に関西電力で年間の最大電力が8月の昼間に発生したのをはじめとして各地で夏ピーク型へと移行し、1968年以降、全国計の最大電力は夏季（主として7～8月）の昼間（14～15時）に発生している。

(3) 負荷曲線

時々刻々変化する電力負荷の時間的変動状況を図示したものを負荷曲線とい

第2章 電力系統の計画

う。

（図2-3）の立体模型図の実線部分は、一年間の負荷曲線の全体を示し、その体積が電力量、断面が日負荷曲線の型を表している。

1日の負荷曲線は、需要構成や季節的条件などによって異なるが、たとえば夏季の日負荷曲線では、一般的に15時頃にピークとなる形態をとっている（図2-4参照）。

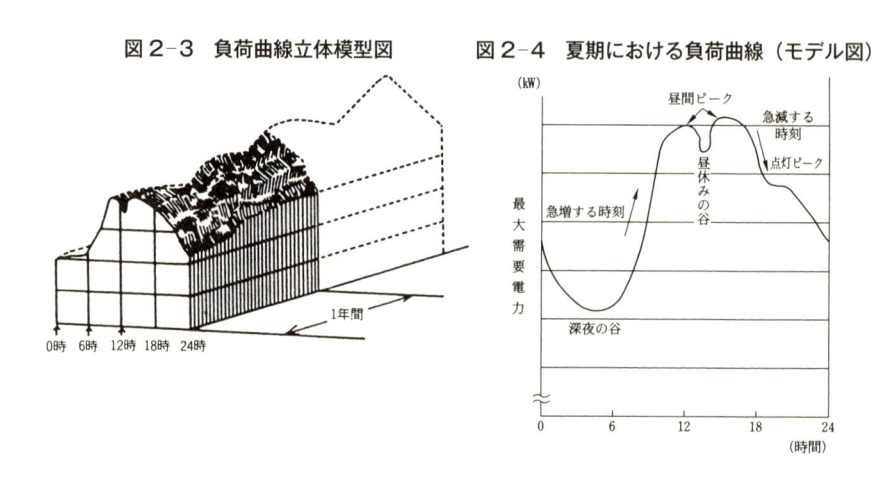

図2-3　負荷曲線立体模型図　　　図2-4　夏期における負荷曲線（モデル図）

最近の負荷曲線の動向をみると、業務用電力や民生用需要における冷房・空調需要の増大や産業用需要における機械業種など、昼間操業型業種のウエイト増加から昼間ピークが尖鋭化する傾向にあり、日負荷率、ひいては年負荷率の低下がもたらされている。とくに夏季は、民生用需要における冷房・空調需要の著しい増加から昼間ピークを助長しており、季節間格差および昼夜間格差が拡大している。

負荷曲線は、供給力の確保を図るための電源開発計画および経済性追求の面で重要な役割を担っている。また、揚水発電の運用などピーク供給力の経済開発の検討、深夜における電力余剰の対策、負荷変動に対応するための電源設備の運用などにおいて、負荷曲線の正確な把握は、合理的な計画を立てるための最も基本的な前提といえる。さらに、月別最大電力は、発電所の補修計画や運転開始時期の検討などの基礎として活用されている。

2. 電力需給計画

2-1 電力需給計画の目的

　電力需給計画の目的は、想定した電力需要に対して、電力の安定供給と電力設備の経済的開発・運用を図るため、電力需要の実態を明確にし、需給運用の指針を得ることにある。

　また、電力需給計画は収支、資金、燃料計画をはじめ企業全般の事業計画と密接な関連があり、至近年を対象とした短期需給計画と、5～10年を対象とした長期需給計画とがある。

　短期需給計画は、計画期間における電源開発計画がすでに決定されていると考えてよく、想定需要を定められた供給設備によっていかに充足するかを決定し、需給運用の指針を得ることを目的としている。

　一方、長期需給計画は、電源、送変電設備などの建設計画を作成するための基本となる計画であり、所定の供給信頼度を確保した上で、長期的な総合経費が最小となるよう策定される。

2-2 電力需給バランス

　電力需給計画は、水力・火力・原子力などの個々の供給能力を総合し、想定された需要に対応する適正な需給均衡度を確保し、かつ経済的な運用を行うよう検討するものであり、通常、これらの内容を表現するものとして、最大電力バランスと電力量バランスの二つの電力需給バランスが用いられる。

（1）　最大電力バランス

　最大電力バランスは、送電端需要を（図2-5）に示すように、1カ月間の毎日の最大電力の変化を大きい順に並べ替え、その上位3日を平均した最大3日平均電力が用いられる。

　送電端供給力のうち、自流式について（図2-6）に示すように、1カ月の自流式発電の変化を第Ⅰ出水時点～第Ⅴ出水時点に集約し、その第Ⅴ出水時点（通称L5）を最渇水時点の供給力とする。

第2章 電力系統の計画

図2-5 送電端最大需要

（1ヵ月の毎日の最大電力の変化）

（1ヵ月の最大電力を大きい順に並べ替えた曲線）

図2-6 自流式出水時点

（1ヵ月と自流式発電の変化）

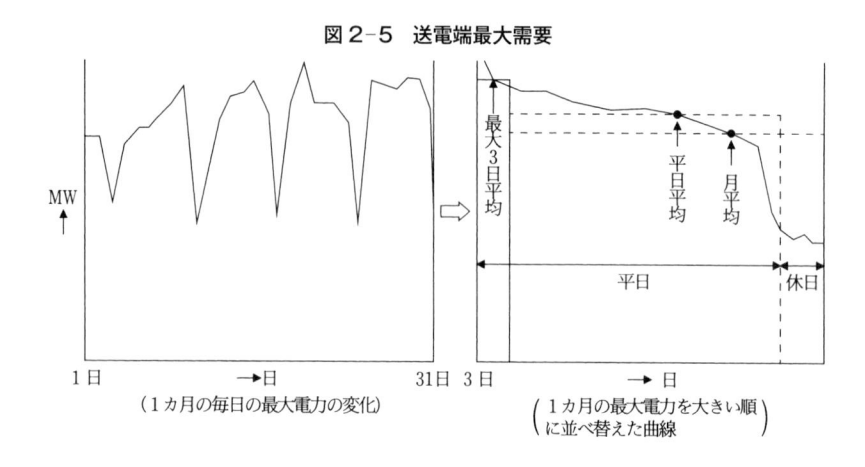

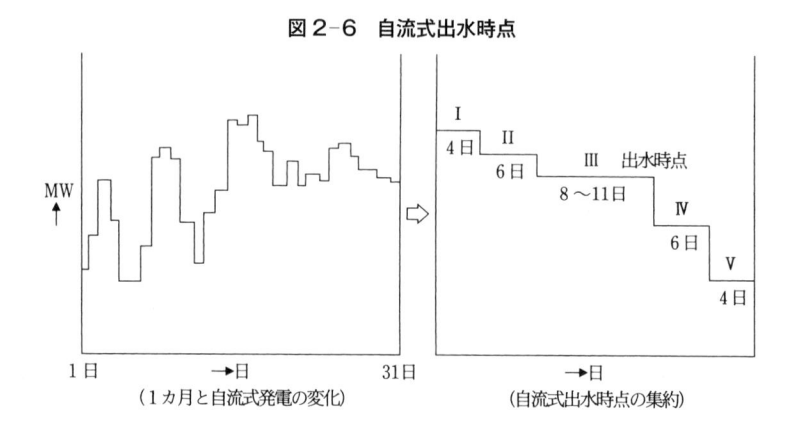

（自流式出水時点の集約）

　この毎月の最大需要と最渇水時点における供給力とのバランスを最大電力バランスという。また、最大電力バランスの供給力を図式化したものが（図2-7）となる。

(2) 電力量バランス

　電力量バランスは、毎月および年間にわたる送電端需要電力量と、これに供給する送電端供給電力量とのバランスを表す。この需要電力量を自社および他

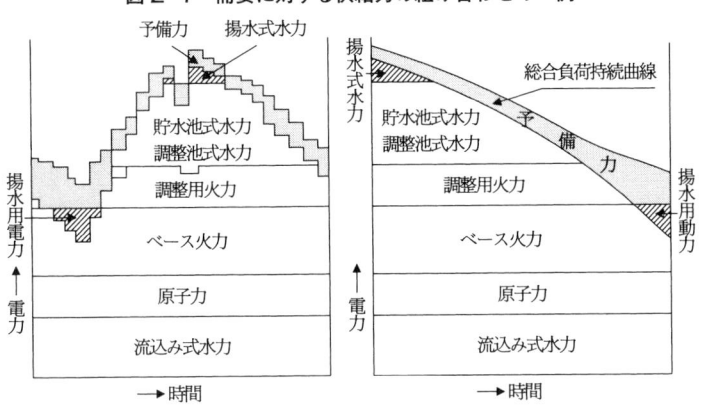

図2-7 需要に対する供給力の組み合わせの一例

社電力の水力・火力・原子力発電所でどう受け持って発電するか、他電力との融通電力をどう受給するかなどについて、最も経済的・効率的な発電計画とするため、具体的には水力を十分活用して火力発電機ごとに出力配分して火力燃料を節約すると共に、水力発電所の調整能力をピーク（尖頭負荷時）に発揮させ、火力を効率よく運転して火力発電原価を低減することを主眼に計画する。

2-3　供給力の算定

（1）　供給力の計算

需給バランス計算においては、
・供給能力計算（最大電力バランス）
・供給電力量計算（電力量バランス）
の2種類の計算が必要であり、水力・火力・原子力供給力の組み合わせによる能力および経済性の検討などを行う。

①供給能力の計算

供給能力は、事故などによる計画外停止、渇水、予想外の需要増加などの異常事態が発生した場合、これに対処するための供給力の限界能力を見極め、これと需要を対比させることにより、予備力保有状況を明らかにするために行われる。具体的には、次のような基準的な状況における供給能力と需要とから保

第2章 電力系統の計画

表2-2 第Ⅰ～第Ⅴ出水時点

出水時点	各出水時点の可能発電力	備考
第Ⅰ出水時点（最豊水日）	$\dfrac{P_{SH5}+P_{PH5}}{2}$	
第Ⅱ出水時点（豊水日）	P_{PH5}	
第Ⅲ出水時点（平水日）	月平均可能発電力	出水率算定の基準値とするなど平均的な出水の基準として用いている
第Ⅳ出水時点（渇水日）	P_{PL5}	
第Ⅴ出水時点（最渇水日）	$\dfrac{P_{SL5}+P_{PL5}}{2}$	通常最大電力バランスの検討に用いており、一般にL_5と略称している

(注) P_{SH5}＝Series　流況曲線の最高5日平均可能発電力
　　 P_{PH5}＝Parallel　流況曲線の最高5日平均可能発電力
　　 P_{SL5}＝Series　流況曲線の最低5日平均可能発電力
　　 P_{PL5}＝Parallel　流況曲線の最低5日平均可能発電力

有供給予備力を算定し、目標供給予備力と対比することにより、所定の需給均衡度を満足しているか否かを判断することとしている。
水力供給力…各月第Ⅴ出水時点（表2-2、図2-8参照）における供給能力
火力供給力…各月月平均供給能力＝月平均設備可能出力－月平均補修出力
　原子力供給力……火力供給力に同じ
　　　需　要……各月最大3日平均電力
　　　　　　　保有供給予備力＝供給能力合計－需要
　なお、供給予備力の比較を行う際は、通常次式で表される供給予備率（％）を用いている。

$$供給予備率 = \frac{供給予備力（MW）}{需要（最大3日平均電力、MW）} \times 100 \text{（\%）}$$

この計算から得られた結果は、最大電力バランスとして表現される。
　②供給電力量の計算
　供給電力量は、各出水時点における水力供給力、需要の大小など供給力、需要の変動を組み合わせた多数の代表断面について、供給力の稼働状況を算定し、

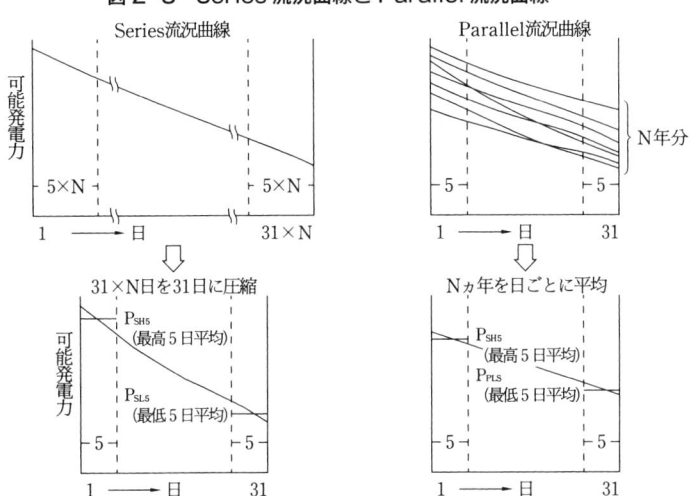

図2-8 Series流況曲線とParallel流況曲線

(注) Series流況曲線：過去N年間毎日の可能発電力を、発生した年や日に無関係に大きさの順に並べ、上位から順にN個ずつ平均し、これを連ね1年に圧縮する。
Parallel流況曲線：過去N年間各年の流況曲線における同一順位の可能発電力を平均し、これを連ねて作成する。

各組み合わせで得られた日供給電力量に、それぞれの発生日数を乗じて月間、年間電力量を算定するものであり、経済性の検討に用いられる。

(2) 日負荷曲線における水・火・原子力供給力の負荷分担

　水力発電所の1日に発電し得る電力量は、河川流量、調整池・貯水池容量などから制約を受ける。一方、水力発電所の運転費は、火力・原子力に比べてごくわずかであり、かつ負荷調整能力も大きい。したがって、1日の需要を水・火・原子力供給力で負担する場合、水力は限られた電力量の範囲内で電力系統に最も有効となるよう、その発電曲線を定めなければならない。

　まず供給信頼度の面から検討すると次のようになる。保有供給予備力は、最大需要電力に対応する供給予備力（率）で表現されているが、安定した電力供給を行うためには、1日のうち他の時間についても同一の供給信頼度を確保す

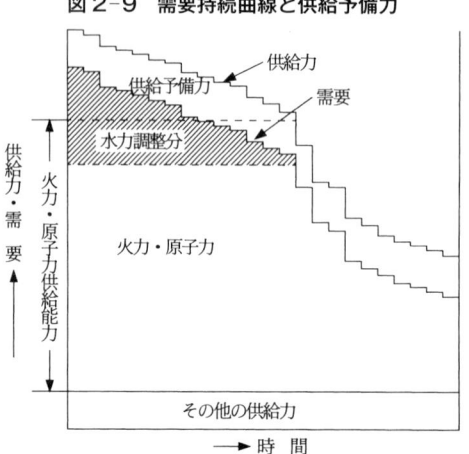

図2-9 需要持続曲線と供給予備力

る必要がある。したがって、最大電力発生時以外の時間についても、最大電力発生時と同率か、またはそれ以上を保有する必要がある。このためには（図2-9）でも分かるように、水力供給力の調整可能部分をピーク部分から順次投入し、火力分担部分を平坦にするよう充足すればよい。

一方、経済運用面から検討すると、系統の運用経費の多くを占める火力燃料費を最小とするよう火力供給力の運用方法を算定しなければならない。簡単な系統を例にとり考察してみると、いま、

各時間の水力発電出力合計を　　　H_i （i＝1、2、…24）
各時間の火力発電出力合計を　　　T_i （i＝1、2、…24）
各時間の原子力発電出力合計を　　N_i （i＝1、2、…24）
各時間の火力燃料費合計を　　　　F_i （i＝1、2、…24）

とし、F_i と T_i の関係を、

$$F_i = f_i(T_i)$$

で表す。

水力の当日分使用水量を一定とし、簡略化のため、1日のうちの落差変動を考慮しないこととすると、水力日発電電力量は、

$$H = \sum_{i=1}^{24} H_i = 一定$$

また、原子力は燃料費が火力に比べて廉価なため、各時間とも一定の発電電力量をとることが経済的であり、原子力日発電電力量は、

$$N = \sum_{i=1}^{24} N_i = 一定$$

となる。そして、日需要電力量から水力・原子力発電電力量を差し引いた火力日発電電力量

$$T = \sum_{i=1}^{24} T_i$$

も一定となる。したがって、燃料費を最小とするためには、$\Sigma T_i = T$（一定）の条件のもとで、

$$\sum_{i=1}^{24} F_i = \sum_{i=1}^{24} f_i(T_i)$$

を最小とするような火力発電電力 T_i を求めればよいことになる。これを偏微分法で解けば、

$$\frac{\partial F_i}{\partial T_i} = \lambda = （一定） \qquad (i = 1、2、\cdots 24)$$

となる。すなわち、各時間の増分燃料費を等しくすることが必要である。

合計燃料費と合計出力との関係は、一般に次のような二次式で近似できる。

$$F_i = aT_i^2 + bT_i + c$$

したがって、

$$\frac{\partial F_i}{\partial T_i} = 2aT_i + b = \lambda$$

$$T_i = \frac{\lambda - b}{2a}$$

となり、火力出力は一定、すなわち出力フラット運転が燃料費を最小とすることが分かる。

実際の系統では、昼間帯需要と深夜帯需要の格差が大きく、また水力供給力、貯水容量などの制約を受け、深夜は火力出力を低下せざるを得ないが、極力火

力をフラット運転に近づけることにより、燃料費を低減することができる。
　以上の検討から、水力供給力の負荷曲線はピーク部分を充足し、かつ火力の分担出力がフラットになるよう算定すればよいことが分かる。

(3) 火力・原子力の補修量の計算

　火力・原子力機器は、高温・高圧のヒートサイクルで使用され、その構造も複雑であるため事故発生を未然に防ぎ、かつ長期間安定した運転を継続するには、定期的に点検、補修作業を行う必要があり、法規で定められている（電気事業法第54条）。

　補修作業に要する日数、間隔は、供給能力の増減に直接影響を与え、これの大小は需給状況、電源開発量に直接結びつくことになる。このうち、補修間隔については、電気事業法施行規則により次のように定められている。

　　原子力発電所以外の蒸気タービン　　　：4年以内
　　原子力発電所の蒸気タービン　　　　　：1～2年1カ月の範囲
　　出力1万kW未満のガスタービン　　　　：3年以内
　　ボイラ・出力1万kW以上のガスタービン：2年以内
　　原子炉　　　　　　　　　　　　　　　：13カ月以内

　火力補修日数は、ボイラのみを実施する時と、タービンについても実施する時では異なり、またユニット容量によっても異なるが、概ね、

　　ボイラ　：15～60日
　　タービン：30～75日

程度である。

　短期供給計画では、さらにユニットごとに具体的に特別な付帯作業内容も考慮して日数が定められ、補修実施時期の検討が行われるが、長期計画では多数の発電機の具体的な補修計画を策定することが困難な場合が多いので、一般に年間等価日数として、

$$年間等価補修日数 = \frac{ボイラのみの日数 + ボイラ・タービンの日数}{2}$$

をとり、各年とも平均的な補修日数を用いて年間補修量を算定している。

　なお、原子力の補修日数については、原子炉の補修日数がタービンよりも長

期間にわたるため、補修日数としては原子炉の補修日数を用い、その際は燃料取り替えのための工程を考慮した日数としている。

① 年間補修量

長期計画における火力・原子力発電所全体の年間補修量は、次式で算出する。

$$年間補修量(MW・月) = \frac{\Sigma(可能出力：MW)\times(補修期間：月)}{(スタッキングレシオ)}$$

上式でΣは定期補修の対象となるすべての発電所について加算することを意味し、補修期間は供給能力計算が月を単位として行われるので、日数を月数に換算したものを用いる。したがって、年間補修量の単位は（MW・月）となる。

[スタッキングレシオ]

年間補修量（MW・月）を用いて補修の月別配分、月別需給均衡度を検討するが、具体的に各ユニットの補修を決定する場合には、ユニット容量の大小、補修日数の長短、作業工程、作業処理能力、補修必要時期などの制約を受け、必要補修量から得られた補修枠の範囲内で各ユニットの補修を完全にうまくはめ込むことは難しく、ある時点では供給予備力が減少して需給均衡度が低下する恐れがあるので、これを防止するため補修枠の内に必要補修量に対する余裕を見込むことが必要となる。このような余裕を送り込むため、必要量からくる月別補修枠と実際の補修量との比を求め、これをスタッキングレシオと称している。

なお、スタッキングレシオには、この他に、標準補修日数に対し、補修に付帯して実施される作業日数の増加分も考慮している。

② 補修量の月別配分

年間補修量を月別に配分する場合は、まず各月の需給均衡度を均一にすることが原則となる。

各月の最大3日平均電力……………L_j
第V出水時点における水力供給力………H_j
火力・原子力設備可能出力…………T_j
その他の供給力（融通・自家発受電）……O_j
火力・原子力補修量………………D_j
保有供給予備力……………………M_j

第２章　電力系統の計画

(ただし、j=1、2、……24)

とすると、$D_j + M_j$ は次式で求められる。

$$D_j + M_j = H_j + T_j + O_j - L_j = T_j - (L_j - H_j - O_j)$$

ここで、年間補修量を D_T、また、

$$P_j = D_j + M_j$$

$$m = (\sum_{j=1}^{12} P_j - D_T)/\sum_{j=1}^{12} L_j$$

と置くと、各月の供給予備率を等しくするような月別補修量は、次式で算出される。

$$D_j = P_j - mL_j$$

この場合、月別供給予備率は、$M_j = mL_j$ となる。

図２-10　火力・原子力補修量の計算と開発計画の選定流れ図の例

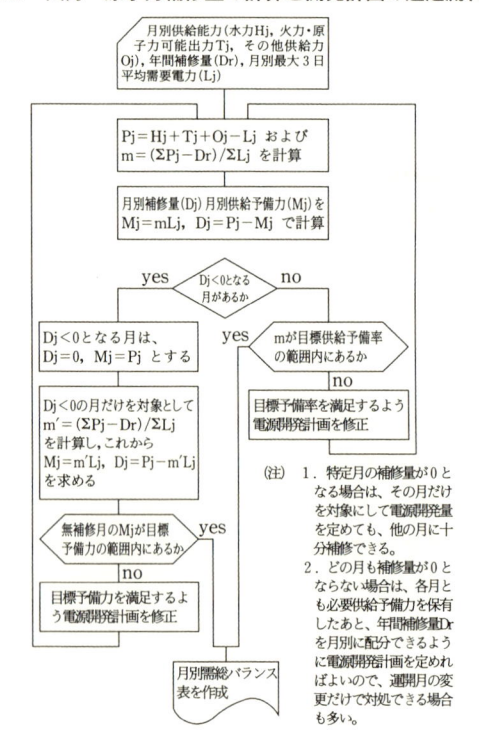

```
┌─────────────────────────┐
│ 月別供給能力(水力Hj,火力・原   │
│ 子力可能出力Tj, その他供給力  │
│ Oj), 年間補修量(Dr), 月別最大３日│
│ 平均需要電力(Lj)               │
└─────────────────────────┘
            │
┌─────────────────────────┐
│ Pj＝Hj＋Tj＋Oj－Lj および      │
│ m＝(ΣPj－Dr)/ΣLj を計算      │
└─────────────────────────┘
            │
┌─────────────────────────┐
│ 月別補修量(Dj)月別供給予備力(Mj)を│
│ Mj＝mLj, Dj＝Pj－Mj で計算      │
└─────────────────────────┘
            │
        ◇ Dj<0となる
     yes ─月があるか─ no
       │             │
       │       ◇ mが目標供給予備率
       │       yes─の範囲内にあるか
       │             │ no
       │       ┌─────────────┐
       │       │目標予備率を満足するよう│
       │       │電源開発計画を修正     │
       │       └─────────────┘
┌─────────────┐
│Dj<0となる月は、│
│Dj＝0, Mj＝Pj とする│
└─────────────┘
       │
┌─────────────┐
│Dj<0の月だけを対象として│
│m'＝(ΣPj－Dr)/ΣLj     │
│を計算し、これから     │
│Mj＝m'Lj, Dj＝Pj－m'Lj │
│を求める              │
└─────────────┘
       │
   ◇ 無補修月のMjが目標
   yes─予備力の範囲内にあるか
    │       │ no
    │  ┌─────────────┐
    │  │目標予備力を満足するよ│
    │  │う電源開発計画を修正  │
    │  └─────────────┘
    │
┌─────────┐
│月別需給バランス│
│表を作成      │
└─────────┘
```

(注)　１．特定月の補修量が０となる場合は、その月だけを対象にして電源開発量を定めても、他の月に十分補修できる。

２．どの月も補修量が０とならない場合は、各月とも必要供給予備力を保有したあと、年間補修量Drを月別に配分できるように電源開発計画を定めればよいので、運開月の変更だけで対処できる場合も多い。

94

なお、D_jが負になる場合は、当該月のD_j、M_jを、$D_j=0$、$M=P_j$として固定し、残りの月だけを対象にして月別予備力を均等にする。

開発計画にあたっては、上記のようにして算出した各月の供給予備力M_jを、必要供給予備力M_j'と比較し、$M_j \ll M_j'$となる場合は、所定の供給信頼度を保持できるよう、開発地点の運開繰り上げなどの対策を検討する必要がある。また、$M_j \gg M_j'$となる場合は、開発地点の運開繰り下げの検討が必要となる。この計算手順の具体例は（図2-10）の通りである。

2-4 供給予備力

（1） 供給予備力の必要性

電力は他産業と異なり生産・消費が同時に行われるので、需要の変動に対しては常に発電量を調整して需給の均衡を保たなければならない特性をもっている。このため需要の変動や設備の事故、渇水など予想し得ない事態に対処するため、想定される需要以上の供給力（供給予備率）を保有することが必要である。

供給予備力は保有量が少なければ供給支障の発生度合いが多くなり、また保有量が大きいと供給支障は少なくなるが設備投資が過大となる。したがって、開発計画にあたっては適切な供給予備力を確保して、需給の安定維持に努める必要がある。

（2） 供給予備力必要量の考え方

この供給予備力について、日本電力調査委員会では「計画外停止、渇水、需要の変動などの予測し得ない異常事態の発生があっても、安定した供給を行うのを目途として、あらかじめ想定需要以上に保有する供給力を供給予備力という」と定義している。

供給予備力の必要量を決定するにあたっては、計画外停止、渇水あるいは短期かつ不規則に発生する需要増加など、偶発的需給変動によって生ずる供給予備力と、経済の好況などによって需要が持続的に想定値を上回る可能性に対処する供給予備力とに区分して検討する必要がある。

第2章 電力系統の計画

①偶発的需給変動に対応する供給予備力

　計画外停止、渇水、天候および社会的行事などの影響で短期かつ不規則に発生する需要変動は、概ね偶発的に発生する現象であり、これに対処する供給予備力は、これらの偶発的需給変動要因の合成確率を求め、これに対し供給力不足の発生する確率（見込み不足日数）の目標値を定めることによって必要量を定めることができる。見込み不足日数は、供給不足日数の期待値を表すもので、（図2-11）において供給予備力Rである場合の供給力Gとし、計画外停止、渇水、需要変動の合成出力減少 A_i があれば、$(G-A_i)$ が、最大需要電力持続曲線を横切る日数が供給不足日数で、これを E_i とすると供給予備力Rに対する見込み不足日数は、次式により求められる。

　　　　見込み不足日数 $= \Sigma E_i \cdot P(A_i)$

　　　　　$P(A_i)$：合成出力減少確率

したがって、同じ A_i に対しRを多くもてば E_i は減少し、見込み不足日数も減少することとなる。

　偶発的需給変動確率の具体的算定方法は次の通りである。

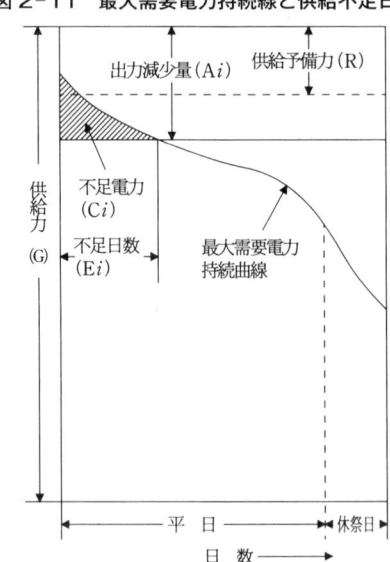

図2-11　最大需要電力持続線と供給不足日数

第2節　電力需給計画

a. 計画外停止率

電源の計画外停止は、供給予備力に影響する大きな要因である。一般に計画外停止率は（2-1）式の定義により算定するが、電力系統を構成している電源は、ユニットの大きさがさまざまであり、台数が非常に多いので、実際にはユニットの大きさや電源の種別別に、いくつかのグループに分けて計画外停止率を求め合成する。

$$\left.\begin{array}{l} P = \dfrac{O}{R+O} \\[6pt] Q = \dfrac{R}{R+O} \end{array}\right\} \quad \cdots\cdots\cdots\cdots\cdots\cdots\cdots\cdots\cdots\cdots\cdots\cdots (2\text{-}1)$$

$P + Q = 1$

　P：計画外停止率
　O：計画外停止時間
　Q：運転率
　R：運転時間

一般に、同じ計画外停止率 P（運転率 Q）の電源が n 台あるとすると、これらの電源のあらゆる状態の確率は、二項分布の式によって表される。

$$(P+Q)^n = P^n + \cdots + {}_nC_r P^{n-r} Q^r + \cdots + Q^n = 1 \cdots\cdots\cdots\cdots (2\text{-}2)$$

この式で ${}_nC_r P^{n-r} Q^r$ は、n 台のうち r 台が計画外停止する確率を示している。
このようにして算出された計画外停止確率分布は、概略（図2-12）の通りで

図2-12　計画外停止確率分布

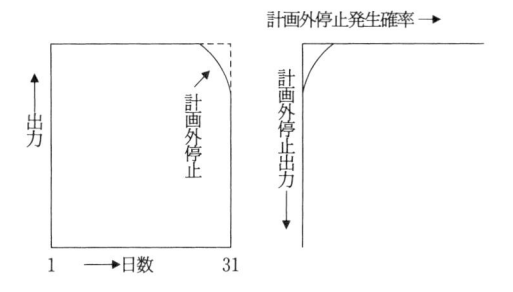

図2-13 出水変動確率分布

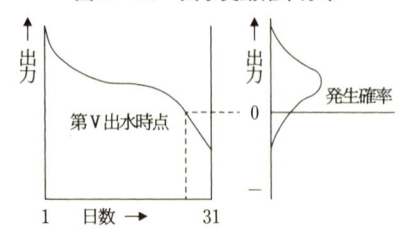

図2-14 需要変動確率分布

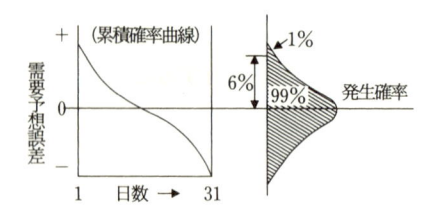

ある。

b. 出水変動確率

過去のすべての出水実績をもとに第V出水時点出力を基準に算出するが、出水変動確率分布の概要は（図2-13）に示す通りとなる。

c. 需要変動確率

需要の不規則変動については、短期偶発的な変動として、毎日の運転計画における翌日需要予測の偏差の確率分布を使用するが、この確率分布は累積確率が99％で、誤差変動が最大3日平均電力の6％となる正規分布で表せる。

②持続的需要超過に対する供給予備力

需要が想定値を持続的に超過する要因としては、景気変動による増加とトレンドの想定偏差によるものとが考えられるが、

・景気変動については、実績変動幅などを参考にして推定した将来動向
・トレンドの想定偏差については、設備計画変動を行っても時間的に対処できないと考えられる想定幅

の両者を、各社それぞれの需要特性に応じて総合勘案のうえ、自主的に決定する必要がある。

(3) 系統連系と供給予備力

偶発的需要変動の発生は、各電力会社間に不等時性（Diversity）があるので、各電力会社間を系統連系することによって、これに対処する供給予備力を節減することができる。ただしこの場合、系統の日常の安定運用のために必要な予備力は、各電力会社それぞれ固有の予備力として保有しておく必要がある。

一方、景気上昇などによる持続的需要超過は、各電力会社ほぼ同一時期に発

生する可能性があり、これに対処する供給予備力も相当長期間にわたって発動されるので、設備計画の段階では連系による節減を期待せず、各電力会社それぞれの必要量を保有する必要がある。

第3節　送変電計画

1. 送変電計画の基本事項

　電力系統は電気エネルギーを発生し、これを輸送・分配する一つのシステムである。したがって、水力・火力・原子力などのエネルギー源を電力という形に変換する発電所、ここで発生した電力を輸送・分配するための送変配電設備、さらにこの電力を消費する負荷が複雑に組み合わさってシステムを構成し、各要素が一体となって電力の安定供給を図っている。

　電力需要の増加に伴い、流通設備の強化が必要であり、また、電源地点の遠隔化や輸送効率の向上に対処するための500kV、将来的には1000kV長距離大容量送電線を軸とする大電力輸送のための系統構成が必要となってきている。このことは、電力系統の中に占める送変電機能の重要性がますます増大してきていることを示している。

　また、最近の用地事情の困難化、工事費の増加要因もあり、送変電設備の計画にあたっては、一層の効率化を図ることが重要である。

1-1　送変電計画の考え方

（1）　将来の電力系統の拡大に対し有効適切な計画であること

　送電系統の構成のような長期にわたって逐次全体が形成されていく設備の建設は、長期的な基本計画を周到に検討し、効率的に運用できるように計画することが必要である。

　とくに、最近は設備の建設には長い年月を要するようになり、またその設備の耐用年数も数十年に及ぶものもある。したがって、個々の設備においても、需要増加のテンポや用地事情などから見た適切な規模で建設し、将来の電力系統構成の一要素として十分役立つことができるよう、長期的視野からみた計画とする必要がある。

(2) 高信頼度系統の構成に留意した計画であること

　都市機能の高度化、社会生活の向上、産業構造の質的変化などにより供給信頼度に対する社会的要請はますます高まってきている。また一方、電力系統は複雑巨大化してきているため、部分的な事故が全系統に波及して広範囲な停電を引き起こす恐れも生じてきている。これらのことから当該設備自体の事故はもちろんのこと、他からの事故波及も極力防止できるよう、また万一事故が発生した場合でも、広範囲停電・長時間停電が生じないよう、信頼度の高い系統に留意する必要がある。

(3) 需要をはじめとする諸情勢を的確に反映した計画であること

　需要動向をはじめとする諸情勢を的確に掌握、分析し、計画要因からみた最適必要時期に設備が完成できるよう、営業、用地、工事などの各関連部門との協調に十分配慮する必要がある。

　また前提条件の変化、すなわち需要動向・用地事情の変化などにも弾力的に対応できる計画とする必要がある。

(4) 既設設備の有効活用を図ること

　経済的投資は、送変電設備のみならず全部門に共通した重要事項であるが、とくに送変電設備の計画は、既設系統が何らかの要因で隘路を生じ、その対策として計画立案するものが多い。したがって、その計画は既設設備の有効活用を前提に検討し、新増設設備と既設設備がそれぞれ最大効果を発揮できるように努めなければならない。

(5) 最新技術を積極的に導入すること

　耐用年数の長い設備を建設するものであるから、常に最新技術を積極的に織り込むことはもちろん、技術開発の予測を行い、将来の新しい技術導入に対しても障壁とならないよう、これらを十分考慮した計画とする必要がある。

(6) 総合的視野からみて適切な計画であること

　送変電計画は、以上述べた事項を勘案し策定するが、その設備投資の規模、

第2章　電力系統の計画

具体的実施方法などについては、電力系統全体からみて適切なものでなくてはならない。したがって、計画の立案にあたっては、個々の設備に対する検討はもちろんのこと、電力系統全体からみて適切であると共に総合的・長期的視野に立って計画を策定することが必要である。

1-2　信頼度の考え方

　信頼度の定義および表現方法などについては第1章第2節で述べたが、供給信頼度の向上を図るには、
　① 設備事故が発生しないよう、設備自体の信頼度を極力向上させる
　② 設備事故が発生しても、需要家が極力停電しないよう系統構成を改善する
　③ 設備事故が発生しても、系統保護、制御装置などにより事故が極力波及しないよう、また極力早く復旧できるようにすることが必要である。
　具体的計画にあたって供給信頼度の目標をどこに設定するかということは、地域の特性、気象条件、設備実態あるいは経済性などとの関連があり、一義的に決めることは困難であるが、たとえば事故発生頻度が割合多いと考えられる発電機ユニット1台の停止、送電線1回線あるいは変圧器1バンクなどの単一事故に対しては、
　①送電線の2回線化、2方向電源化
　②連系能力の増大
　③変圧器の多バンク化
　④事故復旧の自動化
などを行い、無停電もしくは系統切り替えによって迅速に供給再開ができるようにする。
　しかしながら、信頼度は個々の計画検討において経済性と共に計画の良否に対する判断要素として不可欠なものであるので、次に例示するような系統の重要度に応じた信頼度の考え方に基づき計画を作成するのが通例である。

（1）　基幹系統の信頼度

　基幹系統において事故が発生し、停電となった場合には、広範囲停電となり

社会的影響が非常に大きい。したがって、基幹系統の計画にあたっては、万一事故が発生しても、単一事故に対しては供給支障を生じないようにし、多重事故あるいは稀頻度ではあるが、それが発生すると重大事故となると考えられる事故など、系統の最悪事態に対しても、極力供給支障が広範囲にわたらないよう局限化できる系統構成にする必要がある。

このため、具体的には、
① 送電線の2ルート化
② 変電所の2方向電源化
③ 高信頼度母線方式の採用
などの対策を検討し、信頼度向上を図る。

また、これらの事故が全系統へ波及することを防止するため、必要に応じ、系統分離、電源出力抑制、電源しゃ断する装置などの整備を行う必要がある。

(2) 都市部供給系統の信頼度

都市都においては需要密度が高く、社会的に影響を及ぼす公共施設が多いため、一般的に高い信頼度にする必要がある。したがって、前項の基幹系統の信頼度と同様、単一事故時においては供給支障が発生しないような送変電設備および系統の構成を考慮する必要がある。

また、必要に応じ経済性を十分勘案のうえ、多重事故や災害時などにおいても供給支障を局所にとどめ、速やかに復旧できるよう考慮する必要がある。

(3) 一般地域供給系統の信頼度

一般地域は、都市部に比べ送変電設備量が少なく、また電力の供給停止による社会的影響が比較的少ないと考えられるが、電気に対する依存度が高まっており、これらを考慮すると、極力供給支障を生じないよう計画する必要がある。

1-3 経済性の評価

(1) 経済性評価の種類

一般企業における設備投資は、その投資がもたらす収益面だけで投資の必要性、時期、実施方法を判断し決定することができる場合が多い。しかし、電気

事業においては電気の供給義務を負っていることから、設備投資の必要性と時期については、一般的には需要の増加にいつでも対応するという公益的な要因によって決定される。しかも一方で設備投資規模が計画や実施の方法によって差が生じても、得られる収益（料金収入）は一定であるという特徴をもっている。

したがって、経済計算の方法は一般企業と同様「経済計算で投資の要否が決定できる種類の工事」と公益事業特有の「公益的要因で投資の必要性が決定され、経済計算で実施方法を選ぶ種類の工事」に大別され、一般的に前者に類する工事については投資収益率法（収益率法）を、後者に類する工事については原価比較法（最小費用法）を適用している。

(2) 投資収益率法

新規投資がもたらす収益を比較し、設備投資の可否を選択する方法を投資収益率法という。この場合、経費節減額も収益率増加という見方ができるので、これを目的とした設備投資費も、投資収益率法の適用対象として取り扱うことができ、設備投資を行うべきかどうかの判定と共に、その収益差をもって同一目的のいくつかの計画案の比較を行うことができる。

具体的には損失軽減工事、運転維持費低減工事などについて、次の計算式により、その採算性を判断する。

$$投資収益率 = \frac{収入 - 経費}{投資額} \times 100 (\%)$$

$$= \frac{工事効果による経費減少額 - 工事実施によって発生する経費増加額}{投資額} \times 100 (\%)$$

この計算により収益率がゼロ以上であれば、採算上設備投資の意義が認められ、またこの収益率の高いものほど、一般的に投資の効果が高いといえる。

しかし、具体的工事計画の採否決定にあたっては、電力設備全体の投下資金量との関連や、電気事業を取り巻く社会環境の変化などにも十分配慮していく必要がある。

(3) 原価比較法

電力系統を構成する発電所・送電線・変電所などの諸設備の耐用年数は極めて長く、投資された費用は長い期間を通じて回収される。したがって、系統計画の良否を判定する経済計算については、ある一断面の費用比較のみでなく、ある期間を通じての経済比較を行わなければならない。この場合、信頼度レベルは同一条件で行うことが必要である。

具体的には、長期にわたり想定された需要に対し、いくつかの送変電増強計画案を準備して、その中から長期間を通じての最小経費となる計画を選定する。この場合、毎年の経費を正当に評価するためには、資金の時間的価値を考えて、毎年の経費をある特定の時点、たとえば、現在時点に換算して経済比較を行わなければならない。

もし、計画案の中に収入（あるいは経費減）が発生するものがあれば、経費から差し引いて他の案と比較し、その最小のものを優先させる考え方である。

(4) 経済計算期間

前項で述べた通り、系統計画の策定にあたっては、初期投資年の他、将来投資を含めたある期間における経済比較を行う必要があるので、どの時点までの将来投資を計算の対象にするかという問題が生ずる。

投資の時期、規模などは一般には将来の需要動向、技術革新、社会環境の変化などによって大きく左右されるが、計算期間を長くとり、たとえば、初期投資設備の耐用年数間（20〜30年）とした場合には、不確定要素が多く入り込むこととなって好ましくない。また、短くとり過ぎると近視眼的に目先だけの利益を追求することとなり、先行投資の評価がなされず、経営の長期安定といった面からみて不適当である。

適切な計算期間は「将来投資時期の確定をどの程度予測できるか」、「将来投資規模、建設費の動向をどの程度予測できるか」ということで決められるが、電力長期計画の例にみられるように、10年程度であればかなりの精度が期待できる。もちろん、不確定要素が極めて少ない場合には、できる限り長期間で、また、極めて多い場合には、できる限り短期間で経済性を追求することが好ましいので、計画の目的・性格に合わせて、もっとも適切な期間を選んで経済計

算をすることが望ましい。

(5) 経済性比較について考慮すべき事項

将来の物価変動または一般物価水準が予測される場合には、この予測を経済比較の中に取り入れることが必要である。

一般的には、物価高騰の予測される時は、初期投資を多くするほうが有利であり、逆に物価下落の時は初期投資を少なくするほうが有利となる傾向にあるが、とくに計画案のそれぞれの経費が接近している場合には、経済比較の結論が逆転するような経済変動や前提条件の変化が予測されるかどうかを考えておかなければならない。

1-4 送電容量

(1) 許容電流からみた送電容量

架空送電線の許容電流からみた送電容量は、電線の物理的条件(太さ、電気抵抗、比熱、許容温度など)によって定まるもので、電線の熱収支(電線に電流が流れることにより発生する熱と、熱の放散の許容温度におけるバランス状態)をもとに求めている。なお、電流の増加により送電線の弛度（ゆるみ）が大きくなるため、他物との離隔や地上高確保のため、送電容量が制限される場合がある。

1回線送電線では、上記により求めた連続送電容量を上限として、常時の運用目標値を定めている。

放射状の2回線送電線では、1回線の事故しゃ断時に健全回線側に全電流が流れるので、常時送電容量としては1回線の短時間送電容量に見合う電力を上限として、2回線の運用目標値とする考え方もある。

なお、送電容量は次のように求められる。

$$送電容量(kW) = \sqrt{3} \times 線間電圧(kV) \times 許容電流(A) \times 力率$$

地中送電線の送電容量はケーブルの許容電流であり、これは導体部の最高許容温度、諸損失（電気抵抗、誘電体、シースなどによるもの）、熱抵抗および基底温度（洞道内温度など周囲温度をいう）などから定まる他、さらに敷設条件により大幅に変わってくる。したがって、ケーブルの許容電流については、通常、

個々に計算し設定している。

とくに超高圧ケーブルの場合は、その充電電流が大きく、これが上記で計算した熱定格電流を消費して、ある亘長以上になると有効送電電力がゼロとなるので、分路リアクトルなどにより、この充電電流を補償するなどの対策が必要である。

(2) 安定度面からの送電容量

長距離で大電力を輸送する送電線の送電容量は、許容電流面からのみではなく、安定度面から制約される場合が多い。とくに電源の大容量化、遠隔化に伴い、送電線も1ルート当たりの送電量が増加する傾向にあるので、安定度面からの送電容量の検討が重要な課題となってきている。

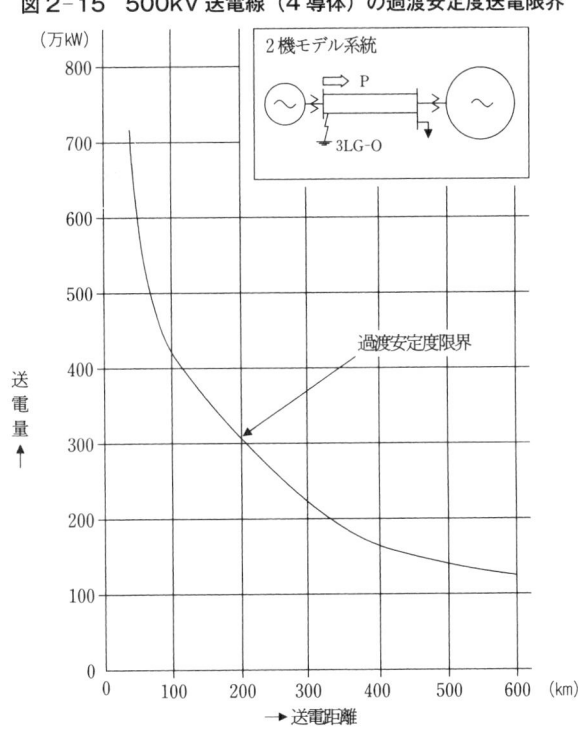

図2-15 500kV送電線（4導体）の過渡安定度送電限界

このように、系統計画にあたって送電容量を決定するためには安定度の検討は欠かすことのできないものであるが、将来の系統の発展拡大など系統条件の変化や安定度向上対策などにより、安定度の限界値が変化するので、その変化過程においても十分検討することが必要である。(図2-15)は2機モデル系統における過度安定度送電限界値の試算の一例を示したものである。

1-5　変圧器の過負荷容量

　変圧器の絶縁物は、運転中の温度、湿度および酸素などのため次第に劣化するが、劣化に最も大きく影響を与えるのが運転中の温度である。このため変圧器は、一定温度で連続運転した場合に正規の寿命が維持できる限界の最高点温度を定めており、常時運転時の巻線温度が最高点温度より低ければ、短時間は最高点温度を超えて運転してもさしつかえなく、ある程度の過負荷が許容される。

　なお、変圧器の許容過負荷については、電気学会の「油入変圧器運転指針」に示されている。

　過負荷容量の決定には、この他に単体の温度試験記録による検討や冷却方式の変更、冷却器の増減などによる影響も検討する必要があり、個々の変圧器について個別にその過負荷容量を定めておくことが望ましい。

1-6　短絡電流

　第1章第2節で述べた通り、系統容量の増大に伴い系統の短絡電流も増加の傾向にある。その結果、しゃ断器の容量不足および関連する直列機器の強度不足、通信線に対する電磁誘導障害などといった問題が生じてくるので、既設のしゃ断器のしゃ断能力、直列機器の短絡強度（熱的、機械的）、またケーブル系統においては、ケーブルの短時間許容電流などを十分考慮して、許容する短絡電流を定め、この許容範囲の中に系統の短絡電流が収まるようにすることが、これらの系統構成を行うにあたって必要である。

　したがって、短絡電流がこの許容範囲を超過することが予想される場合は、通常、許容短絡電流の格上げ、およびこれに伴うしゃ断器の取り替え、または高次電圧の導入による系統分割などで対処することになる。しかし、高次電圧

導入によって系統を再編成することは、巨額の投資が必要となるので、短絡電流超過地点が少ない場合には、しゃ断器の取り替えで対処する方が経済的になる。

さらにしゃ断器の容量を超過する場合は、抜本的な高次電圧導入までの間、暫定的に系統分割、母線分割、リアクトルの設置などの局部的な対策が必要となる。

すなわち、高次電圧の導入は、一段格上げされた電圧系統で連系することにより、問題となった系統を適宜分割することが可能であり、これによって短絡電流は全般的に軽減することができる。

現在、しゃ断器の開発は系統規模の拡大に伴い高電圧化・大容量化と、一方では機器の小型化・縮小化の方向に進んでおり、JEC（日本電気学会電気規格調査会）で定められているしゃ断器の標準規格では、一般的に電力系統で使われるしゃ断器としては電圧が高くなるほど要求されるしゃ断電流が大きくなる傾向があり、240kV 以上では 63kA、204kV では 50kA、168kV 以下では 40kA、84kV 以下 31.5kA となっている。したがって、短絡事故時にしゃ断器を通過する電流を、これらの値以下に抑えることが必要となる。

1-7 電圧調整設備

系統の電圧は、需要家の機器の性能維持のため、一定限度内に収める必要がある。その限度値は、低圧需要家については電気事業法において $101\pm6V$、$202\pm20V$ と定められており、特高需要家についてはとくに規定されていないが低圧の許容電圧範囲に準じた電圧目標幅を定め、それを維持するための電圧調整設備が必要となる。

電圧調整のための設備としては、負荷時タップ切替装置（LTC）のような電圧調整設備と、電力用コンデンサ、分路リアクトル、静止型無効電力補償装置、同期調相機などのような調相設備があり、その特徴を（表2-3）に示す。

調相設備の配置は、無効電力消費源の近くに配置し、適当なブロックごとにバランスをとるように配慮すると共に、負荷側火力機の電圧制御能力の有効活用も考慮のうえ、系統の有効電力損失の低減にも留意して決める必要がある。調相設備の単位容量は、開閉時の電圧変動を 2% 程度以内とするのが一般的で

第 2 章　電力系統の計画

表 2-3　電圧調整設備一覧表

機器＼特徴	機　能	利点並びに欠点
負荷時タップ切替装置（LTC）	・変電所電圧調整の主力をなす ・無効電力の調整も期待できる	・電圧調整が容易である
電力用コンデンサ(SC)	・無効電力を供給し、力率改善、電圧調整ができる	・保守が容易である ・振動が発生しない ・系統電圧の変動により実効容量が変化する（定インピーダンス特性）
分路リアクトル(ShR)	・無効電力を吸収し、系統の電圧過昇を防止する	・保守が容易である ・振動、騒音対策が必要である ・系統電圧の変動により実効容量が変化する（定インピーダンス特性）
直列コンデンサ(SrC)	・線路リアクタンスを補償することにより、電圧降下防止、電圧変動の軽減、安定度向上に効果がある	・保守が容易である ・線路リレーの整定協調に留意する必要がある ・電源の近傍では、軸ねじれ、共振に対して留意する必要がある
静止型無効電力補償装置(SVC)　他励式	・無効電力調整が連続して行え、電圧変動の軽減、安定度向上に効果がある	・保守が容易である ・速応性がある ・高調波対策が必要となる ・高価である ・系統電圧の変動により実効容量が変化する（定インピーダンス特性）
静止型無効電力補償装置(SVC)　自励式	・無効電力調整が連続して行え、電圧変動の軽減、安定度向上に効果がある	・保守が容易である ・速応性がある ・他励式SVCと比較して、高調波対策は減少 ・高価である ・系統電圧の変動により実効容量が変化する（定電流特性）
同期調相機(RC)	・無効電力調整が連続して行え、電圧調整、安定度向上に効果がある	・回転機のため、保守に手間がかかる ・振動、騒音対策が必要である ・系統の短絡容量が増大する ・電力損失が大きい ・高価である ・系統電圧の変動により実効容量が変化する（定電流特性、短時間過負荷可能）

ある。

なお、局部的に高電圧ケーブル系統および超高圧系統の拡大によって夜間無効電力が過剰となり、系統電圧が高くなり過ぎる場合があるので、この場合には、負荷側火力機の進相運転および分路リアクトルの設置により対処する必要がある。

2. 基幹系統計画

2-1 基幹系統計画の考え方

基幹系統は、系統構成の骨格をなすものであり、計画立案に際して次の事項を考慮しながら信頼度の高い構成とする必要がある。

① 需要の増大や大規模、遠隔化する電源に対応できること。
② 重大事故への発展や事故波及を極力小さくできること。
③ 将来の系統拡大への適応性があること。
④ 広域的観点に立った他社連系との協調がとれていること。
⑤ 地理的状況（供給面積、地域環境、自然条件）、および用地確保の見通しに配慮すること。
⑥ 系統増強の展開が効果的かつ経済性を満足できること。

電源立地の遠隔化に伴い、電源から系統の拠点となる変電所までの送電線は次第に長距離化する傾向にある。このような電源送電線の計画にあたっては、電源の規模やその開発時期などとの関連を十分考慮して、送電線の規模や新増設の時期を決定していく必要がある。

また、電源送電線の事故時における対応策と全系統に及ぼす影響度合いを十分把握したうえで、その構成を検討しなければならない。

具体的に送電線の規模を決定する際には、たとえば、電源地点の開発テンポはどうか、当面計画しているユニット容量はどのくらいか、などを見極め、最初から最終容量に見合う送電線とするか、あるいは第一期は当面の開発量に見合う規模とし、電源の増設に合わせて系統を増強していくかについて、送電線の経過する用地確保の見通しや経済性などを検討のうえ、決定する必要がある。

また、系統構成をループまたは放射状系統とするかを決定する場合には、送

電線事故時に、それに連系されている電源の脱落または発電抑制による全系統への影響などについて検討のうえ選定する必要がある。さらに、長距離で大電力を送電する基幹系統では、安定度面について十分なチェックを加えることが必要である。

また、基幹系統の構成にあたっては、隣接する電力会社の系統連系との関連についても十分配慮する必要があり、連系線の容量や安定度面などについて検討を行わなければならない。

さらには連系による系統規模拡大によって発生するその他の技術的諸問題として、短絡電流および地絡電流増大による通信線誘導障害、事故波及への対応、周波数制御、電圧制御の方法などについても十分に検討する必要がある。

2-2 基幹系統の電圧

わが国の基幹系統電圧は、系統の拡大により次第に高電圧が採用され、現在では500kV（設計は1000kV）が最高電圧となっている。これは電源開発地点の遠隔化により長距離大電力輸送が必要であること、国土の有効利用の見地から、1ルート当たりの送電容量を増す必要があること、系統の安定度向上と短絡電流の抑制が必要であることが主な理由である。将来は電源規模や系統規模の拡大に伴い、1000kV級送電や、直流±500kV級の導入も考えられる。

2-3 基幹系統の構成

基幹系統の形態は地理的条件、負荷の分布状況および電源の配置状況によって決定される。現在の系統を分類してみると、次の4形態に分けられる。

(1) 超高圧連系系統

わが国においては、各拠点変電所相互間をおおむね187kV〜500kV級の系統で連系しており、154kV以下の系統は順次放射状構成とし、短絡電流の抑制、系統運用の簡素化を図っている。このような超高圧連系系統においては、連系送電線や母線に大電力が集中するので、この部分の事故が全系に波及する恐れがあるため、高い信頼度が要求される。

この形態の電力系統は日本だけでなく、スウェーデン、フランス、ドイツな

どの系統にもその例をみることができる。また、隣接各社間および地域間連系に際しては、交流の500kVや直流による連系が計画または運用されている。

(2) 大都市外輪系統

極めて高負荷密度の大都市に対して供給する系統は、需要増加に対して十分対応能力をもつこと、信頼性が高いことなどの条件が厳しく要求される。このため大都市の周辺に超高圧外輪線を建設し、これを都市供給の母線と考え、水・火力電源を外輪線の適当な地点に導入して、供給系統に再配分する系統構成が採用される。一般に、このような系統構成を大都市外輪系統と呼ぶ（図2-16）。

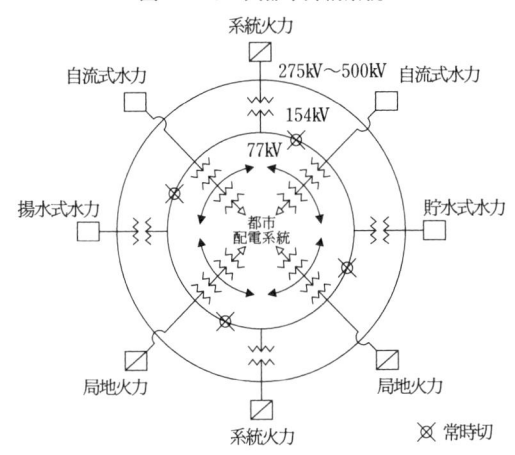

図2-16 大都市外輪系統

大都市外輪系統は、わが国において東京、名古屋、大阪にその例をみることができるが、外国においてもベルリン、パリ、ロンドン、ストックホルム、デトロイトなどで採用されている。

(3) 長距離送電系統

電源地帯が電力消費地と遠隔化している場合、潮流方向の変わらない長距離送電系統が発達する。スウェーデンの400kV系統やカナダの735kV系統はその例で、スウェーデンにおいてはスカンジナビア半島を縦断して、600km程度送

図2-17 長距離送電系統

電している（図2-17）。

(4) グリッド送電系統

比較的中規模の都市が散在し、水力、火力または原子力発電所が、その間に介在している場合には、電源と消費地を交互に結んだ系統が構成される。このような系統構成は、一般にグリッド送電系統と呼ばれ、ループ系統を発展させ、多重に連系を密にしたものといえる。この例がイギリスの系統にみられ、それは超高圧母線を縦横に組み合わせたものといえよう（図2-18）。

図2-18 グリッド送電系統

3. 大都市の送変電計画

3-1 大都市供給系統の構成

(1) 大都市供給系統の構成

大都市のように、重要な需要が集中し系統構成が複雑膨大化した地域に対し

第3節　送変電計画

て、高信頼度で経済的な系統を構成するには、システムの簡素化、大容量化に対応する効率的な設備形成を行う必要がある。

このため、需要の周辺を取り巻く超高圧以上の外輪系統と、その外輪系統から都市部へ導入される275kV～154kV系統、およびそれらを相互に連系した構成とする方法がとられており、次のような三つのパターンに大別される。

① 過密圏のうち強固な154kV局地火力と、これを外輪系に送電する154kV系統が発達しているような154kV局地火力集中地域に対しては、需要中心地へ154kV電源の導入を図りながら既設154kV系統との連系を進め、(図2-19)のような154kVリング系統（内輪系統）を構成する。

② 275kV外輪系統に隣接し、需要が比較的集中、膨大化し、154kV系統のみでは対処できないような新規発展圏においては、500kV拠点変電所から275kV系統を需要集中地区に逐次導入し、(図2-20)のような275kV供給系統網を構成する。

③ 既設275kV外輪系統から離れ、広範囲な地域に散在する需要で、154kV系統が供給の主体となっている地方圏においては、500kV拠点変電所から154kV系統を逐次導入し、既設154kV系統との連系強化を図りつつ、(図

図2-19　154kV系統
(154kV局地火力集中地域)
構成の方向

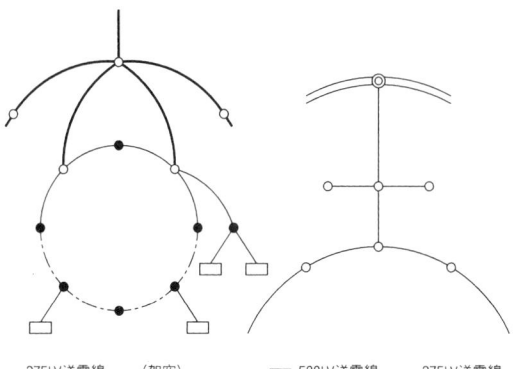

図2-20　275kV系統
(新規発展圏) 構成の方向

図2-21　154kV
(地方圏) 構成の方向

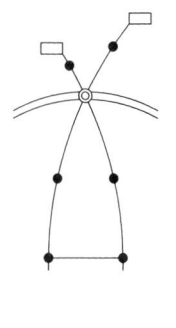

─ 275kV送電線　── (架空)
○ 275kV変電所　154kV送電線
□ 発電所　　　--- (地中)
● 154kV変電所

═ 500kV送電線　── 275kV送電線
◎ 500kV変電所　○ 275kV変電所

═ 500kV送電線　── 154kV送電線
◎ 500kV変電所　● 154kV変電所
□ 発電所

2-21）のような154kV地方系統網を構成する。
　これら三つのパターンはそれぞれ独立して構成されることは少なく、たとえば、東京、大阪、名古屋といった需要密集地域においては、①と②を組み合わせたような形態で発達してきている。

(2)　都市配電用変電所供給方式

　都市配電用変電所への供給方式としては放射状環状方式、ループ方式、単一ユニット方式、多端子ユニット方式があるが、送電線事故の少ない地中線が主体であること、極力、変電所占有面積の縮小を図る必要があることなどから、変圧器一次側しゃ断器および一次母線を省略し、線路と変圧器を直接または開閉器を介して接続する単一ユニット方式、あるいは多端子ユニット方式をとるのが一般的に有利とされている。
　しかしながら、将来の都市の発展状況や既設系統との関連から、それぞれの地域に見合った供給方式について検討していかなければならない。（図2-22）に基本的な供給方式とその特質を示す。

(3)　都市部特高需要家供給方式

　都市のビル、交通機関など、小規模ではあるが高い信頼度を必要とする特高需要家への供給にあたっては、需要家供給系統と配電用変電所供給系統が相互に事故の波及を及ぼさないよう、系統構成面で配慮する必要がある。
　一般に特高需要家の供給は中間変電所から放射状方式で供給されることが多いが、ケーブル系統では事故復旧に長時間を要するので、事故時に社会環境に重大な影響を及ぼすような恐れのある公共施設、あるいは停電によって生産活動に重大な支障を及ぼすような恐れのある需要家などに対しては、必要に応じてループ方式または両端電源方式（二方向電源方式）など、適切な系統構成をとることが望ましい。（図2-23）に特高需要家供給方式とその特質を示す。

3-2　大都市供給の変電所

　都市過密化の影響を受けて大都市の負荷密度は年々増加していく一方、変電所の用地確保は非常に困難となってきているので、変電所の容量は大容量化が

第3節　送変電計画

図2-22　都市部への供給方式とその特質

方式	系統構成	特　質
放射状環状	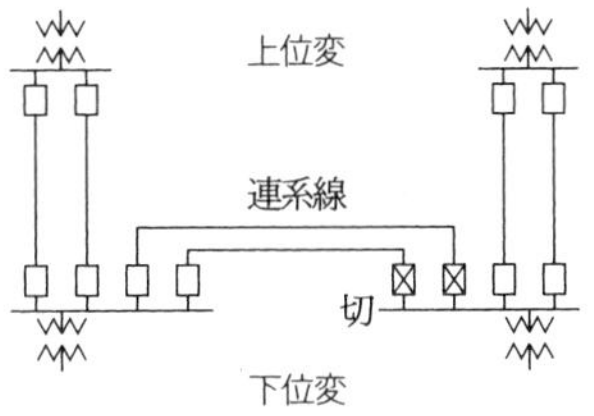 （図）	(1) 下位変が2電源から受電することができ、信頼度が高められる (2) 設備稼働率は比較的高い
ループ	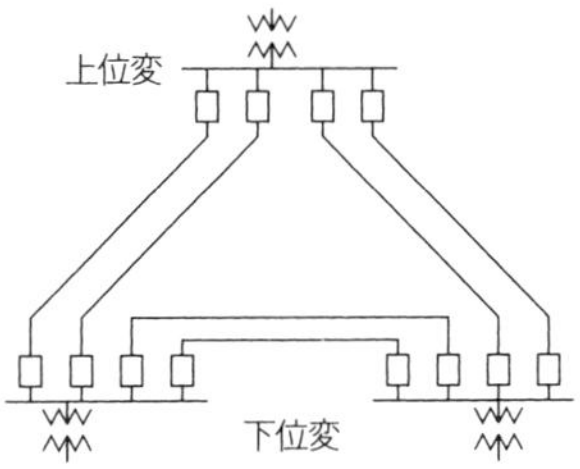 （図）	(1) 送電事故でも下位変が停止せず信頼度を高められる (2) 設備稼働率は比較的高い (3) 潮流調整が困難な場合がある
単一ユニット	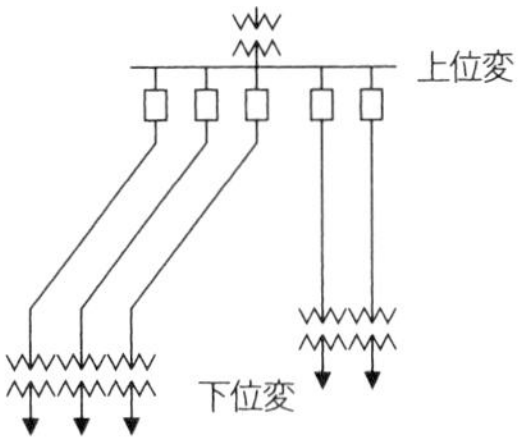 （図）	(1) 設備稼働率を下げ、事故時負荷切替を迅速に行ない、信頼度を高める (2) 系統が単純で、設備数が少なくてすむ
多端子ユニット	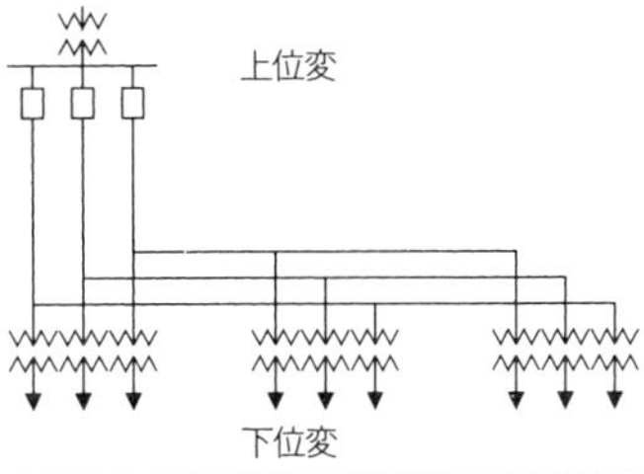 （図）	(1) 設備稼働率を下げ事故時負荷切替を迅速完全に行ない信頼度を高める (2) 単一事故で多数の供給設備が停止するので大きな負荷切替が必要 (3) 設備数は単一ユニット方式よりも減少する

第2章 電力系統の計画

図2-23 特高需要家供給方式とその特質

方式	系統構成	特　質
放射状	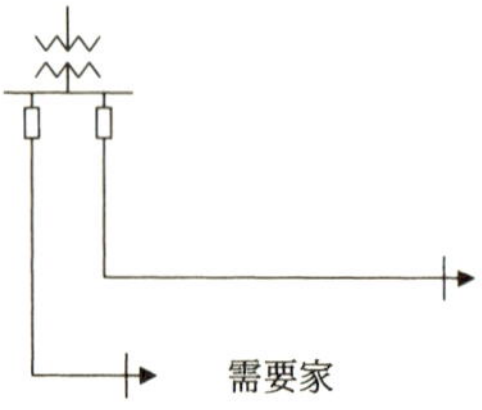	(1) 需要家供給線路事故時には、完全に停止する (2) 送電線保守点検時にも停止が必要
両端電源	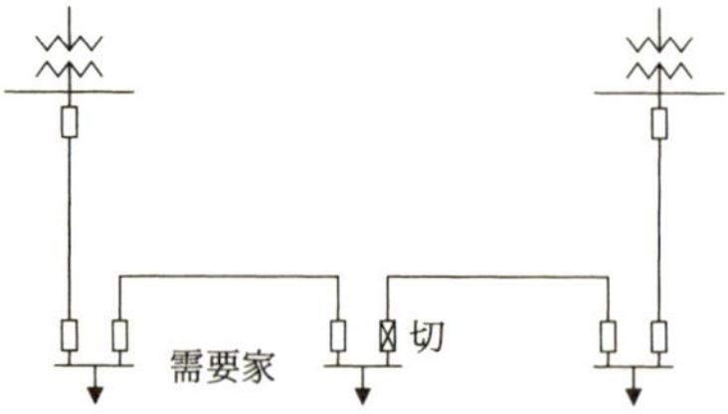 （需要家CBは区分開閉器の場合もある）	(1) 需要家に対しては、ほぼ無停電で供給できる (2) 変電所引き出しは、全負荷を送電できる容量が必要 (3) 送電線保守点検が容易である
ループ	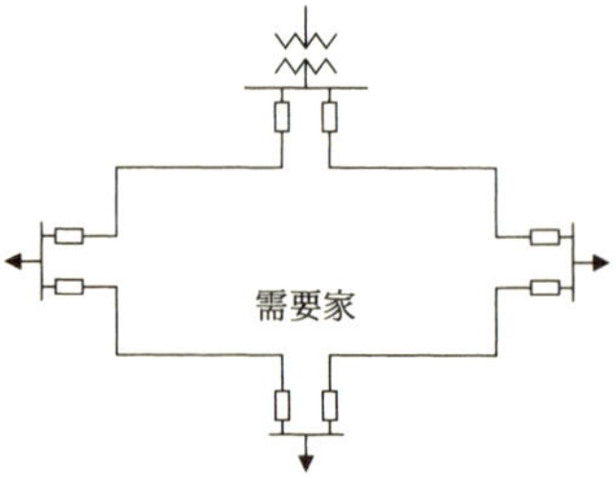	(1) 送電線事故に対し、無停電で供給できる (2) 変電所引き出しは、全負荷を送電できる容量が必要 (3) 送電線保守点検が容易である

図られてきた。また、変圧段階の節減を図るため、275/66、154/33、154/22kVおよび154/6kVの変圧器も採用されている。

（1） 一次変電所

一次変電所（275～110kVから77～22kVに降圧する変電所）の変圧器容量は100～250MVAが多く、これを3～4バンク設置するのが一般的である。

第3節　送変電計画

(2) 配電用変電所

配電用変電所（154〜22kVから6kVに降圧する変電所）は配電線の送電容量、電圧降下、引き出し限度など技術的、経済的な制約があり、10〜30MVAの単位容量で3バンク程度が最終容量となっている。

標準的な単位容量としては、10、15、20、30MVAの定格容量のものが採用されている。

(3) 変電所形式

変電所形式としては全屋外式、半屋外式、屋内式および地下式があるが、都心変電所は立地条件から経済性、美観上あるいは騒音などを考慮し、屋内式ま

表2-4　変電所形式の選択条件

形式	概要	選定条件	備考
全屋外式	変電所主要機器全部を屋外にしたもの	・都心以外で建物が密集していない地域 ・土地価格が比較的安く、全屋外式が経済的な場合 ・美観、騒音、防火、塩害に対し、問題無いもの	・計画の変更に比較的容易に対応できる ・将来周辺が発達した場合、対策が必要である
半屋外式	変電所主要機器のうち、二次側設備等屋内化の容易なものを屋内にしたもの	・建物が密集しておらず、用地が比較的簡単に入手できる場合	・将来周辺が発展して騒音対策が必要になった場合、防音壁が採用できる
屋内式	変電所主要機器全部を屋内にしたもの	・土地価格が高価で、全屋内式が経済的に有利な場合 ・市街地の建物密集地で、美観、騒音、防火等の点で屋内式にする必要がある場合	・機器配置を立体化することにより、用地スペースを縮小できる ・美観、騒音、防火の点で優れている
地下式	変電所全体をビル、公園等の地下にしたもの	・都心部で、用地入手が困難か、あるいは非常に高価な場合 ・周囲の状況により、変電所建物が建設できない場合 ・地下式にして土地の有効活用を図る場合	・計画の変更に対応し難い ・建設当初から、最終規模に必要な建屋スペースを確保する必要がある ・美観、騒音、防火の点で優れている

たは地下式を採用することが多い。

（4） 変電所結線

変電所の結線は、系統機能を十分発揮させるもので、次の諸条件を満足することが必要である。
① 保守運用が安全確実に行えること。
② 設備事故が発生した場合、その影響範囲をできるだけ少なくし、負荷切替操作が迅速に行えること。
③ 設備の停止が系統に大きな影響を与えないこと。
④ 故障設備の切り離しが容易に行えること。

以上の諸条件および系統構成を勘案し、さらに都市変電所として必要な簡素化も考慮して、単母線、二重母線などの母線方式、変圧器の一次側、二次側の結線、送配電線の引き出し方法を決めることが必要である。

3-3 地中送電線路

（1） 地中線の適用

地中電線路は、地中に埋設するため、架空電線路に比べて雷や風、雪害などの自然現象および他物の接触による事故を受けにくいため、供給上の信頼度が高く、環境へ与える影響も少ないが、一方、建設費が高価であること、万一、事故が発生した場合、事故点の発見や修理に長時間を要するなどの難点もある。

したがって、地中電線路の適用は、法的な規制、保安面、用地取得の困難、環境への配慮などの必要な地域に限られ、主に大都市内の供給用送電線として利用されている状況である。

（2） 地中送電線の経過地などの選定

地中送電線は、主に市街地を経過することから、将来の保守面を考慮して道路へ敷設するのが一般的である。この場合の敷設方法としては、直接埋設式、管路引込式、暗渠（洞道）式などがあるが、将来の系統構成、保守および敷設予定道路の他埋設物の状況などを総合的に検討し、敷設方式を決定する。

さらに近年は、道路の機能維持を目的として道路への埋設のための再掘削の

規制や、道路占用物件の効率的な占用を図るため、法律による共同溝（暗渠式）を設置する場合がある。

また管路の建設にあたっては、地域社会との協調並びに再掘削の規制などにより、将来計画を考慮した先行布設をする場合が多くある。

4. 一般地域の送変電計画

4-1 一般地域の供給系統

（1） 一般地域の供給系統構成

一般地域の配電用変電所または特高需要家などへの供給系統は、主に77kV以下の電圧で、最寄りの一次変電所より放射状の系統構成により行うのが一般的であり、さらにその後の需要の増加に応じて、これら放射状系統からの分岐あるいは既設系統の増強などにより対処する場合もある。これら系統構成を行うにあたっては系統の信頼性、経済性を考慮して決定する必要がある。

（2） 一般地域の送電系統

一般地域への送電系統を考える場合、近年の送電線ルート確保難を配慮し、将来の需要、系統構成計画、土地利用計画などを基に、送電線ルート、容量、回線数などを決定し、さらに地域によっては多回線鉄塔化による土地の有効活用を図る必要がある。とくに回線数については、信頼度面を考慮し2回線が一般的であるが、1回線の場合は2方向化とすることが望ましい。

4-2 一般地域の供給変電所

一般地域は、都市部に比較して需要密度が低いため変電所間隔も長く、二次側連系も少ない。しかし、需要の増加に伴い変圧器の単位容量は逐次増加しており、都市部供給の場合の単位容量のうち、比較的低位のものを使用する例が多い。一般地域は面積に余裕のある変電所用地の入手が比較的容易で、騒音、美観など社会環境に対して問題も少ないので、全屋外式あるいは二次側を屋内に入れた半屋外式が一般的である。

4-3　特殊変動負荷への供給

　最近の電力系統においては、大容量アーク炉の新増設や整流器使用機器の普及、並びに高速度交流電気鉄道の発達と共に、系統の電圧変動、電圧フリッカ（短周期電圧変動）、逆相電流および高調波など電力品質に影響を及ぼす負荷が多くなってきている。

　一方、電力を使用する需要家側においても工業設備の高度化、電子計算機および自動制御機器などの弱電機器が広範に使用され、電力の質に対する要請が高まってきている。

　特殊変動負荷による電力系統への影響については、第1章第2節で述べた通りであるが、これら特殊変動負荷への供給にあたっては、その導入計画時点で事前に電力品質に与える影響を予測し、他の需要家への影響を与えないよう、負荷側あるいは電源側の諸対策を考慮する必要がある。

　特殊変動負荷による系統への影響は、電力系統の大きさと発生機器の容量などの相対関係で生ずるもので、完全に除去することは不可能であるが、次のような軽減対策を行うことによって、実用上影響のない程度の値にすることが可能である。

（1）　系統側の対策
○系統の短絡容量の増加
○供給電圧の格上げ、専用線、専用変圧器による供給
○直列コンデンサの設置
○三巻線補償変圧器による供給
○コンデンサの高調波抑制リアクトルの設置

（2）　負荷側の対策
○同期調相機の設置
○高調波フィルタの設置
○静止型無効電力補償装置（SVC）の設置
○電気炉回路に緩衝リアクトルを直列に挿入

○電気炉回路に可飽和リアクトルを直列に挿入
○並列コンデンサの設置
○三相平衡回路（バランサ）の設置

第4節　配電計画

1. 配電計画の基本事項

　配電設備の特徴は、送変電設備と需要家との間にあって、送変電設備が点と線であるのに対して面的であり、かつ、個々の施設単位は小さいがその数は非常に多く、それぞれが需要家と密接な関連をもっており、また配電設備の施設場所は人家と密着している。

　配電計画の策定にあたっては、これらの固有な特質を踏まえ、送変電計画と協調をとりながら、社会情勢に応じた適切なサービスレベルの確保と新技術の開発や導入などを念頭において、経済的な設備形成に努める必要がある。

1-1　配電計画の考え方

　配電設備は、負荷密度の稠密な大都市から過疎な農山村まで分布しているので、配電計画の対象範囲は広範であり、しかも着眼点はおのおの異なる。このため配電計画の策定にあたっては、対象地域の特殊性を踏まえて「高負荷密度地域」と「その他一般地域」とに大別して検討する必要がある。

（1）　高負荷密度地域の配電計画

　大都市圏などの高負荷密度地域は、従来からの産業や人口の集中傾向に加え、発展と調和のとれた都市部の再開発や周辺部まで一体化した都市計画によって、都市構造の変化も継続していくものと予想される。

　これに伴い生活水準は向上し、電気に対する依存度もますます高まるものと考えられることから、配電計画は現存の需要を適正かつ効率的に供給するといった類の計画にとどめることが困難な様相を呈してきている。

　これらの状況を背景として、高負荷密度地域の配電計画は、需要の密集化に対する供給力の拡充および電力依存度の高度化に伴う供給信頼度の向上策に加えて、近代化する都市環境に調和した設備の形成という3要素を軸とすべきも

のと考えられる。これには長期的にみて、物理的にも経済的にも適正かつ効率的な設備形成や投資方法の目標を確立し、現在の計画をこの一段階として設備の拡充・整備・近代化を図る必要がある。

(2) 一般地域の配電計画

一般地域といっても対象範囲は非常に広く、負荷密度の高い中都市から農山村まで含まれるが、これら一般地域の配電計画は、適正な需要家サービスレベルの維持を念頭において、しかも需要動向を十分把握して、設備の拡充方法や時期を経済性によって判断すると共に、その地域の地勢や気象などの環境条件に適した新技術の導入や新機材の開発を指向しながら設備の効率化を図る必要がある。

1-2 需要想定と負荷密度

長期的視野からみた効率的な設備拡充計画、すなわち長期供給計画を作成するためには、20年先程度までを見通した検討が必要である。

このためには、適切な方法による需要想定を行い、具体的計画年次として「至近年度・5年先・10年先」というように2～3の断面を検討する必要がある。

(1) 事前調査

需要想定を行う場合、高負荷密度地域においては、まず配電計画にとくに必要な都市構造の変化を都市計画などの関連する資料によって調査する必要がある。

たとえば、

(a)地域の分類

市街化計画から商業地域というような地域の分類と、さらに各地域ごとに都心・副都心というような地域を明確にする。

(b)土地利用状況の把握

各地域・地区別の道路および建物の容積率などを明確にする。

(c)架空施設では支障になると予想される地域の把握

建柱禁止区域や防火指定区域などを明確にする。

第2章 電力系統の計画

また、一般地域においては、住宅建設計画や工場誘致計画などから将来の地域構造の変化を事前に調査する必要がある。

(2) 需要想定の方法

需要想定の方法は、その目的（都市部における地中化管路への先行投資、特定フィーダの新設計画、配電線ルートの選定など）により種々の方法が採られるが、その一例を次に示す。

①需要動向の分析による想定

（図2-24）のフローチャートに示した通り、電力需要の過去の実績傾向から想定した結果と、地域別に民生用電力需要と産業用電力需要を個別に積み上げた結果とを比較し、経済成長率および景気の動向などを考慮し、補正する方法である。

図2-24　需要想定フローチャート

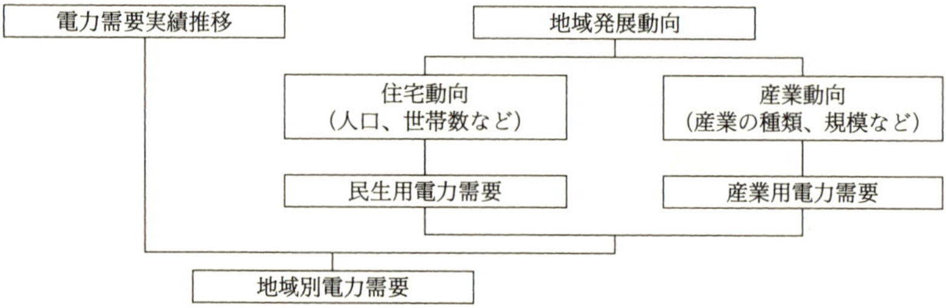

```
┌──────────────┐      ┌──────────────┐
│ 電力需要実績推移 │      │   地域発展動向   │
└──────────────┘      └──────┬───────┘
                    ┌────────┴────────┐
              ┌─────┴──────┐    ┌─────┴──────┐
              │   住宅動向    │    │   産業動向    │
              │(人口、世帯数など)│    │(産業の種類、規模など)│
              └─────┬──────┘    └─────┬──────┘
              ┌─────┴──────┐    ┌─────┴──────┐
              │ 民生用電力需要 │    │ 産業用電力需要 │
              └─────┬──────┘    └─────┬──────┘
                    └────────┬────────┘
                      ┌──────┴───────┐
                      │  地域別電力需要  │
                      └──────────────┘
```

民生用電力需要は、人口や世帯数の推移、住宅団地の発生予想および家庭電化の普及状況などから想定する。また、産業用電力需要は、経済諸指標および産業動向などにより産業の種類別や規模別に想定する。

②外部情報をもとにした想定

新規に発生すると予想される住宅団地、工業団地および高層ビルなどに対する配電線ルートの選定などのために、ある限定地域の需要想定を行う場合には、需要の種別や規模などの需要情報をもとに想定する。

③過去の傾向線による想定

供給エリアおよび需要構成における大きな変化が将来ともない場合には、過去の実績最大電力の推移により想定最大電力を算定する。

(3) 負荷密度

　配電設備計画にあたっては、まず電灯および電力負荷の地域的需要構成を勘案して、ある地域内（たとえば、1km²のブロック）の密集度を求めることが要求される。

　配電設備計画にあたっては、これらの密集度から供給方法、供給形態および経済性を検討している。また、密集度を示すものとしては、負荷密度（MW/km²）を一般的に用いている。これは、ある地域内で消費される最大電力の密度のことである。

1-3　経済評価の方法

　配電計画において経済評価の対象となるものは、次の3項目に大別される。
(a)　変電所の位置の決定や新設と増設との優劣判定のように、数案のうち最適なものを見出すことを目的とするもので、設備の評価対象範囲は一般的に特高系から高圧配電系統までとしている。
(b)　適正な配電電圧や配電方式を判定することを目的とし、数案のうち最適なものを見出すものであるが、設備の評価対象範囲のとり方は難しく、一般的には二次変電所二次側から需要家計量装置まで広く検討する場合が多い。
(c)　配電設備個体の経済性を検討するもので、経済的な電柱の丈尺や荷重あるいは電線太さの選定、柱上変圧器の当初稼働率の決定などがある。

　このような設備の評価対象範囲の相違や評価の目的によっては評価の方法も異なってくるが、この経済計算手法よりも計算に必要な諸元の評価方法や前提条件がさらに複雑であり、これによって計算結果が変わるような場合も考えられるので、十分な検討が必要である。ここでは、後者の2ケースについて一例をあげて検討する。

(1)　モデル計算による適正配電方式の検討

　供給信頼度は配電方式によって異なるが、低圧ネットワーク方式やループ配電方式は多額の工事費を必要とするため、地域需要に見合った配電方式を選定する必要がある。ここで、電力依存度が負荷密度に比例するものと仮定し、負

第2章　電力系統の計画

図2-25　評価対象範囲

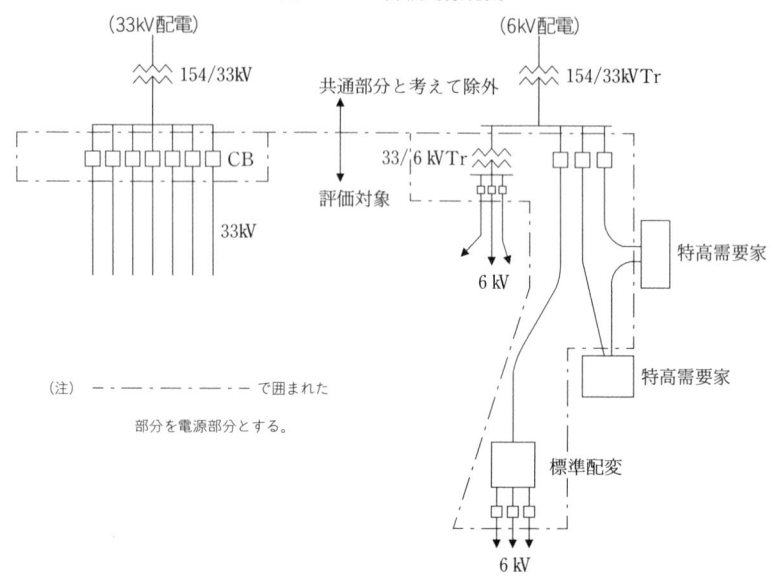

荷密度をパラメータとして、供給信頼度向上当たりの投資額を検討してみる。

①評価対象範囲

（図2-25）のように、154/33kVの二次側母線までは33kV配電と6.6kV配電との共通部分と考え、電源設備としては一点鎖線で囲まれた部分を評価し、配電設備としてはこれら以外の需要家計量装置までを含めて評価し、この両者の計を総合評価する。

②評価方法

既設の配電用変電所供給区域をモデルとし、このモデルを数箇所選定して各モデルごとに「現在・10年先・20年先の3断面」または「現在・10年先の2断面」について需要想定を行い、需要に見合った設備の再建設費を評価する。この場合、モデル計算による誤差や変動を極力排して設計することも非常に重要である。

ここで、各配電方式における

$$\frac{電源再建設費＋配電再建設費}{特別含みの契約 kW}$$

をモデルおよび年度ごとに負荷密度に対応して算定する。

（注）　配電電圧が6.6kVの配電方式で比較する場合は、6.6kV以下の設備を対象とすればよい。

　各配電方式による一需要家当たりの停電回数を算定し、樹枝状配電方式または現行配電方式に対する供給信頼度向上当たりの投資額（契約kW当たり）を負荷密度と配電方式をパラメータとしてプロットすると（図2-26）の通りである。この図によって需要構造などを勘案して配電方式を判断することも可能である。

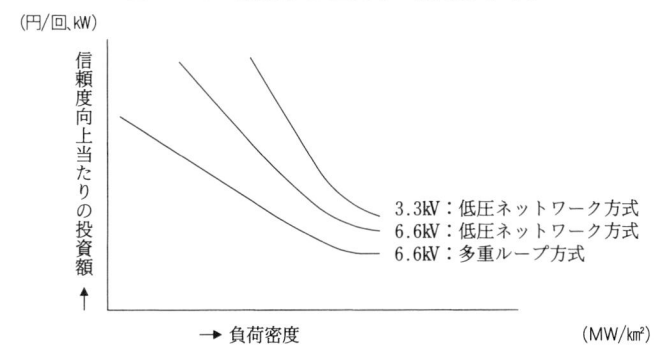

図2-26　信頼度向上当たりの投資額（一例）

（円/回,kW）

縦軸：信頼度向上当たりの投資額
横軸：→ 負荷密度　（MW/km²）

3.3kV：低圧ネットワーク方式
6.6kV：低圧ネットワーク方式
6.6kV：多重ループ方式

（2）　配電設備個体の経済性

　配電設備個体の経済性の検討は、応用範囲が広く重要な事項である。これは一般に計算対象期間内における現在価値換算累積経費比較によっている。

　以下は、一つの計算例として柱上変圧器7.5kVA（揚替限度を160％と仮定）について経済性を計算したものである。

①検討方法

　5kVA変圧器の稼働率が160％となって、「5kVAを7.5kVAに揚替え、のちに10kVAに揚替える方法」と「5kVAを10kVAに揚替える方法」について検討する。

　計算対象期間は、（図2-27）のように5kVA変圧器が160％（負荷が8kVA）になるときから、10kVA変圧器が160％（負荷が16kVA）になるまでの期間とす

第2章　電力系統の計画

図2-27　変圧器揚替過程

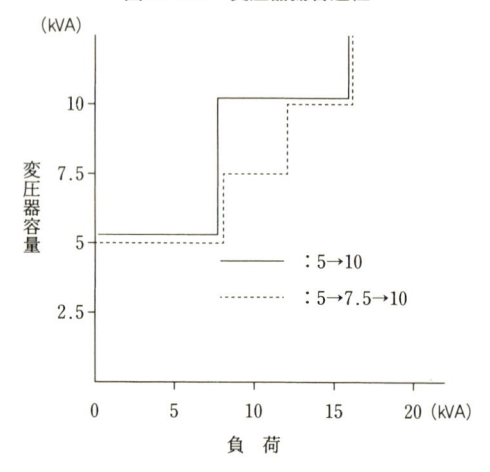

(縦軸: 変圧器容量 (kVA)、横軸: 負荷 (kVA))

実線: 5→10
破線: 5→7.5→10

表2-5　計算対象期間

増加率＼ケース	5 kVA→7.5 kVA→10 kVA		5 kVA→10 kVA	
5％	5 → 7.5 7.5 → 10	8年 6年	5 → 10	14年
8％	5 → 7.5 7.5 → 10	5年 4年	5 → 10	9年
10％	5 → 7.5 7.5 → 10	4年 3年	5 → 10	7年

る。この期間は、検討した需要増加率によって異なり、需要増加率を5％、8％、10％とすれば（表2-5）のようになる。

②評価方法

変圧器本体は耐用年数で償却し、工費と付属材料代は設置年数間で償却するものとすれば、次の通りである。

計算結果については、これに用いた諸元の取り方によって異なるが、一般的に考えられている諸元を取れば、「5kVAを10kVAに揚替える方法」がいずれの需要増加率においても5～10％程度安い結果となっている。

第 4 節　配電計画

(a) 5kVA⇒10kVA の場合

$$\text{累積年経費} = \frac{(1+i)^n - 1}{i(1+i)^n} \{P_{10}\alpha + (W_{10} + p_{10})\beta_n\}$$

　　　　　　　　　　［本体代経費と取付工費・付属材料代の経費］

$$+ \frac{1}{(1+i)^n} \{w_{10}(1+\delta)^n - p'_{10}\} \quad \text{［撤去工費・付属材料代の経費］}$$

$$+ \frac{(1+i)^n - 1}{i(1+i)^n} L_{i10} \cdot (H_i) \quad \text{［鉄損］}$$

$$+ \frac{\{(1+d)^{2n} - (1+i)^n\}(1+d)^2}{\{(1+d)^2 - (1+i)\}(1+i)^n} L_{c10} \cdot l^2 \cdot (H_c) \quad \text{［銅損］}$$

(b) 5kVA⇒7.5kVA⇒10kVA の場合

$$\text{累積年経費} = \frac{(1+i)^{n1} - 1}{i(1+i)^{n1}} \{P_{7.5}\alpha + (W_{7.5} + p_{7.5})\beta_{n1}\}$$

$$+ \frac{1}{(1+i)^{n1}} \{w_{7.5}(1+\delta)^{n1} - p'_{7.5}\}$$

$$+ \frac{(1+i)^{n1} - 1}{i(1+i)^{n1}} L_{i7.5} \cdot (H_i)$$

$$+ \frac{\{(1+d)^{2n1} - (1+i)^{n1}\}(1+d)^2}{\{(1+d)^2 - (1+i)\}(1+i)^{n1}} L_{c7.5} \cdot l^2 \cdot (H_c)$$

$$+ \frac{1}{(1+i)^{n1}} \left[\frac{(1+i)^{n2} - 1}{i(1+i)^{n2}} \{P_{10}\alpha + (W_{10}(1+\delta)^{n1} + p_{10})\beta_{n2}\} \right.$$

$$+ \frac{1}{(1+i)^{n2}} \{w_{10}(1+\delta)^{n1+n2} - p'_{10}\}$$

$$+ \frac{(1+i)^{n2} - 1}{i(1+i)^{n2}} L_{i10} \cdot (H_i)$$

$$\left. + \frac{\{(1+d)^{2n2} - (1+i)^{n2}\}(1+d)^2}{\{(1+d)^2 - (1+i)\}(1+i)^{n2}} L_{c10} \cdot l^2 \cdot (H_c) \right]$$

ここで、n　：設置年数［5kVA から揚替え後の 10kVA の設置年数］
　　　　n_1　：設置年数［5kVA から揚替え後の 7.5kVA の設置年数］
　　　　n_2　：設置年数［7.5kVA から揚替え後の 10kVA の設置年数］

i ：年金利

P_{XX} ：本体代

W_{XX} ：取付工費

p_{XX} ：取付付属材料代

w_{XX} ：撤去工費

p'_{XX} ：撤去付属材料代

L_{iXX} ：鉄損

L_{CXX} ：定格時銅損

l ：当初稼働率

H_i ：年鉄損評価価格

H_C ：年銅損評価単価（定格時）

d ：需要増加率［％］

$\alpha、\beta_{XX}$ ：経費率（金利、償却、修繕費、諸税などの年均等経費率）

1-4　サービスレベルの考え方

電気事業におけるサービスは、単に電力を需要家に供給するだけではなく、電圧および周波数を適正に維持し、停電がなく、しかも安全に供給するということである。したがって、配電計画の策定にあたっては、サービスレベルの適正な水準を維持できる設備形成に努めることが重要となってくる。

しかし、サービスレベルを非常に高い水準に維持しようとすれば、多大な設備投資を必要とし、料金原価に対する影響も考えられる。このため、サービスレベルは社会的な要請度合いと経済性から決定する必要がある。

（1）　供給信頼度レベル

特高系と異なって配電系の供給信頼度は、事故による停電範囲が小さいことから、個々の事故停電について広範囲停電や長時間停電などを取り上げることは少なく、一般的には「一需要家当たりの年間平均停電回数（回/年）」や「一需要家当たりの年間延平均停電時間（分/年）」の平均的な2指標によって表現されている。この停電回数と停電時間は、共に特高系（配電用変電所より上位の事故による影響分）と配電系（配電設備の事故による影響分）との算術和である。

第4節　配電計画

数式的には、次の式により表す。

$$\text{年間平均停電回数} = \frac{\sum_{1}^{N}(\text{停電需要家数})}{\text{全需要家数}} \quad [\text{回}/\text{年}]$$

$$\text{年間延平均停電時間} = \frac{\sum_{1}^{N}(\text{停電時間} \times \text{停電需要家数})}{\text{全需要家数}} \quad [\text{分}/\text{年}]$$

N：停電延回数

過去10年間の供給信頼度実績（全国平均値）は、（表2-6）および（図2-28）の通りである。

表2-6　供給信頼度（事故停電：全国平均値）

(一需要家当たり回/年、分/年)

年度	内訳	電源側	配電側 高圧配電線	配電側 低圧配電線	計
平成8	回数 時間	0.04 1	0.07 9	a a	0.12 10
9	回数 時間	0.05 1	0.07 9	a a	0.12 11
10	回数 時間	0.06 2	0.10 17	a a	0.16 20
11	回数 時間	0.08 1	0.06 3	a a	0.14 5
12	回数 時間	0.07 2	0.07 6	a a	0.14 9
13	回数 時間	0.05 1	0.06 5	a a	0.11 6
14	回数 時間	0.04 1	0.07 12	a a	0.12 13
15	回数 時間	0.06 1	0.06 8	a a	0.12 9
16	回数 時間	0.06 5	0.21 76	a 1	0.28 82
17	回数 時間	0.07 6	0.08 13	a a	0.15 19

(注)　電気事業統計（電気事業連合会統計委員会）による。（除く災害事故停電）

第2章　電力系統の計画

図2-28　供給信頼度実績の年度推移

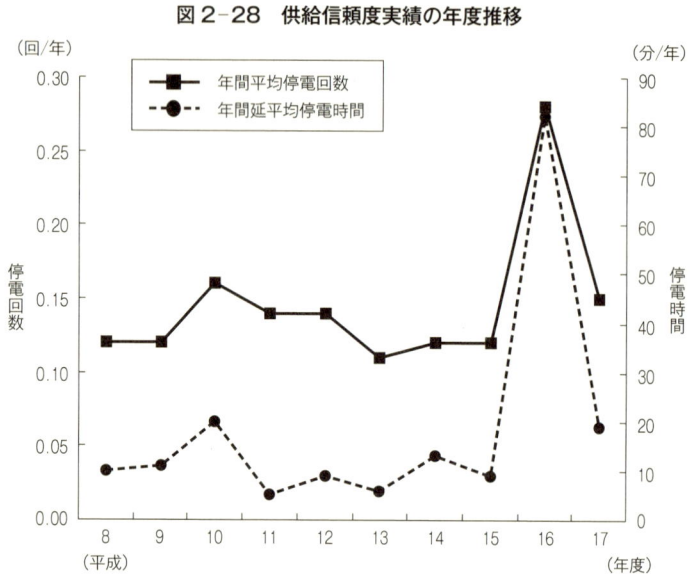

(注)　電気事業統計（電気事業連合会統計委員会）による。（除く災害事故停電）

①配電系の供給信頼度向上策

　停電回数と停電時間との相関性は非常に高く、一般的に停電回数が減少すれば停電時間も減少するといった関係にあるので、配電系の供給信頼度向上策としては、停電回数の減少に目を向けられることが多く、これは次のように近似できる。

　　　（一需要家当たりの年間停電回数）＝（配電線1回線当たりの事故回数）
　　　　　　　　　　　　×（供給方式換算係数）＋（柱上変圧器以下年間平均停電回数）

　　　(注)　供給方式換算係数は、樹枝状配電方式を1とすれば、ループ配電方式では1回線当たりの自動区分開閉器が2台の場合にはおよそ0.3前後であり、低圧ネットワーク方式では0である。

　これらの要素のうちで、配電設備単体の事故率については、配電設備単体の性能が飛躍的に向上し、とくに高低圧配電線の絶縁化および支持物の恒久化などにより大幅に減少した。また、難着雪電線の普及により、雪国の宿命的な劣性条件ともいえる配電線雪害事故の抑制が可能となった。

また、順送式故障区間検出方式、ループ配電方式および低圧ネットワーク方式などの採用によって停電区域を自動的に局限化し、停電の影響を少なくする方策を採用している。

さらに、都市化や過密化の進展による電力使用の高度化および多様化が進みつつある中で、今後ますます膨大・複雑化する配電系統に対して、より高い信頼度化や設備運用効率化などが求められてくる。

停電に対する社会的要請として、停電回数の減少はもちろんのこと、停電時間の短縮についても高まっている。このような背景から、配電線事故時において事故区間のみを自動的に分離して、停電時間の短縮を図ることを目的とし、順送式故障区間検出方式に電子計算機制御による線路用開閉器の遠方監視制御方式を付加した配電自動化システムを採用している。

②特高系の供給信頼度向上策

配電用変電所より上位の事故による影響をなくすためには、隣接変電所の配電線によって逆送する方法もあるが、「特高系統の2方向電源化」、「変電所内母線の複母線化」あるいは「2バンク以上の変電所では一方の変圧器事故時に他方の健全変圧器で供給が可能であるように、常時適正稼働率で運転する」など上位系統で対処する方法もあり、信頼度目標や経済性によって採用すべき方策を判定すればよいと考えられる。

(2) 電圧レベル

低圧需要家に対する供給電圧の規制値については、電気事業法第26条および電気事業法施行規則第44条において、次のように定められている。

・電灯需要家の場合：101 ± 6V
・動力需要家の場合：202 ± 20V

このように、電圧レベル規制値内に維持するためには、まず配電用変電所における送出電圧を適正値に保つと共に、高圧線、低圧線、引込線および柱上変圧器における電圧降下の配分を経済的に行い、効率的な設備の増強を行う必要がある。

高圧需要家に対する供給電圧については、全国的な統一規制値はないが、上記の低圧需要家に対する電圧レベルを維持するようにすれば、高圧需要家に対

第2章　電力系統の計画

しては実用上差し支えない。

1-5　送変電計画との協調

　配電設備は送変電設備との関連が深いため、配電計画や基本設計に大きな影響を与えるので、送変電計画の基本的考え方を熟知し、かつ、常に連絡をとり

図2-29　適正変電所間隔（一例）

（架空配電）

10.0 MW/km^2
20.0 MW/km^2
50.0 MW/km^2
5.0 MW/km^2

kW当たりの総合経費　→　変電所間隔(km)

図2-30　変電所間隔と供給信頼度の関係（一例）

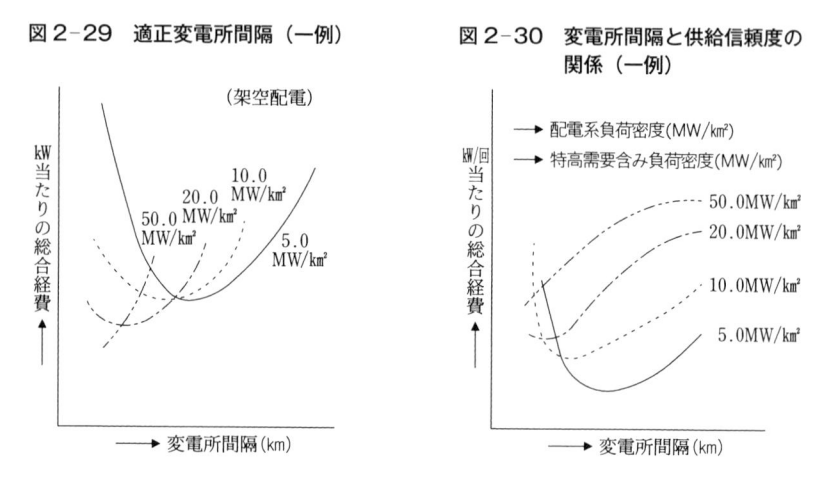

→ 配電系負荷密度(MW/km^2)
→ 特高需要含み負荷密度(MW/km^2)

50.0MW/km^2
20.0MW/km^2
10.0MW/km^2
5.0MW/km^2

kW/回当たりの総合経費　→　変電所間隔(km)

図2-31　変電所容量とバンク構成の関係（一例）

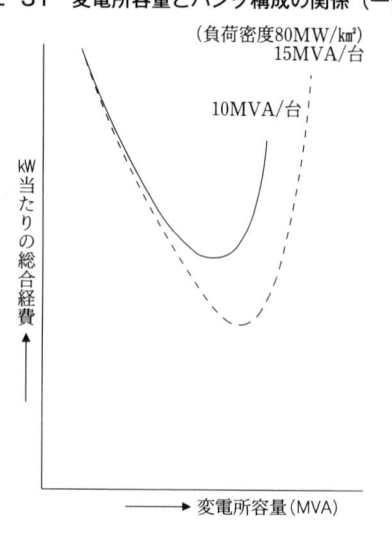

（負荷密度80MW/km^2）
15MVA/台
10MVA/台

kW当たりの総合経費　→　変電所容量(MVA)

ながら計画しなければならない。ここに記述する一例によって、この重要性を検討する。

配電用変電所の単位容量やバンク構成によって、経済的にも供給信頼度の面でも関連性があり、一例をあげれば（図2-29、30）および（図2-31）の通りである。

供給信頼度を一定とした場合の負荷密度別適正変電所間隔は、密度が高くなれば非常に小さくなってくる。

供給信頼度当たりの経費は、負荷密度別にみて変電所間隔によって大きく変わってくる。

ある負荷密度における適正な変圧器単位容量とバンク構成は、経済性に大きく左右される。

2. 高負荷密度地域の配電計画

大都市などの高負荷密度地域では、地中配電設備の拡大や22（33）kV配電の拡大などにより、現在の施設方法が大きく変化するものと予想される。

このため単に長期供給計画を策定するのみでなく、現在の設備から将来の設備への移行上の諸問題を深く掘り下げて検討しなければならない。

同時に、これを円滑に推進するためには、必要な諸問題（国家的な助成策、電気設備の技術基準の改訂、新技術の導入など）を念頭において計画しなければならない。

2-1 高負荷密度地域の配電設備の特徴

わが国の大都市における配電設備は、主として「6.6kVループ配電方式」・「6.6kV樹枝状配電方式」並びに「高圧需要家への6.6kV供給」・「低圧需要家への100V・200V供給」を基本とした設備形成を行っている。

設備形態としては、架空方式および地中方式の特徴を考慮し、
(a)変電所引き出し付近
(b)高負荷密度地域における高圧引込線
など、架空設備の施設が困難な箇所については地中設備を適用することとしており、その他の設備（高低圧線・引込線・変圧器など）については架空方式によ

る設備形成を基本としている。

また、近年においては、都市部における防災面や環境面などに対する総合的な対応が必要となり、地中化対象地域を限定して配電設備の地中化を実施している。

さらに、都市部の超高負荷密度地域では、需要増に対する供給力の確保や供給信頼度の向上に対応するため、22(33)kV級地中配電方式が実施され、その供給方式としては、

(a)スポットネットワーク方式
(b)本線・予備線方式

が適用されている。

なお、22(33)kV級地中配電方式の適用地域の中で、低圧需要家を対象としてレギュラーネットワーク方式が適用されている例もある。都市の需要構造の変化に対応する配電方式の例は、(図2-32)の通りである。

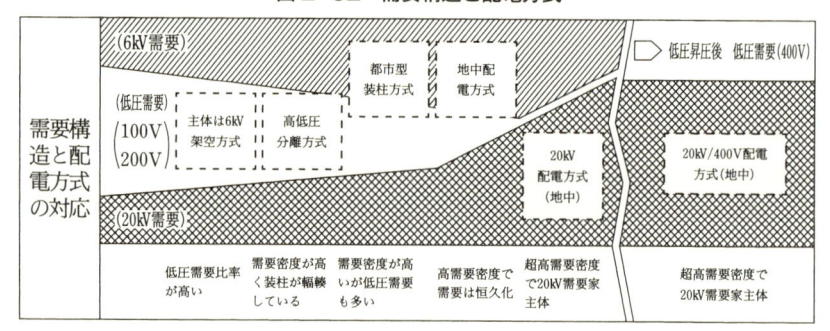

図2-32 需要構造と配電方式

2-2 配電電圧と配電方式

配電電圧と配電方式は、負荷密度、供給信頼度レベルおよび配電用変電所より上位の系統構成などによって地域別に検討し、長期的にみた供給力や経済性および移行の容易性によって決めることが一般的である。

(1) 配電電圧

従来、大都市中心部とその周辺部および地方都市部の送配電系統は、次の電圧系列が採用されていた。

$$154\text{kV} \longrightarrow 66(77)\text{kV} \begin{array}{l} \longrightarrow 22(33)\text{kV} \\ \longrightarrow 6.6(3.3)\text{kV} \begin{array}{l} \longrightarrow 100\text{V} \\ \longrightarrow 200\text{V} \end{array} \end{array}$$

大都市中心部では、高圧配電線の電圧を 6.6kV で運用すると、将来 1km² 以内における変電所の数は 4～6 カ所、あるいはこれ以上となり、変電所用地取得の困難性もさることながら、高圧配電線の系統構成も非常に困難となる。

このような都市の過密化と高信頼度要求に対応して、より小さいスペースで、かつ、より大容量化するため、154kV 系統を中心部に導入し、電圧系列としては将来「154kV‐22(33)kV‐415V」を採用し、特高需要家も配電系に吸収して供給することによって流通プロセスを簡素化する方向性にある。

現在、大都市周辺部の負荷密度は、一般的に 100MW/km² 程度であり、このような地域については、6.6kV 供給で対応可能となっている。しかし、将来においては負荷密度は増大し、実際の運用面からみると、6.6kV 系統での平均的な設備構成は極めて輻輳化するため、架空方式を主体とした供給方式では事実上供給が困難となってくる。

したがって、総合負荷密度が比較的高い地域においては、次の点から 22(33)kV 系統を主体とした供給方式が有利となってくる。

(a) 省資源：投入銅量が少なくなる。
(b) 省エネルギー：電力損失が小さくなる。(将来的に電力損失単価が上昇すれば、さらにこのウエイトが高くなる。)
(c) 供給信頼度：22(33)kV スポットネットワーク方式では、1 回線事故時においても無停電供給ができるため、供給信頼度が極めて高く、かつ、保守運用も容易である。

一方、6.6kV 系統の場合には、1 回線当たりの亘長が極めて短くなるため、他回線との連系点の確保が困難になり、運用上の問題が生じる。

なお、諸外国における配電電圧は、高圧については 10kV～30kV 級、低圧については 200V～400V 級が一般的に採用されている。

第2章　電力系統の計画

(2) 配電方式
①高圧配電方式
　現在、供給信頼度を向上するためには、一部には単一ループ方式を採用しているが、この方式は二つの高圧配電線が相互に自動ループ結合器（常時開）によって連結され、また高圧配電線は自動区分開閉器によって数区間に区分されている。事故が発生すれば、事故区間を分離し、健全区間の送電を継続する機構となっており、供給信頼度は樹枝状配電線に比べて「1/区間数」となる。

　しかし、1回線当たりの区間数は、高圧配電線の亘長からみて2～3区間程度とせざるを得ないので供給信頼度に限界があり、また最近の第三者による他動的要因事故が大半を占めている現状において、事故そのものの減少には限界があり、高い供給信頼度が要求される高負荷密度地域においては、低圧ネットワーク方式を採用している例もある。また、単一ループ方式に加えて、多重ループ方式並びに常開型2回線ループ方式を採用しているところもある。

②低圧配電方式
　大都市中心部の高負荷密度地域に適していると考えられている低圧ネットワーク方式は（図2-33）の通りである。

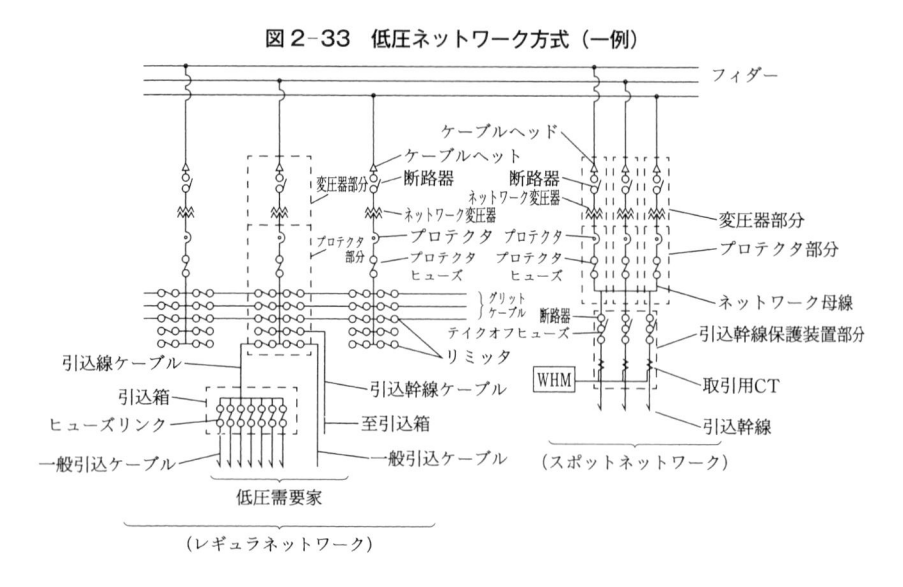

図2-33　低圧ネットワーク方式（一例）

この低圧ネットワーク方式は、無停電供給が可能である。また、バンキング方式も一部の地域で実施されている。

2-3 地中配電区域の設定

高負荷密度地域においては、物理的にも架空方式では供給対応が困難となっており、地中配電設備が必然的に増加していく傾向にある。

また、都市機能からみても建柱禁止区域や防火指定区域（消防活動に支障のある区域）の指定などにより、架空設備の存置がますます困難となってきている。

しかし、地中配電設備の建設費は架空配電設備よりもかなり高価であることや、地震による設備被害の復旧に長時間を要するなどの問題もあり、地中配電区域の設定にあたっては負荷密度や都市の成熟度などから慎重に検討する必要がある。

また、建設費の高騰は、従来の架空配電設備を主体とした現行電力原価への跳ね返りが非常に大きいので、地中化対象範囲や費用負担のあり方などについては国家的な見地からの検討が必要である。

なお、地中配電方式と架空配電方式の経済性によって地中配電区域を設定する場合の判断資料とするためには、負荷密度をパラメータとして配電用変電所のしゃ断器以降から需要家計量装置までの再建設費を評価する方法もある。この場合、架空配電方式は、将来的に架空で存置できる機能をもった配電設備（たとえば、環境調和装柱など）として評価する必要がある。たとえば、（図2-34）

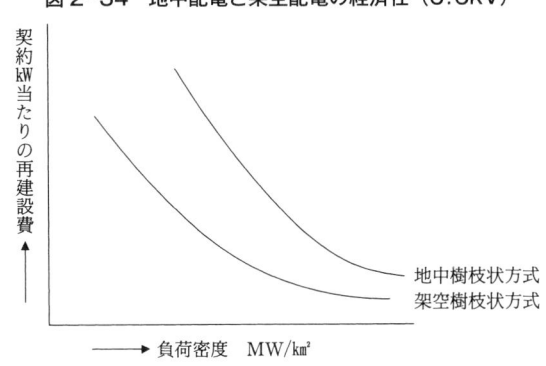

図2-34 地中配電と架空配電の経済性（6.6kV）

の評価方法がその一例である。

2-4　将来への移行措置

配電計画を作成するにあたっては、将来の配電設備のあるべき姿を考慮し、現在設備から移行するにあたっての技術的・経済的な諸問題はもとより、地域社会に与える影響についても十分検討する必要がある。

(1)　地中配電設備の拡大

近年、歩行空間のバリアフリー化、歴史的な街並みの保全、都市防災対策および良好な住環境の形成などを目的として、配電設備の地中化に対する社会的要請が高まってきている。

しかし、架空配電設備に比べて地中配電設備は、建設工事費が高く、事故時における復旧に長時間を要し、また都市再開発に伴う無効設備投資が増加するなどの多くの問題をはらんでいる。

したがって、地中配電設備の計画においては、電気事業の観点からも地中化が合理的なカ所について、関係官庁や他公共事業者などと協調をとりながら進めることが必要となってくる。

(2)　22（33）kV 配電

22（33）kV 配電は、都市計画の進展に伴う需要増加と都市構造の変化によって必要性が生じるものであり、その採用も都市計画と密接に関連する。

このため、当面は設備の固定化した大口需要（たとえば、500kW 以上）の増加などを 22（33）kV 配電で吸収していくこととなり、当分の間は 22（33）kV 配電線と 6.6kV 配電線が同一地域内に併存することになる。

22（33）kV 配電方式の各パターンごとの総合負荷密度と供給コストの関係についての一例は（図2-35）のようになり、22（33）kV 配電方式の経済性は負荷密度によって大きく左右されることが分かる。しかし、実負荷密度が200MW/km^2 程度以上になると、6.6kV 系統の単位 kW 当たりの供給コストとほとんど差がなくなる。

このようなことから、中間段階での6.6kV 配電方式への投資が無駄にならな

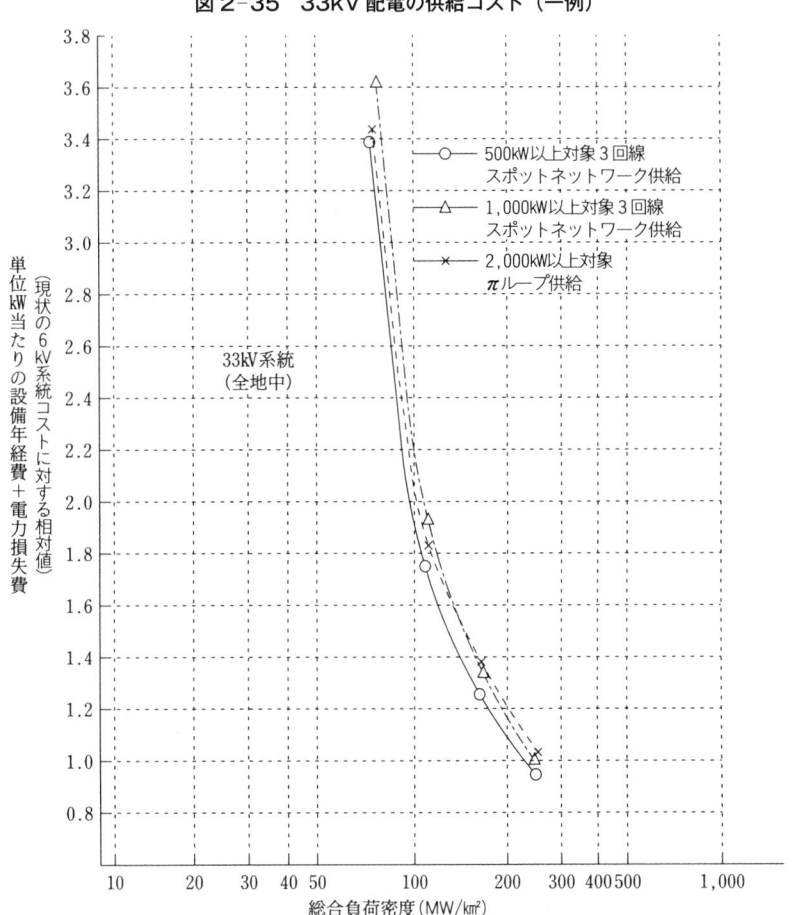

図2-35 33kV配電の供給コスト(一例)

縦軸:単位kW当たりの設備年経費+電力損失費(現状の6kV系統コストに対する相対値)
横軸:総合負荷密度(MW/km²)

凡例:
- ○ 500kW以上対象3回線スポットネットワーク供給
- △ 1,000kW以上対象3回線スポットネットワーク供給
- × 2,000kW以上対象πループ供給

33kV系統(全地中)

いように配慮する必要がある。なお、都市部における22(33)kV配電伸展パターンの例を(図2-36)に示す。

3. 一般地域の配電計画

　一般地域において配電計画を策定する場合には、既設設備の有効利用を図ると共に、新技術の導入や新機材の開発を指向しながら設備の効率化を図る必要がある。

第2章 電力系統の計画

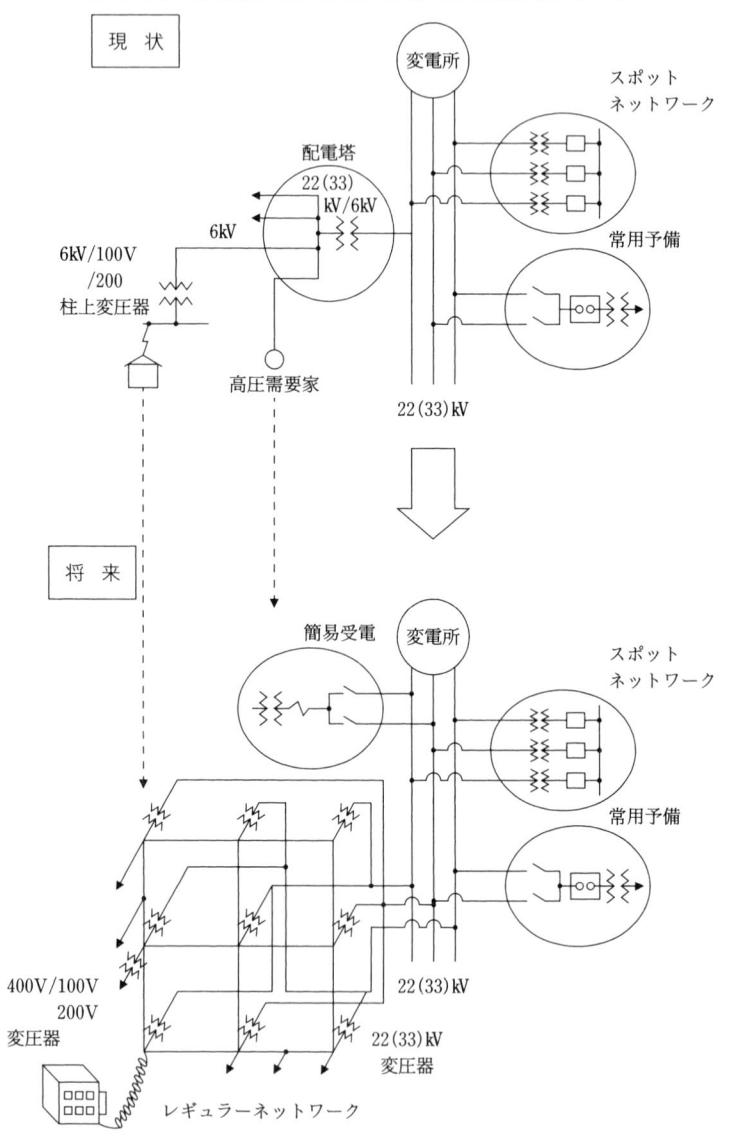

図2-36 都市部における22（33）kV配電伸展パターン

また、設備の拡充方法および時期の決定にあたっては、需要動向（土地利用状況、工場誘致計画、道路整備計画など）を十分把握すると共に、塩雪害や寒冷などの地域環境条件も織り込み、経済性によって判断する必要がある。

3-1　高圧配電線の計画

（1）　配電線ルートの選定

近年、道路の整備や拡充が頻繁に行われており、また他動的要因によるルート変更や支障移転が著しく増加している。

このため、高圧配電線の計画にあたっては、将来においても支障移転などが生じないようなルートの選定を行うことが重要である。

（2）　高圧配電線の大容量化

配電線路を構成する電線は、耐用年数30年と非常に長く、しかも需要増に対応して張替を必要とし、かつ、作業に長時間を要することが特徴である。このようなことから、電線の張替頻度を少なくし、かつ、都市部における配電線のルート確保の困難さに対応するため、大容量化太物電線が導入され、その使用範囲が広がっている。

配電線の負荷限度は、使用する電線サイズ、電圧降下、供給信頼度、隣接変電所配電線との関連および経済性などによって決定すべきものである。

6.6kV 高圧配電線1回線当たりの標準的な負荷限度は、電線サイズが銅 $150mm^2$ で5800kVA、アルミ $200mm^2$ で5500kVA 程度である。

（3）　高圧配電線の自動化

家庭用電気機器の普及に伴って、都市・農山村を問わず供給信頼度に対する社会的要請が高まってきており、これに対応するため「ループ配電方式」あるいは「順送式故障区間検出方式」が採用されている。

また、近年においては、停電時間の短縮や線路用開閉器操作の省力化などを目的に、順送式故障区間検出方式に電子計算機制御による線路用開閉器の遠方監視制御方式を付加した配電自動化システムが採用されている。

第2章　電力系統の計画

①ループ配電方式

　ループ配電方式は、常開型単一ループ方式、常閉型単一ループ方式および多重ループ方式に大別される。このいずれの方式も、自動区分開閉器によって区分された事故区間を分離し、健全区間の送電を継続するものであり、樹枝状配電方式に比べ供給信頼度が高い。

　わが国の高圧配電線は非接地方式で、地絡事故検出用には高感度継電器を使用しており、常閉型ループ方式では2回線を循環する零相電流による継電器誤動作の恐れがあることから、常開型ループ方式の採用が一般的である。

②順送式故障区間検出方式

　この方式には時限式のものが多いが、事故区間の電源側区間まで送電を継続するので、自動区分開閉器によって区分された区分数をnとすれば、供給信頼度は樹枝状配電方式の「$(n+1)/2n$」となる。したがって、nを大きくしても2分の1以下とはならないので、供給信頼度には限界があり、また一般的に1区間の負荷を200～500kW程度として区間数を決めている。

(4)　架空22（33）kV配電の導入

　わが国の配電設備は戦後の急激な電力需要に対して、昭和30年代の6kV昇圧によってこれに対処してきた。

　一方、近年の都市部の高密度化並びに郡部における各種産業進出および観光基地化などによる需要増加に対して、従来の6kV配電方式による拡充のみでは配電系統はますます複雑・膨大化するうえ、用地確保面や生活水準向上面による需要家の質的要求の面で追随できなくなる恐れがあり、6kV配電方式に代わり供給力の大きい22（33）kV架空配電方式（小容量変電塔分散方式）が導入されてきた。

　この方式には、次のような利点がある。

(a)　供給力が大きいため、需要増加に対する裕度および電圧改善効果が大きい。

(b)　配電用支持物に併架するので、従来の変電所新設よりも建設費が少ない。

(c)　市街地の近くでは、用地取得業務が軽減され、工期が大幅に短縮できる。

　22（33）kV配電方式は、昭和40年代の中頃から試験実施が行われてきた。

第4節　配電計画

1982（昭和57）年2月には、都市地域への22（33）kV配電方式の導入を図ることを目的として技術基準の改定が行われるなど、関係諸法令の整備が進められてきた。

また、22（33）kV配電方式の実用化を推進するため、機器のコンパクト化、コストダウンおよび活線工法などの技術開発か進められている。

図2-37　変圧器の当初稼働率（一例）

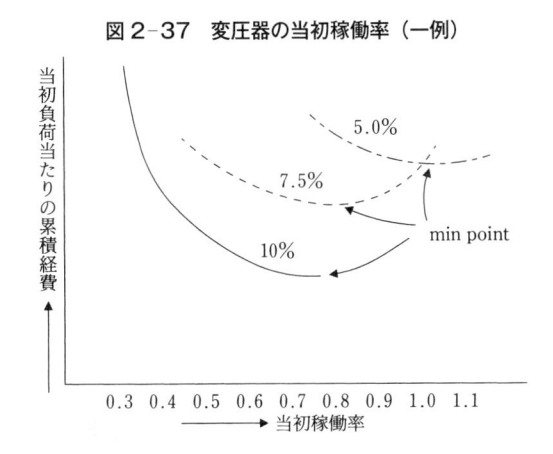

図2-38　低圧線の適正形態

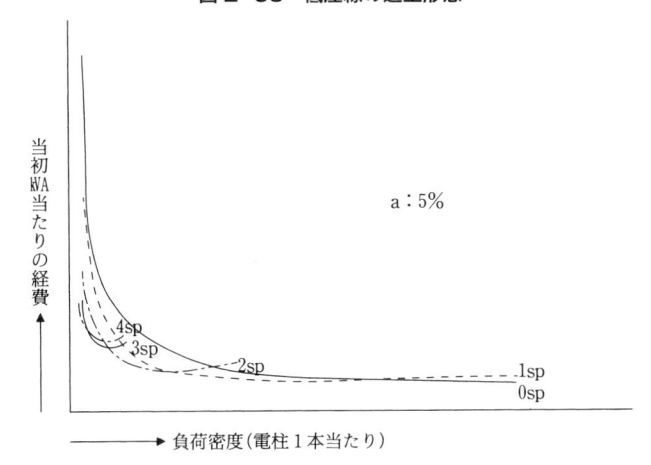

3-2 低圧配電線の計画

　低圧配電線の施設規模は小さいが、設備数は非常に多いので、個々について厳密に検討することはできないが、代わりに類似性があるので、あらかじめ投資の方法を決めておけばよいと考えられる。この一例をあげれば（図2-37）および（図2-38）の通りである。

　このように、増加率別に変圧器の当初稼働率は最適点がある。また、低圧線路は、変圧器と低圧配電線との両者の相関性によって経済的施設方法があり、低圧線路の適正形態を決めておく必要があると考えられる。

第5節　系統保護計画

　最近の電力系統は、電源の集中・大型化および偏在化ならびに負荷の都市部周辺への集中化などにより、拡大・複雑化の傾向にある。これに伴い国内外の大規模停電事故例にもみられるように、発生頻度は極めて少ないが、設備に多重事故などが起こった場合には事故の影響が広範囲に波及する様相を呈しつつある。

　したがって、事故波及をいかにして防ぐかは、電力系統の安定運用上極めて大きな課題となっており、これに応える系統保護リレーシステムの使命は、ますます重要なものとなってきている。電力系統が小規模の段階では、系統保護リレーシステムは、主として事故除去だけを目的としていたが、上述のような最近の事故様相に対しては、事故除去のみならず事故除去後の設備過負荷、電圧低下、周波数異常、脱調など二次的要因により発生する広範囲事故波及を防止することが求められている。

　本章では、系統保護の基本事項、電力系統の中性点接地方式および保護リレー方式など系統保護計画の基本となる事項について述べる。

1. 系統保護計画の基本事項

1-1　系統保護リレーシステムの目的と役割

　系統保護リレーシステムの目的は、電力系統に事故や異常現象が発生した場合、その影響を最小限に食い止めることであり、具体的には次の事項があげられる。
　①停電範囲の局限化
　②機器損傷の防止
　③系統の安定運転の確保
　また、この目的を達成するために系統保護リレーシステムには、次の機能が要求される。

①事故区間の高速度選択遮断
②事故波及の防止
③系統の早期復旧

また、電力系統の安定運用および効率運用の高度化に対応するため、系統安定化対策が必要となってきており、近年、各電力会社において各種の系統安定化制御装置が開発・適用されている。

1-2 系統保護リレーシステムのあり方

　系統保護リレーシステムは、前述のように電力系統の安定運用を維持するための重要な役割を担っており、これを全うするためには、系統事故様相をよく把握し、たえず保護性能の改善に努め、設備形成や系統運用計画と十分協調のとれたシステムとしていくことが必要である。

　次に、系統保護リレーシステムを計画するにあたっての留意事項について述べる。

(1) 系統全体の協調

　最近の電力系統は、規模が拡大するとともに社会的、地理的制約も加わり、その構成面において、
①電源の集中大型化、偏在化
②送電系統の複雑、多様化
③変電所の大容量化
④電力設備利用率の向上

などの傾向を示している。これらにより今後の電力系統は、広範囲事故波及の面でますます厳しくなっていくものと考えられるので、系統計画と系統保護リレーシステム計画について十分協調を図っていく必要がある。

(2) 系統運用方法などへの適合

　系統保護リレーシステムに求められる機能は、発電所や負荷の地理的分布、系統構成、中性点接地方式といった系統面のみならず、系統運用方法や気象条件などによっても異なるので、これら諸条件を考慮したシステムと必要がある。

(3) 高信頼性

系統保護リレーシステムが不良になって機能を喪失している最中に事故があると、電力設備が損傷したり事故の影響が広範囲に波及したりするのおそれがある。このため、いずれか1カ所の不良によって全体の機能が損なわれないよう2系化したり、自動監視方式の適用を図るなど、系統保護リレーシステムは信頼性を高くする必要がある。

(4) 保守および運用の容易性

いかに機能の優れた系統保護リレーシステムであっても、保守が困難であったり、運用が複雑で系統の運用状態に柔軟に対応できない場合は、装置本来の目的が発揮できなくなるので、設計段階において保守および運用のしやすさについてよく配慮しておく必要がある。

1-3 系統保護リレーシステムの概要

系統保護リレーシステムの概要と、システムを設計する場合の留意事項を(図2-39)に示す。送電線に事故が発生した場合には、搬送保護リレー装置などにより事故区間を高速度に選択遮断した後、自動的に再閉路を行うことにより、大部分の事故は正常系統に復旧する。

しかし、万一多重事故や設備破損などにより、再閉路が成功しない際に事故波及のおそれがある場合は、事故波及防止リレー装置により事故波及を局限化する。

その後、系統操作により正常系統に復旧する。

系統保護リレーシステムを設計する場合の留意事項としては、中性点接地方式、電力系統の過度安定度限界、事故電流と保護リレー検出感度などがある。また、再閉路方式の選定にあたっては、一時的な無電圧・欠相状態の発生による過度安定度の他、火力・原子力機に与える軸トルクの影響などを考慮する必要がある。

事故波及防止リレー装置においては、電力系統の事故波及現象、火力・原子力機などの周波数運転限界などをよく把握して設計する必要がある。

第2章　電力系統の計画

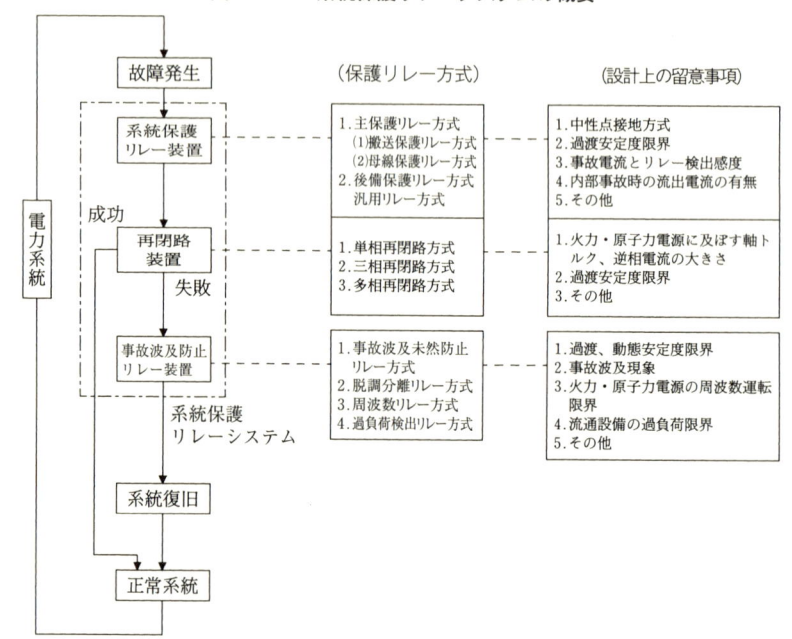

図2-39　系統保護リレーシステムの概要

(保護リレー方式)
1. 主保護リレー方式
   (1) 搬送保護リレー方式
   (2) 母線保護リレー方式
2. 後備保護リレー方式
   汎用リレー方式

1. 単相再閉路方式
2. 三相再閉路方式
3. 多相再閉路方式

1. 事故波及未然防止リレー方式
2. 脱調分離リレー方式
3. 周波数リレー方式
4. 過負荷検出リレー方式

(設計上の留意事項)
1. 中性点接地方式
2. 過渡安定度限界
3. 事故電流とリレー検出感度
4. 内部事故時の流出電流の有無
5. その他

1. 火力・原子力電源に及ぼす軸トルク、逆相電流の大きさ
2. 過渡安定度限界
3. その他

1. 過渡、動態安定度限界
2. 事故波及現象
3. 火力・原子力電源の周波数運転限界
4. 流通設備の過負荷限界
5. その他

2. 中性点接地方式

　電力系統の中性点接地方式は、通信線への誘導障害、送電線や機器の損傷、保護リレーの動作、機器および送電線の絶縁、電力系統の連系などに重要な関連があり、その種類と特徴は次の通りである。

2-1　中性点接地方式

(1)　直接接地方式

　中性点を直接導体で接地するもので、一線地絡時も他の相の対地電位は常規対地電圧よりあまり大きく上昇しないので、非接地系に比べて、送電線や機器の絶縁を大幅に低減することができる。変圧器については、地絡事故中も中性点端子は常に接地点の対地電位に保持されるので、変圧器を段絶縁とすることができる。

これらのことは、超高圧系統においてとくに経済性を発揮するもので、現在、わが国における187kV以上系統は、すべて直接接地方式である。
　一方、直接接地系統は地絡電流が大きくなるので、通信線への電磁誘導障害を考慮する必要がある。

(2) 高抵抗接地方式
　一般に154kV以下系統には高抵抗接地方式を適用しており、これは非接地方式に比べて異常電圧を防止し、保護リレーの動作を確実にすることを目的に採用されるが、接地抵抗値は電磁誘導障害の面を考慮して、その値を選定している。
　中性点接地抵抗器（NGR）は系統の規模や構成によって系統の1カ所に設置したり、複数カ所に分散配置する場合がある。
　また、都市部を中心にしたケーブル系統においては、系統内の対地充電電流が中性点抵抗器電流に対して大きいことから、異常電圧の抑制、保護リレー動作面などから中性点抵抗器電流を増加する必要があるが、通信線への電磁誘導電圧が上昇するため困難な場合が多い。この対策として、対地充電電流を補償するリアクトルを中性点接地抵抗よ併設する補償リアクトル接地方式が採用されている。

(3) 消弧リアクトル接地方式
　消弧リアクトル接地方式は、地絡点における対地充電電流を180°位相の異なるリアクトル電流で補償し、地絡電流をゼロに近くして、自然消弧させるものであり、雷事故の際にも停電することなく事故除去できる方式である。一般的に消弧率は80～90％と高く、雷事故が多発する系統に対してはとくに有効である。
　消弧リアクトル（PC）系統は、一線地絡の状態においても、比較的電磁誘導障害も小さく安定に送電を継続できる。しかし、地絡状態を長時間継続することは、対地電圧が線間電圧にまで上昇した地絡相以外の相においても絶縁破壊し、異地点間の二重地絡を発生する懸念があるので、NGR設備を併置し、消弧不能と判断されるときにこれを投入して、保護リレーによる自動遮断を図って

図2-40　PC系におけるNGR制御方式
（NGR常時投入方式）

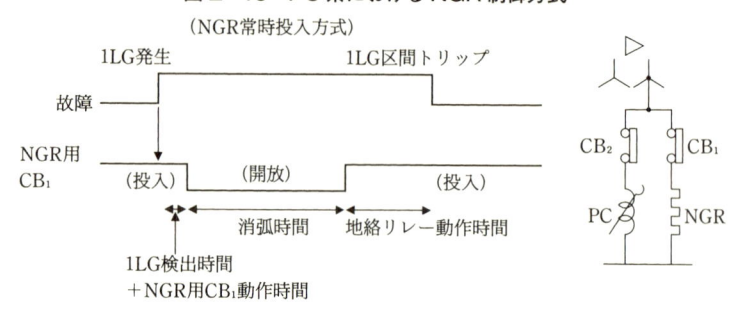

いる。この方式の代表的な例を（図2-40）に示す。

　NGR常時投入方式は、主として異常電圧発生の抑制と系統操作を容易にすることにあるが、1秒程度の消弧期待時間の後に保護リレーを動作させる必要があるため、地絡事故当初NGRをいったん開放するまでの間に、保護リレーが動作しないように措置する必要がある。

（4）　非接地方式

　非接地方式は地絡電流が小さく電磁誘導障害の影響が小さいため、高圧配電系統に採用されている。一方、地絡電流が小さいことから地絡電流を検出する保護リレーを高感度とする必要がある。

　また、一線地絡事故を継続させると、健全相の対地電圧は線間電圧値にまで上昇して絶縁を脅かし、絶縁破壊となって二次的な事故を発生するおそれもある。さらに長距離、高電圧の系統になると、地絡事故時に危険な間欠アークを発生し異常電圧を生ずる恐れがあることから、非接地方式は高圧系統の他はあまり採用されていない。

　以上の各種の中性点接地方式の特徴をまとめると（表2-7）のようになる。

2-2　中性点接地方式と地絡保護リレー方式の適用

　電力系統の地絡保護リレー方式は、前述の中性点接地方式と密接な関係があり、とくに地絡保護リレー方式については、接地方式により一線地絡事故時の電圧、電流の大きさ、位相の違いから適用するリレー方式が異なってくる。ま

表2-7　各種中性点接地方式と特徴

項　目		(1)非接地方式	(2)消弧リアクトル接地方式	(3)抵抗接地方式	(4)直接接地方式
事故現象面	地絡電流の大きさ	小	最小	中。ほぼ中性点抵抗値で定まる	最大
	地絡事故時の健全相の異常電圧	大。長距離送電線の場合異常電圧を生ずる	過補償タップを使っておれば線間電圧まで、不足補償タップでは危険電圧まで上ることがある	相電圧の$\sqrt{3}$倍となる。ただし、大規模系統では線間電圧よりも大なることあり	最小。平常と変りなし
	多重接地事故への進展性	大	中	中	小
	一線地絡時の自然消弧	対地充電電流が小なる系統ではかなり自然消弧する	大部分自然消弧する	中性点抵抗器電流により、自然消弧は不能	地絡電流が大きいため、自然消弧不能
	一線地絡時の安定度	大	大	大	最小。高速度再閉路の採用で緩和する
変圧器などの絶縁レベル		最高	非接地方式のものより低い	同左	最低。変圧器の低減絶縁また段絶縁可能であり経済的
通信線に及ぼす誘導障害		小。電圧上昇により、離れた2地点で2線地絡になると大	最小。消弧リアクトルを分散し使用タップを適当に選ぶことにより最小	中。中性点抵抗値が大となるにしたがい小	最大。ただし、高速度遮断により事故継続時間小
地絡事故の選択しゃ断		困難	自然消弧。ただし永久事故時には、並列抵抗挿入により選択遮断可能	高感度地絡継電器により選択遮断可能	事故区間の高速度選択遮断可能
その他		間けつアーク地絡による異常電圧が発生する場合がある	直列共振による異常電圧が発生する場合がある	左記(1)、(2)方式のような問題なし	同左
わが国の現状		33kV以下の系統	33kV～66kVの系統	33kV～154kVの系統	187kV以上の系統

第2章 電力系統の計画

表2-8 中性点接地方式と保護リレー方式

接地方式	電圧階級	主保護	後備保護
直接接地	500kV 〜 187kV	搬送保護リレー方式 ⎰ PCM電流差動リレー方式 （各相別） ⎱ 位相比較リレー方式 （各相別） 　　　　　　　　など	● 方向距離リレー方式 　（短絡、地絡） ● 地絡過電流リレー方式
高抵抗接地	154kV 〜 66kV （重要線）	搬送保護リレー方式 ⎰ PCM電流差動リレー方式 （各相別） │ 距離方向比較リレー方式 （短絡） ⎱ 地絡方向比較リレー方式 （地絡） 　　　　　　　　など	● 回線選択リレー方式 　（短絡、地絡） ● 方向距離リレー方式 　（短絡） ● 地絡方向距離リレー方式 　（地絡） ● 地絡過電圧リレー方式 　（地絡）
	154kV 〜 33kV ⎰単純負⎱荷線	● 方向距離リレー方式 　（短絡） ● 地絡方向リレー方式 　（地絡） 　　　　　　　　など	●⎱ 　同左 ●⎰ ● 地絡過電圧リレー方式 　（地絡）
消弧リアクトル接地 （NGR併用）	66kV 〜 33kV	● 回線選択リレー方式 　（短絡、地絡） ● 方向距離リレー方式 　（短絡） ● 地絡方向リレー方式 　（地絡） 　　　　　　　　など	● 方向距離リレー方式 　（短絡） ● 過電流リレー方式（短絡、地絡） ● 地絡過電圧リレー方式 　（地絡）
非接地	33kV 以下	● 過電流リレー方式（短絡） ● 地絡過電圧リレー方式 　（地絡） 　　　　　　　　など	──

た、中性点接地方式は（表2-7）のように、電力系統の電圧階級によって決まるので、リレー方式もある程度固定化しており、接地方式と電圧階級別の保護リレー方式の一例を（表2-8）に示す。

3. 系統保護リレー方式

　超高圧系統から配電系統に至る電力系統の系統保護リレー方式の適用は、保持すべき信頼度レベル、系統の重要度、系統構成、中性点接地方式など前述の1および2の基本事項を考慮して決められている。ここでは、わが国における系統保護リレー方式の適用状況と、各種系統保護リレー方式の原理と特徴などについて述べる。

3-1 送電線保護リレー方式

　送電線保護リレー方式として各種のものが採用されているが、その原理と特徴を（表2-9）に示す。

(1) 187kV以上送電線

　187kV以上送電線の保護リレー方式は、事故を高速（0.1秒程度）かつ確実に除去するため、主として主保護にはPCM電流差動リレー方式、後備保護には距離リレー方式を適用している。PCM電流差動リレー方式の基本原理は、（図2-41）において各端子の電流の瞬時値をPCM変調後、相互変換し合成した差電流 I_d をキルヒホッフの法則により演算する。また、基幹送電線においては保護リレーなどによる高速度遮断失敗時の系統に与える影響などを考慮し、主保護およびトリップ回路の二系列化を図っている。

(2) 110～154kV送電線

　110～154kV主要送電線の主保護は、主としてPCM電流差動リレー方式、方向比較リレー方式を適用している。
　後備保護には安定度、設備保護などを考慮し、隣接区間との保護協調が容易である距離リレー方式を広く採用している。

第2章　電力系統の計画

表2-9　送電線保護リレー方式

方式	リレー方式	原理	信号伝送路	特徴	適用系統
パイロットリレー方式	PCM電流差動リレー方式	保護区間内各端子電流の瞬時値をパルス符号変調し、信号伝送回線を通じて相互に伝送しあい、これを比較して内外部事故を判別する	マイクロ回線または光ファイバ	● 内部事故時流出電流がある場合にも保護可能である ● 装置構成が方向比較方式に比し簡単である ● 各相比較方式は事故相選別能力があり多相再閉路の適用が可能である	110kV以上
	位相比較リレー方式	保護区間内各端子電流の位相を信号伝送回線を通じて相互に伝送しあい、これを比較して内外部事故を判別する	マイクロ回線または電力線搬送 (注)電力線搬送は三相一括位相比較方式の場合	● 各相比較方式は、事故相選別能力があり、多相再閉路の適用が可能である ● 三相一括比較方式は、伝送情報量が少なく電力線搬送の適用が容易である ● 事故検出性能、動作信頼度が高い ● 背後電源の影響を受けない ● 電力動揺や同期はずれに応動しない	110kV以上
	方向比較リレー方式	保護区間内各端子の方向リレーの動作結果を信号伝送回線を通じて相互に伝送しあい、これを比較して内外部事故を判別する	電力線搬送またはマイクロ回線	● 伝送情報量が少なく、電力線搬送の適用が容易である ● 高速度再閉路の適用が可能である ● 背後電源に比較的左右されない	110kV以上
	表示線リレー方式	保護区間内各端子で電流の方向、大きさ、位相を表示線を通じて直接比較しあい、内外部事故を判別する	表示線	● 内部事故時流出電流がある場合にも保護可能である ● 装置構成が方向比較方式に比し簡単である ● 表示線亘長に制限があり、一般に20km程度が限界である	全系
	FM電流差動リレー方式	保護区間内各端子電流の瞬時値を音声帯域(0.3〜3.4kHz)の周波数でFM変調し信号伝送回線を通じて相互に伝送(電流波形伝送)し、これを比較して内外部事故を判別する	マイクロ回線	● 内部事故時流出電流がある場合にも保護可能である ● 装置構成が方向比較方式に比し簡単である ● 各相比較方式は事故相選別能力があり多相再閉路の適用が可能である	110kV以上
汎用リレー方式	回線選択リレー方式	この方式は、併用2回線送電線に適用され、平常時や外部事故時には両回線電流はほぼ等しいが内部事故時には事故回線電流が健全回線電流より大きくなるため、その差電流の大きさ、方向により事故回線を判別する	─	● 併用2回線送電線の1回線事故時、事故回線の選択が自端情報のみでできる ● 保護区間の60〜70%は両端同時に高速度しゃ断が可能である ● 装置構成が簡単でかつ安価である ● 1回線停止時健全回線の保護ができない	154kV以下
	方向リレー方式　方向距離	リレー設置点から事故点までのインピーダンスを測定して事故区間を判別し、隣接区間とは時間協調をとる	─	● 直列区間の多い系統でも自保護区間の80〜90%は高速度遮断が可能である ● 遠端後備保護機能がある ● 多端子系統に適用する場合、分岐線電源の影響により測距性能が悪くなる場合がある	全系
	方向リレー方式　地絡方向	事故電流の方向により事故区間を判別し隣接区間とは時間協調をとる	─	● 装置構成が簡単で動作信頼度が高い ● 遠端後備保護機能がある ● 事故区間の選択を時間協調により行うため、電源端ほどしゃ断時間が長くなる	154kV以下
	過電流リレー方式	事故電流が常時の電流より大きいことを利用して事故の有無を判別する	─	● 装置構成が最も簡単で安価である ● 事故区間の選択を時間協調で行うため電源端ほど遮断時間が長くなる	154kV以下

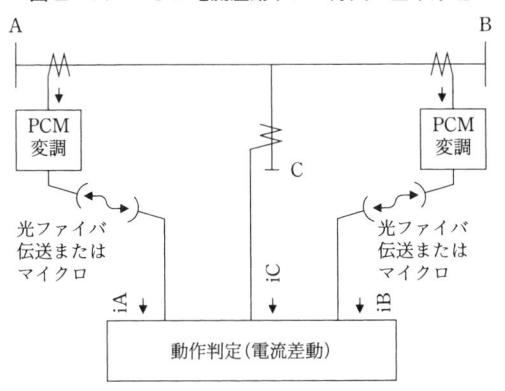

図 2-41　PCM 電流差動リレー方式の基本原理

(3) 77kV 以下送電線

66〜77kV の主要送電線の主保護は、回線選択リレー方式、PCM 電流差動リレー方式、表示線リレー方式、後備保護には距離リレー方式、地絡方向リレー方式あるいは過電流リレー方式を採用している。また、77kV 以下の負荷線や放射状送電線などには距離リレー方式、地絡方向リレー方式あるいは過電流リレー方式を採用している。

(4) 再閉路方式

再閉路方式は（表2-9）の各種送電線保護リレー方式と組み合わせ、事故復旧の迅速化による停電時間の短縮と系統復旧の自動化、波及事故の防止（安定度の向上）および設備利用率の向上などを目的として、事故様相に応じて（表2-10）の各種方式を採用している。

再閉路方式の適用にあたっては、電圧階級、系統構成、各種電力機器に与える影響を考慮し、送電線保護リレー方式と協調のとれた方式としている。

単相再閉路方式は、1回線送電線の場合でも一線地絡事故時に事故相のみを遮断し、健全な二相で電力の送受を行い、同期を保つことができるので、この方式は1回線送電線においてとくに有効である。

多相再閉路方式は、2回線送電線においてとくに2回線同時故障の多い場合に有効である。

第2章 電力系統の計画

表2-10 再閉路方式

再閉路方式		原 理	無電圧時間	特 徴	組み合わせられる主な保護リレー方式	適用系統
単相再閉路		一線地絡事故時、事故相を選別して単相遮断し、再閉路する	1秒程度以下	放射状1回線送電線でも再閉路による無停電送電が可能である	電流差動リレー方式 位相比較リレー方式 方向比較リレー方式 表示線リレー方式	110kV以上
多相再閉路		2回線同時事故時、事故相のみを選択遮断し、あらかじめ設定する下記条件を満足する事故様相の場合、遮断された事故相を再閉路する ●併用2回線中二相以上が健全 ●併用3回線中三相以上が健全	1秒程度以下	2回線同時事故時にも連系維持可能であり、安定度が向上する	電流差動リレー方式 位相比較リレー方式 表示線リレー方式	187kV以上
三相再閉路	隣回線連系確認	併用2回線系統において、事故回線を三相遮断後、隣回線潮流ありなどにより連系を確認し再閉路する	1秒程度以下	ループ連系確認方式に比し装置構成が簡単であり、続発事故に対しても対応可能である	電流差動リレー方式 位相比較リレー方式 方向比較リレー方式 表示線リレー方式	66kV以上
	ループ連系確認	ループ系統、あるいは併用2回線系統において事故区間を三相遮断後再送電端より再閉路し、並列端ではループ相差角を測定して再閉路する	1秒程度以下 または 1～15秒程度 または 1分程度	●ループ相差角最小時点で再閉路を行うことにより、系統動揺を小さくできる ●1回線ループ区間においても再閉路による系統の安定運用を維持できる	電流差動リレー方式 位相比較リレー方式 方向比較リレー方式 表示線リレー方式 回線選択リレー方式 距離リレー方式	66kV以上
	無条件	事故区間を三相遮断後、無条件で再閉路する	1～15秒程度 または 1分程度		電流差動リレー方式 方向比較リレー方式 表示線リレー方式 距離リレー方式 過電流リレー方式	154kV以下

しかし、大容量タービン発電機では、再閉路失敗によってタービン軸に過大トルクが発生するので、再閉路の採用にあたっては、十分検討する必要がある。

3-2 母線保護リレー方式

母線保護リレー方式には、電流比率差動リレー方式、高インピーダンス形電圧差動リレー方式、位相比較付電流比率差動リレー方式および抵抗接地系専用の零相電流比率差動リレー方式などがある。装置構成はそれぞれの特徴を生かし、動作信頼度の向上を図るため、母線全体を保護する一括保護と母線ごとに保護する分割保護の組み合わせとしている。なお、母線形態によっては一括保

第5節　系統保護計画

図2-42　再閉路の動作順序

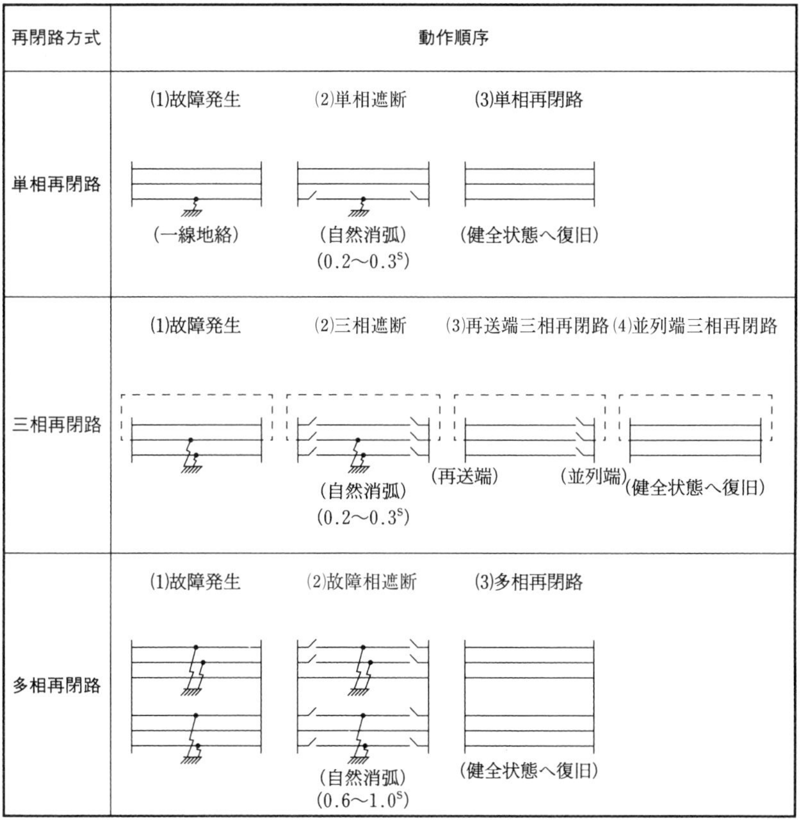

再閉路方式	動作順序
単相再閉路	(1)故障発生（一線地絡）　(2)単相遮断（自然消弧）(0.2〜0.3^s)　(3)単相再閉路（健全状態へ復旧）
三相再閉路	(1)故障発生　(2)三相遮断（自然消弧）(0.2〜0.3^s)　(3)再送端三相再閉路（再送端）　(4)並列端三相再閉路（並列端）（健全状態へ復旧）
多相再閉路	(1)故障発生　(2)故障相遮断（自然消弧）(0.6〜1.0^s)　(3)多相再閉路（健全状態へ復旧）

護のみの場合もある。

(1)　187kV以上母線

　デジタルリレー適用以前は、単母線、複母線、環状母線、1½CB母線とも一括保護は、装置構成が簡単で動作信頼度の高い高インピーダンス形電圧差動リレー方式を適用することが多く、複母線の分割保護は、母線切り替えにも対応でき、かつ内部事故時流出電流がある場合にも、保護可能な電流比率差動リレー方式または位相比較付電流比率差動リレー方式を適用してきた。

161

第 2 章　電力系統の計画

デジタルリレーでは、一括保護の CT 飽和対策はソフト処理により行い、一括保護・分割保護とも電流比率差動リレー方式を適用している。

(2)　154kV 以下母線

各母線構成とも 187kV 以上母線と同様のリレー方式を適用している。

(表 2-11) に各種母線保護リレー方式の動作原理と特徴、(図 2-43) に事故母線の選択遮断方式を示す。

表 2-11　母線保護リレー方式

リレー方式	原　理	特　徴	適用系統
電流比率差動リレー方式	各端子 CT 2 次回路を一括した差動回路に低インピーダンスリレーを接続し、内部事故の場合は、事故電流に比例した電流が動作コイルに流れ、外部事故時には流入電流と流出電流がほぼ等しく、CT 相互間を電流が環流するので動作コイルにはほとんど流れないことを利用し、母線の内外部事故を判別する	●CT 誤差の影響を受けにくい ●専用 CT を必要とせず、他の継電器、計器などと共用可能であり、かつ組み合わせ CT の変流比が異なっていても使用できる ●CT が飽和した場合、誤動作する恐れがある	全　系
高インピーダンス形差動リレー方式	各端子 CT 2 次回路を一括した差動回路に高インピーダンスリレーを接続し、内部事故の場合は、事故電流が全回線 CT 2 次並列回路に分流し、CT 2 次からみたインピーダンスは、ほとんど励磁インピーダンスのみとなり、CT 2 次側の誘起電圧は高くなる。また外部事故の場合は、流入端子と流出端子の CT 2 次にそれぞれ極性反対の電流が流れ誘起電圧を発生するが、並列回路の電圧は非常に小さくなることを利用し、母線の内外部事故を判別する	●CT 飽和の影響を受けにくい ●装置構成が簡単である ●専用 CT が必要で、CT は整定値より十分高い励磁飽和電圧のもので変流比を合わす必要がある	154kV 以上
位相比較付電流比率差動リレー方式	各端子 CT 2 次電流の位相、または各端子 CT 2 次電流と差動電流の位相比較を行い、母線の内外部事故を判別する	●CT 誤差の影響を受けにくい ●専用 CT を必要とせず、他のリレー、計器などと共用可能であり、かつ組み合わせ CT の変流比が異なっていても使用できる ●CT が飽和した場合、誤動作する恐れがある	全　系
零相電流比率差動リレー方式	高インピーダンス接地系における地絡事故時の零相電流有効分のみに応動する電流比率差動リレー方式である	●電流比率差動リレー方式の特徴のほか、次の特徴がある ●抵抗、リアクトル併用接地系統における見かけ上の内部事故時の流出電流、外部事故時の流入電流がある場合にも不良動作しない	154kV 以下

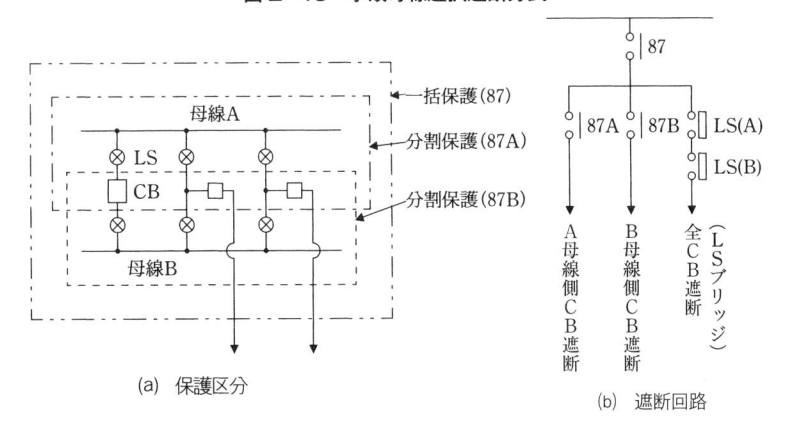

図2-43 事故母線選択遮断方式

(a) 保護区分

(b) 遮断回路

3-3 事故波及防止リレーシステム

電力系統に発生する異常現象としては、電圧異常・周波数異常・局部的な電源系統または系統間の脱調・および事故遮断に伴う過負荷などがある。これらの異常現象に対処するため、わが国では（図2-44）に示すような事故波及防止リレーシステムが構築されている。

これらは個別に対策される場合もあるが、近年の演算処理技術や情報伝送技術の向上により、いくつかの安定化機能を統合し、一つのシステムとして構築する場合もある。

また、演算処理方式の違いにより（表2-12）のような分類ができる。

（1） 安定度維持対策

事故および事故除去遅延による発電機の加速あるいは事故除去後の伝達インピーダンスの増大（送電線、変圧器の並列数の減少）に起因して、発電機の同期化力が低下し、一部の発電機が脱調に至る可能性がある。

このような現象を防止するため、事前に設定した値と事故時の電気諸量および事故様相から発電機を制御し脱調を防止する脱調未然防止リレーが設置されている。

第2章　電力系統の計画

図2-44　わが国の事故波及防止リレーシステム

機能	系統事故例と対策例	無対策時の系統現象
過渡安定度維持 (脱調未然防止)	δ1 →PT δ2 事故波及防止システム 一部発電機を高速遮断	δ1-δ2、180度、1波脱調
動態安定度維持 (振動発散防止 脱調未然防止)	δ1 →PT δ2 事故波及防止リレーシステム 一部発電機を遮断	δ1-δ2、180度、振動発生、n波脱調
周波数異常防止	f1 →PT f2 事故波及防止リレーシステム 一部発電機を遮断　負荷を遮断	Δf、φHz、周波数上昇 f1、周波数低下 f2
電圧異常防止 (過電圧防止の例)	PG'→V 調相制御　負荷遮断　事故波及防止リレーシステム 調相設備制御により過電圧が防止され周波数も基準値に復帰する	過電圧　見かけ上負荷が増えて⇨周波数低下も起こる V、1.0Pu 系統分離　負荷遮断のみ実施
過負荷防止	P1+P2-Pc　P2　PL-Pc 事故波及防止リレーシステム 過負荷解消に必要なPc分の負荷遮断	P1+P2 潮流のまわり込みによる送電線過負荷

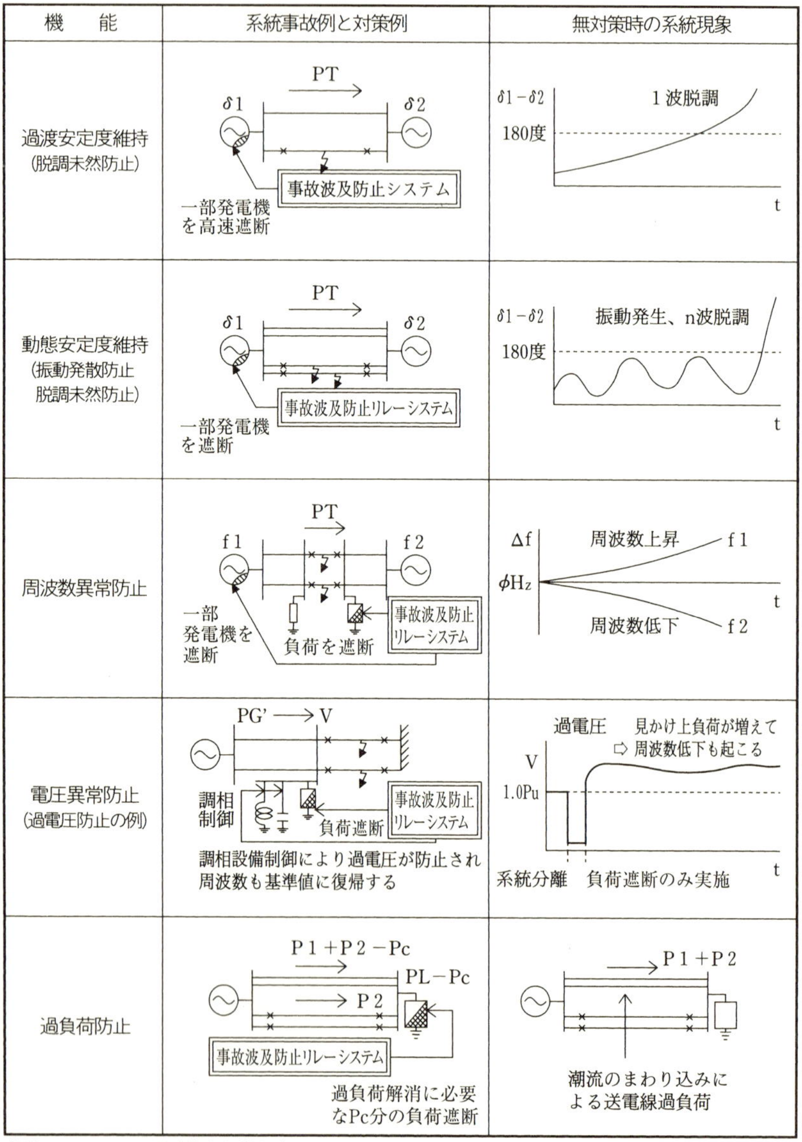

(注)　δ1、δ2：発電機内部位相角　PT、PG'：潮流

表2-12　事故波及防止リレーシステムの演算処理による違い

方　式	説　明	得失(利点:○、欠点:△)
オンライン事前演算方式	事前にオンラインで集めた系統データにより潮流計算や安定度計算を実施し、予め対策を決めておくことにより、事故発生時にはその対策を高速に実施する	○系統状況に応じた最適かつ高速な制御が可能 ○事前のオフラインシミュレーションが不要 ○演算結果を系統監視に活用可能 △大量のオンラインデータを必要とし、情報伝送系の整備が必要
オフライン事前演算方式	事前に各種系統条件を想定したシミュレーションを実施し、事故前の潮流などをパラメータにして高速な安定化制御を実施する	○制御に必要なデータが少なく、システムが簡素化できる △事前のオフラインシミュレーションが必要 △演算シミュレーションで想定されていない条件では対応できない
オンライン事後演算方式	事故発生後の潮流・電圧・位相角などの系統情報をもとに演算・判定を行い制御を実施する 過渡安定度対策としては、動作を早くするために予測演算機能を持ったものもある	○現象を捉えて制御するため、不要動作を回避できる △現象が出てから動作するため、高速な制御は難しい △制御対象を決めるために事前にオフラインシミュレーションが必要 △事前シミュレーションで想定されていない条件では対応できない

　大容量電源を送電する電源線の2回線にまたがる過酷故障が発生した場合、発電機の脱調を起因として大幅な周波数低下を引き起こすおそれがあり、大量の負荷遮断を行う必要がある。これを防止するために、たとえば、系統事故発生時以降の電力系統のオンライン情報から発電機または系統間の脱調を予測演算し、同時に脱調を防止するために必要な電源遮断量を演算して高速制御を行うシステムなどが開発・実用化されている。

　また、系統間脱調未然防止システムには分離系統の需給バランスを考慮した最適分離点が選定機能の付加されているものもある。

(2)　周波数異常防止

　系統の周波数変動は、常時の需要変動によっても発生するが、系統事故あるいはその波及により大量の電源もしくは負荷が脱落し大幅な需給アンバランスを生じる場合には通常の制御では対処不可能な急激な周波数異常を生ずる。

　この周波数変動に対処するため事故前の潮流から余剰分の発電機あるいは負荷を制御し周波数を維持する周波数異常防止装置が設置されている。

(3) 電圧異常防止

電圧不安定現象は、重潮流の負荷送電線において急激な需要増と無効電力調整の遅れから電圧が不安定となり、ひいては大規模停電に至る現象である。

この対策としては、リアルタイム系統電圧セキュリティ監視システムなどが開発・実用化されている。このシステムはオンライン状態での電圧安定性余裕度を演算すると共に、数分先の需要予測をもとに仮想事故計算により余裕度を演算し、かつ適正な調整方針を運用者に提供して大規模停電を未然に防止するシステムである。

(4) 過負荷による波及防止

送電線および変圧器の事故遮断に伴い、残された健全設備が定格容量を超える状態となり過電流リレー動作で停電範囲が拡大するおそれがある。これを防止するため、過負荷解消に必要な負荷を遮断する方式である。

3-4 配電線の保護

(1) 配電線の保護リレー方式

①6.6kV 配電系統

わが国の 6.6kV 配電系統は一般に中性点非接地方式であり、地絡保護には、零相電流（I_0）と零相電圧（V_0）を動作入力とする地絡方向リレー（DGR）と、V_0 のみを動作入力とする地絡過電圧リレー（OVGR）を併用している。

なお、地絡後備保護として OVGR と限時リレーを用い、DGR と動作時間協調をとって主変圧器を遮断する方式を併用している。

また、短絡保護は一般に過電流リレー（OCR）を採用している。

②33kV～11kV 配電系統

33kV から 11kV 架空配電系統には、中性点抵抗接地方式あるいは非接地方式が採用されている。

地絡保護には、中性点抵抗接地系統では地絡方向リレーまたは地絡過電流リレー、またその後備保護には地絡過電圧リレーを採用している。なお、非接地系統では地絡過電圧リレーを採用している。

また、短絡保護には過電流リレー（OCR）と高速度過電流リレー（HOCR）を

併用する方式を採用している。さらに地中配電系統の場合は、一般に中性点抵抗接地方式であり、大部分がネットワーク方式であるため、前記の保護リレー方式に加え、主保護に電流差動（表示線）リレー方式を適用し、保護協調がとられる場合もある。

(2) 保護リレー方式決定上の留意事項

配電系統の保護リレー方式の決定にあたっては次の点に留意して検討を行い、事故除去を確実にする必要がある。

①地絡保護について

配電線の地絡事故は、機器の損傷、破損、絶縁劣化、がいし破損、断線、高低圧混触、樹木接触、人畜感電など多岐にわたり、これらの事故の内容によっては人体の危険、火災発生などの危険があるため、事故区間を選択し高速遮断する必要がある。このため、地絡事故に対して高感度の地絡方向リレーを採用している。

また、地絡方向リレーの不動作あるいは遮断器不動作という不測の事態も考慮し、その後備保護として、地絡方向リレーと動作時間協調をとって地絡過電圧リレーにより限時リレーを起動し、配電線の順序遮断または主変圧器を遮断する方式が多く採用されている。さらに配電線の対地静電容量の各相に不平衡を生じないよう配慮し、常時の残留電圧を少なくすることも肝要である。

②短絡保護について

適用するそれぞれの配電線の末端短絡事故について、故障電流計算を行い、これが配電線引出口の過電流リレーを十分動作させることを検討する必要がある。

また、短絡電流の大きい至近端事故では、高速度過電流リレーにより高速遮断を行い、瞬時電圧低下時間の短縮を図り、他の区間においては需要家との時限協調を図って遮断する必要がある。

4. 系統保護リレーのデジタル化と今後の方向性

4-1 デジタル形リレー

　デジタル形保護リレーは、電力系統の電圧や電流の瞬時値をデジタル量に変換して、そのデータをもとにマイクロプロセッサで演算処理して事故判別を行うものである。保護機能は、ほぼ電圧や電流データのデジタル変換精度とマイクロプロセッサの演算処理能力で決まるため、ハードウェア面からの制約が少なく高度な保護機能が実現できる。こうしたデジタル形リレーの特長を活かし、3端子送電線を保護できるマイクロ波伝送を用いたPCMデジタル電流差動リレー、地中ケーブル増加による事故時電圧・電流波形の歪み増大に対応した方向距離リレー、多回線併架送電線の常時循環電流の影響を除去する零相循環電流対策付回線選択リレーなどをはじめとして、デジタル化により保護機能を向上したリレーが幅広く適用されている。

4-2 デジタル形リレーの導入

　1960年頃までの系統保護リレーには、可動鉄心形や可動コイル形それに誘導形のリレーを用いていたが、1960年頃になるとアナログ静止形保護リレーが開発適用された。アナログ静止形リレーは、トランジスタやアナログICを用いたレベル検出回路、論理回路、タイマーなどを組み合わせて保護リレー機能を作り出すものである。電気機械形では不可能な動作特性、高速動作が比較的容易に実現できる。とくに、マイクロ波通信と組み合わせた各相電流位相比較リレーは、事故発生から3.5サイクル（50Hz系統で70ms）の高速事故除去を実現した。

　送電線2回線にまたがる複雑な事故でも事故相を確実に検出することができるため、よほど過酷な事故でない限りは送電を継続しながら事故相のみを一旦遮断し、1秒程度で再閉路する高速度多相再閉路を可能とし、系統安定度の維持・向上を図った。

　1970年代に入ると、大容量電源の遠隔・偏在化、基幹送電線の潮流増大・多重ループ構成、275kV地中ケーブルの導入など、事故様相は一段と複雑になっ

第5節　系統保護計画

た。系統の短絡・地絡電流も一層増大し、万が一、事故除去が遅延すると、系統に与える影響も大きく、状況によっては系統安定度が維持できずに大停電になる場合も考えられるようになってきた。また、CPUをはじめとした半導体技術の進歩も相まって、デジタル形保護リレーが開発・適用された。本装置は、次に述べるような特徴をもっている。

① 大幅な小形化が可能である。
② 高度な演算ができ、高度な性能と同時に多くの機能をもつことができる。
③ マイクロ・コンピュータの自己診断機能を利用して、自動監視方式の適用ができる。
④ 記憶能力があるので、事故発生前後の系統状態が記録でき、事故の解析が便利となる。

1980年代に入るとデジタル化が本格的に進み、当初は基幹系統中心に開発され、その技術が次第に負荷供給系統にも適用されていった。

CPUの発展を受け、16ビットCPUから次第に処理能力に優れた32ビットCPUが採用されはじめ、この動向にあわせて1994年に電気協同研究会「第二

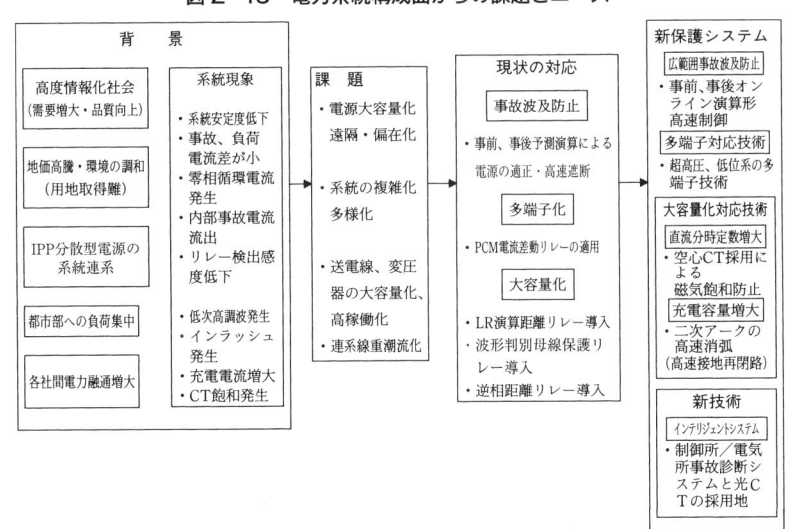

図2-45　電力系統構成面からの課題とニーズ

世代デジタルリレー専門委員会」が設置され、"保護機能・性能・信頼性の格段の向上"と"ヒューマンフレンドリーなシステム"を指向したデジタルリレーの基本構成が決定され、1995年に実用化、現在では出荷台数の大部分を占めるに至っている。

4-3 電力系統構成面からの課題と方向性

電力系統の拡大に伴う諸課題に対しては、デジタル技術の高度化を図りながら信頼性を確保する必要があり、今後、新保護システムや新技術の開発・導入により、確実な対応が可能と考えられる。

(図2-45)に電力系統面からの課題と方向性について概要を示す。

第6節　電力系統計画・運用業務の支援システム

　これまで述べてきた通り、電力系統は複雑多岐にわたる構成となっており、計画・運用に際しては、これらの諸特性について十分把握、解明しなければならないが、そのためには複雑かつ高度な技術計算が必要となる。

　昭和20年代までは、これらの諸計算を人手で行ってきたが、昭和30年代からは、電力系統解析計算にアナログ型の交流計算盤が利用されるようになった。

　昭和40年代に入ってからは、デジタル型のコンピュータが導入されるようになり、利用技術であるソフトウェアの開発と共に、コンピュータの活用が大幅に進められた。

　昭和50年代になると、コンピュータの大型化、高速化が図られ、電力系統計画・運用業務に必要となる膨大なデータ処理が可能になると共に、データを一元管理するデータベースを採用できるようになった。

　昭和60年代になると、処理が高速でヒューマンインターフェースに優れたエンジニアリングワークステーション（EWS）の採用や、人工知能（AI）に代表されるソフトウェア技術の進展などにより業務の効率化・省力化だけでなく、人間性を重視した使用者に優しいシステムが構築されるようになった。

　さらに近年は、汎用のOSやソフトウェアの開発や、通信技術の進歩、パソコンの高性能化、低価格化などが進んだことから、オープン分散型のシステムの採用により、システム間のデータリンクを強化して利用者の利便性を向上させている。

1. システムの現状

　従来は、電圧潮流計算、安定度計算、故障計算などの数値解析を中心としたシステム化が進められてきたが、近年はこれまでベテランの運用者のノウハウに頼っていた負荷予測、作業停止計画などの業務についても、AI技術や、ニューラルネットワーク・ファジィ推論などの先端技術を活用して運用者のノウハウをシステム化するとともに、人間の思考を支援するようなシステムが開発さ

れつつある。

また、最近のシステムは、マンマシンインターフェースに EWS やパソコンを使用して構築されており、これらの機器に搭載されているグラフィックユーザインターフェース（GUI）を利用した計算結果の視認性の向上、汎用プロトコルを利用したデータ連携による入力業務の効率化などを図っている。

次に、現在システム化されている例を示す。

（1） 電力系統解析システム

系統構成計画、系統運用や事故解析などの検討で必須となる電力系統解析業務を支援するためのシステムであり、計算機が最も得意とする分野であること

表2-13 電力系統解析の主な計算機能

計算機能名	内　容
○潮流計算	
直流法	有効電力、位相角を求める
交流法	有効電力、無効電力、電圧、位相角を求める
○安定度計算	
定態安定度計算	緩やかな負荷変化など小さな擾乱に対して送電できる能力を求める
過渡安定度計算	電力系統の事故（地絡、短絡）など、負荷の急激な変化など大きな擾乱に対して送電できる能力を求める
○短絡容量・地絡電流計算	短絡・地絡事故発生時の電流値を求める
○故障計算	短絡・地絡などの事故発生時の電圧・電流分布を求める
○過渡現象解析計算	電力系統における地絡サージ、開閉サージなどを解析する
○VQCシミュレーション	VQC装置の長時間の応動を解析する
○制御系最適定数計算	制御系（AVRなど）の最適な定数を検討する
○高調波解析計算	サイリスタ機器などにより発生する高調波電流の分布を求める
○電圧変動・逆相電流計算	変動負荷（アーク炉など）により発生する電圧変動・逆相電流の影響度合いを求める

から、早くからシステム化され、導入が図られている。本システムは、(表2-13) に示したような電圧潮流計算、安定度計算、故障計算などの電気的現象のシミュレーション計算を主体として、これらの計算に必要となるデータベース、入出力インターフェースなどから構成される。

(2) 負荷予測システム

過去の需要実績、気象などの各種予測指標により、年間、月間、週間および翌日の最大電力や24時間負荷などを予測する業務についてシステム化が図られている。

負荷予測の手法としては、回帰分析手法を適用している例が多いが、ニューラルネットワーク・ファジィ推論などの新しい手法を適用している例もある。

(3) 供給力計画システム

供給力計画業務は、需要想定データに基づき、日間、週間、月間、年間等の発電および受電計画を策定する業務であるが、本システムは、この一連の業務処理についてシステム化を図ったものである。供給力計画業務は、大量のデータを扱う業務のため、最も計算機の支援を必要としたことから、比較的早い時期から導入されている。

具体的な機能としては、想定した電力需要に対応した水力、火力、原子力の運転パターンシミュレーション機能、火力発電所の運転上の諸条件や燃料制約などを考慮した火力ユニットの経済配分計算機能、揚水発電所の発電継続時間などを考慮した揚水発電シミュレーション機能などがある。

(4) 作業停止計画システム

これまで作業停止の調整は、担当者が蓄積してきた多岐にわたる知識と経験に基づき、系統信頼度の維持、経済運用などさまざまな条件下で検討を行い、停止範囲と期間を調整していた。

本システムは、この一連の業務処理についてシステム化を図ったものであり、具体的な機能としては、作業力所からの作業停電要求件名の取り込み、要求件名の整理・集約、作業計画の調整、調整結果の出力配信などを行う。

なお、作業計画の調整は、制約条件をすべて満足することが困難な場合が多いため、数パターンの調整結果を提示して、最終判断を人間に委ねる形態を取っているものが多い。

(5) 系統保護リレー支援システム

これまで熟練した担当者が蓄積された知識と経験に基づいて行っていた系統保護リレーの整定値の検討業務などの効率化を図るためシステム化されている。

具体的な機能としては、系統保護リレー設備および整定検討に必要なデータの管理機能、リレー整定検討のための各種支援機能（整定計算機能、協調チェック機能、整定表発行など）がある。

(6) 運転保守支援システム

最近のEHV変電所では、運転保守支援システムの導入を進めている。運転保守支援システムは、事故点の確定および復旧のための支援システムと、日常業務省力化のための支援システム、機器の保守管理のための支援システムがある。これらのシステムは、専用の光LANで構成され、監視制御システムには影響を与えない構成としている。

また、制御所にて複数電気所から伝送されてくるリレー動作情報、遮断器トリップ情報をもとに、系統の復旧支援を行うシステムも実用化されている。

この他に、制御所・電力所より保護リレーの整定変更や動作・異常解析を行うシステムも導入されている。

2. これからの方向性

電力系統の拡大・複雑化、お客さまニーズの高度化・多様化、規制緩和の進展などにより、電力系統の計画・運用業務は、量的増加に加え質的にも高度化し、データ入力作業の省力化・容易化、解析結果の視認性の向上、計算時間の短縮、および計算精度の向上がこれまで以上に望まれる。

これらの要望に答えるため、以下に記載したような技術開発が進められている。

(1) 高機能マンマシンインターフェースの開発

データ入力作業の省力化・容易化、および解析結果の視認性の向上をさらに図るためには、より人間に優しい高機能なマンマシンインターフェースの開発が進められている。

(2) 計算機ネットワーク技術・DB構築・管理技術の高度化

取り扱うデータが多量になることから、今まで以上にデータの共有化、高速なデータアクセスが望まれるため、計算機ネットワーク技術・DB構築・管理技術の高度化を進めている。

(3) 新しいアルゴリズムの開発

現有のシステムでは、更なる計算時間の短縮、計算精度の向上が望まれているとともに、システム化されていない業務についても、今後システム化を図っていきたいという要望があるため、これらへの対応として、新しいアルゴリズムの開発が行われている。

(4) オープンなシステムの構築

従来開発されてきた支援システムは、開発メーカーのOSや特定のハードウェアに依存するものが多かったが、パソコンの高性能化、低価格化に対応して、汎用のパソコン用OSや支援ソフトウェアの開発が進められている。利用者としても業務効率化の観点からパッケージソフトウェアや市販の汎用ビジネスソフトを利用したデータ処理、インターネットを利用したデータ共有なども進める必要があり、それに向けた検討が進んでいる。

第3章

電力系統の運用

第1節　系統運用の概要

1. 系統運用の目的と内容

　電力系統は、その構成要素である水力・火力・原子力発電所、変電所、開閉所およびこれらを結ぶ送電線の規模が、電力需要の増大に伴って巨大化・複雑化してきており、これらの各電力設備を有効に合理的に活用して「良質で低廉な電気の供給を行う」という電気事業の使命を、運用面で達成していくところに系統運用の目的がある。

　系統規模の小さかった頃は、発電所とそこから直接配電供給される少数の需要家からなる単純な構成であったため、系統運用という特別な概念はなく、運用にあたる特別の機関や組織なども不要であった。このような系統状態では、発電所において直接発生電力などの需給状況を把握することが可能であり、需給状況に合わせて発電所の出力を調整するだけで問題は生じなかった。

　しかし、現在のように電力系統の拡大・複雑化に伴い個々の構成要素だけを考えた運用では、電力系統全体としての合理的運用が困難となってきた。その結果、これらを有機的に連系した電力系統を一貫して運用するための組織が必要となってきた。

　この目的を達成するための手段、方法などが「系統運用」と呼ばれ、その内容を大別すると次の通りである。

1-1　需給調整

　時々刻々変動する需要に対し、常に供給力を確保して需要と供給力のバランスを保ち、水力・火力・原子力発電、電力会社間の融通、他社受電などの供給力を総合的に最も経済的に運用することを需給調整という。

　具体的には、日々の需要変動に影響を与える天候、気温、曜日格差、休祭日、社会的行事などの要因と、供給力に大きな影響を及ぼす豊・渇水、事故、作業停止などの要因を考慮して、前日に毎時間の需給予想を作成し、各発電所に発

電機の並・解列の時間、予想出力などを連絡する。当日には需要予想のずれおよび瞬時的な変動に対し、それぞれの目的に対応する適切な発電力の調整を各変電所などの関係機関に指示して周波数変動を一定幅に収めるよう周波数調整を行う。

1-2　運転操作および制御

　系統を総合運用するために必要な運転操作および制御としては、需給調整、周波数調整、発電機の起動停止、潮流・電圧調整、系統保護装置の運用、系統切替などがある。
　とくに最近は、火力・原子力立地の集中化・大容量化、長距離大電力輸送、系統の複雑化などに伴い、事故波及の様相が複雑・多様化してきており、系統の安定運用を基本にした事故予防運転と、万一事故が発生しても事故波及を局限化する対策の必要性がますます高まってきている。

1-3　経済運用

　需給調整にあたっては燃料費や送電損失などに配慮し、系統全体として最も経済的となるよう水力発電所および火力発電所の負荷配分を行う。

2.　給電指令組織とその機能

2-1　給電指令組織

　電力系統の拡大・複雑化に伴い、系統全体の状況を把握し、時々刻々の需要変化などに対応した発電機の出力調整、適正電圧の維持、潮流調整、事故時の復旧操作および作業に伴う系統操作など、系統を安定かつ効率的に総合運用するための機関として給電指令組織が必要である。
　給電指令組織は、その機能として系統運用を安全に、確実に、迅速に実施することが要求されるため、系統構成の拡大・発展に対応して組織の整備充実が図られてきており、現在では（図3-1）のような形態が、電力各社において採用されている。

第3章 電力系統の運用

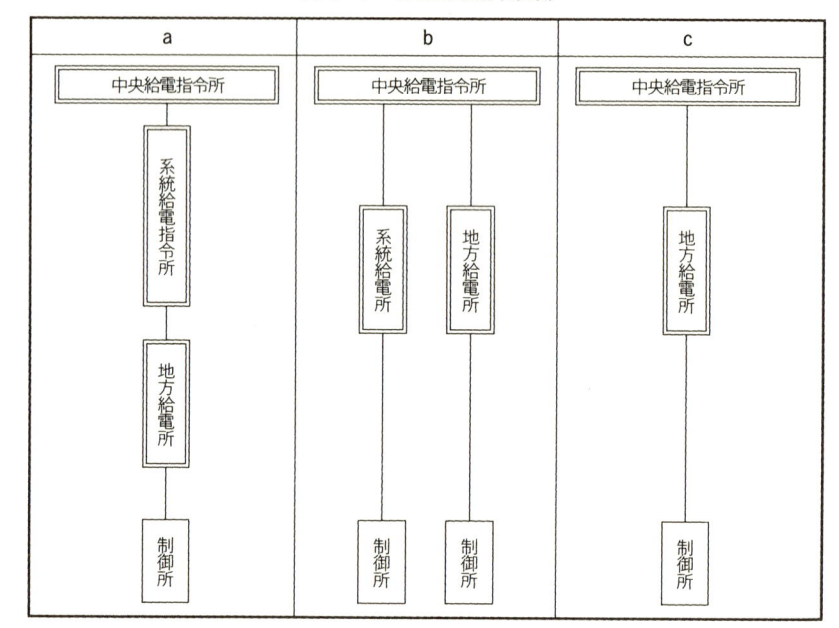

図3-1 各種給電指令組織

a	b	c
中央給電指令所 → 系統給電指令所 → 地方給電所 → 制御所	中央給電指令所 → 系統給電所／地方給電所 → 制御所	中央給電指令所 → 地方給電所 → 制御所

2-2 系統運用業務の分担

　電力系統の各設備を合理的に運用し、電力を安定に供給するためには、一つの給電所から一貫した給電指令を行うことが望ましいが、電力系統の巨大化により、一つの給電所で処理し得る管轄範囲には限度がある。そのため電圧階級、地域別またはブロック別に系統を適切に分割した運用がなされている。(図3-1)のそれぞれの形態における、各機関の機能は次の通りである。

①中央給電指令所
　・全系統の統轄
　・需給調整（他社との連系線などの運用も含む）
②基幹給電所
　・基幹系統の運用
③地方給電所（または給電制御所）

・主として負荷系統の運用
④制御所
　・管轄系統の運用
　・発変電所、開閉所の監視制御

第2節　電力需給の調整

1. 需給調整

電力需要は、多数の需要家がランダムに電力を使用するので、常に変動している。したがって、需要の変動に応じて供給力も常に調整しなければならない。

需給調整は、通常次の三つの段階で行われる。

(1) 月または年間の需給調整（需給計画）

月または年間の需給調整としての需給計画は、半年もしくは年間を対象とした短期需給計画と、5～10年程度を対象とした長期需給計画がある。

このうち長期需給計画は、電源、送変電設備などの建設計画を作成するための基本計画であり、短期需給計画は、電源の運転開始計画がすでに決定している中で、定められた供給設備によって需給調整をいかに行うかの指針を得ることが目的である。

(2) 日間の需給調整

前日に負荷予想を行い、水・火力発電所の並・解列、出力調整を行うと共に、他社からの受電量、電力融通などを充当する。

(3) 時々刻々の需給調整

時々刻々の需要変動を周波数変化としてとらえ、発電力の調整を行う。需給調整にあたっては、需要の変化に応ずるため常に発電所の出力に余裕をもたせて運転することは経済的ではない。経済性を考慮すれば、最小の予備力で需要の変化に追従できることが好ましい。このため需要を的確に予測し、必要なだけの発電所を運転することが望ましい。

また、水力発電所は河川流量により出力が大きく変動するので、供給力を正確に把握し、水・火・原子力を総合した経済的な運用を行うためには、河川流

量の予測が必要となる。

とくに、降雨、融雪時の出水予測が需給調整における一つの重要な課題である。さらに、特性の異なる多数の水・火・原子力発電所をどのように組み合わせ運転経費を最小にすることができるかという最適運用の問題も含まれる。

2. 需要予測と発電計画

2-1 需要予測

需要は天候、気温などの自然現象、社会環境、経済状態などの影響を大きく受け、複雑な変化を示しているが、これを概括的に年間の需要の伸び、季節的変化、曜日格差による変化、毎日の時々刻々の変化などに分けることができる。

需要の予測には、電力、電力量、負荷曲線の予測があり、電源開発計画には長時間の予測が必要となる。しかし、ここでは主として、日常の需給調整面で問題となる日間の需要予測について述べる。

需要予測精度が日常の需給調整に支障を及ぼさないためには、需要予測誤差を極力小さくすることが望ましい。そのためには、需要変動の要因となる諸情報の把握、要因と需要変動量との相関関係の把握が必要となる。

日間の需要予測に関する需要変動要因の主なものは次の通りである。

①気象条件（日照、気温、湿度など）

②工場負荷の運転パターン

③テレビの番組および社会行事

この他の要因は、一般にランダムな変動特性をもち、しかも情報としても集めにくいものが多い。

したがって、一般的な需要予測は、季節・曜日ごとの標準負荷パターンを作成し、これに前記の変動要因による影響度の予測値を加えて一日の負荷曲線を作成している。

1日の標準負荷曲線は1時間単位とし、晴天日で冷暖房器具の使用されない気温、テレビの特殊な人気番組のない場合などを標準として作成する。なお、1週間程度の実績を平均する方法と、1カ月程度の実績から時系列的にみた変動傾向を織り込む方法なども用いられている。

第3章 電力系統の運用

　一方、諸変動要因と需要変動量との関係については、一般に諸変動要因間は互いに独立事象とみなして一次式で表し、各要因の影響度を表す係数を最小自乗法で求める方法が用いられている。
　この一例として、前日3日間の実績を用いて予測する数式モデルを示す。

$$L_d = K_d \left[\frac{1}{3} \sum_{i=1}^{3} \frac{1}{K_{d-i}} \{ L_{d-i} - (a_{c1} \cdot {}_{c1}W_{d-i} + a_{c2} \cdot {}_{c2}W_{d-i} + a_R \cdot {}_R W_{d-i} - \beta(T_{d-i} - T_0)) \} \right]$$
$$+ \{ (a_{c1} \cdot {}_{c1}W_d + a_{c2} \cdot {}_{c2}W_d + a_R \cdot {}_R W_d) + \beta(T_d - T_0) \}$$

ここに、　L_d：d日の需要予測値
　　　　　L_{d-i}：(d−i) 日の需要実績値
　　　　　K_d：d日の曜日係数
　　　　　K_{d-i}：(d−i) 日の曜日係数
　　　　　a_{c1}：薄曇の天候係数、a_{c2}：本曇の天候係数
　　　　　a_R：雨の天候係数、β：気温係数
　　　　　W_d：d日の天候を表す情報量で次の通りとする

	${}_{c1}W_d$	${}_{c2}W_d$	${}_R W_d$
快　晴	0	0	0
薄　曇	1	0	0
本　曇	0	1	0
曇	0	0	1

　　　　　T_d：d日の気温
　　　　　T_0：気温の影響のなくなる境界温度

　この他にも各種予測方法が研究開発され、その一部は実用化されている。しかしながら、これら需要予測方法は次の点に注意し、必要に応じて諸係数を見直す必要がある。

① 需要は常に変動するものであり、需要構成、需要特性などの変化により変動要因の影響が変化し、あるいは新しい変動要因の発生する可能性がある。

② 要因分析により要因の影響度は判明していても、その要因自体の翌日予測（たとえば天気予報）を正確に行うことが難しい。

③ 数式モデル自体が一つの便法としての近似式であるにすぎず、さらに適切な数式モデルが存在する可能性がある。

2-2 発電計画

供給力には、自社水力・火力・原子力発電の他、他社からの受電および他電力会社との融通などがあるが、発電コストの差や発・受電上の制約の有無など、それぞれ特性が異なっている。

発電計画にあたっては、需要予測値に見合う運転発電所の選定と、その負荷分担を決めることになるが、各発電所の発電特性を検討し、できるだけ経済的な発電となるよう計画している。また、需要予測誤差や電源脱落などに対しても安定な供給を行うため、最大電力需要に加算して適正な供給予備力を保有するような計画とする。

すなわち、翌日発電計画は、火力・原子力運転台数、水力の運転方法などを計画し、発電所当日の運転体制を用意すること、および種々の最適化手法を用いて当日運用の指針とすることである（図3-2）。したがって、次のような計算項目が包含される。

①需要および出水予測
②火力および原子力の運転台数の決定
③火力の経済負荷配分
④水系運用および系統構成

これらは、必ずしも個別に行われるものではなく、全体が関連しているので複雑な計算になる。

日常運用面における予備力は、（表3-1）のように区分して保有され、大容量電源脱落時には（図3-3）のような発動状況となる。

3. 供給力

需給調整とは、負荷曲線に対応して供給力をバランスさせることであるが、ただ単に均衡を図れば良いというものではなく、供給力の種別、形態に応じて安定し、かつ経済的なものとする必要がある。

供給力の種別としては、

第3章 電力系統の運用

図3-2 翌日発電予測概略フロー図

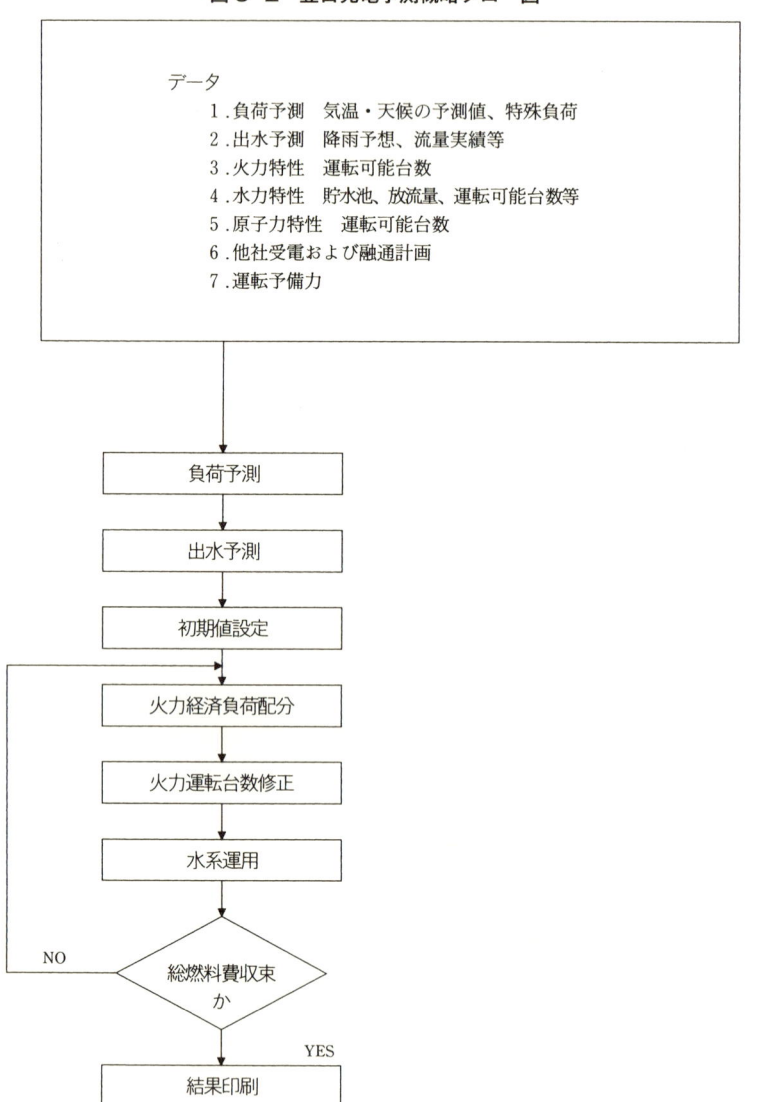

```
データ
  1.負荷予測　気温・天候の予測値、特殊負荷
  2.出水予測　降雨予想、流量実績等
  3.火力特性　運転可能台数
  4.水力特性　貯水池、放流量、運転可能台数等
  5.原子力特性　運転可能台数
  6.他社受電および融通計画
  7.運転予備力
```

↓

- 負荷予測
- 出水予測
- 初期値設定
- 火力経済負荷配分
- 火力運転台数修正
- 水系運用
- 総燃料費収束か ◇ — NO（ループ戻り）／YES
- 結果印刷

第2節 電力需給の調整

表3-1 日常運用面における予備力

対策要因	分類	定義と具体的設備
相当の時間的余裕をもって予測し得るもの ①要因の想定値に対する需要の持続的増加 ②渇水 ③停止までに相当の時間的余裕のある電源または電源送電系統の不具合	待機予備力 (コールド・リザーブ)	起動から全負荷をとるために数時間程度を要する供給力 {停止待機中の火力で起動後は長時間継続発電が可能であること}
①天候急変などによる需要の急増 ②電源を即時または短時間内に停止・出力抑制しなければならないもの	運転予備力 (ホット・リザーブ)	即時に発電可能なものおよび短時間内(10分程度以内)で起動して負荷をとり、待機予備力が起動して負荷をとる時間まで継続して発電し得る供給力 {部分負荷運転中の発電機余力および停止待機中の水力}
電源脱落事故	瞬時予備力 (スピニング・リザーブ) {上記の運転予備力の一部である}	電源脱落時の周波数低下に対して即時に応動を開始し、急速に出力を上昇し(10秒程度以内)、少なくとも瞬動予備力以外の運転予備力が発動されるまでの時間、継続して自動発電可能な供給力 {ガバナ・フリー運転中の発電機のガバナ・フリー分余力}

①水力供給力(流込み式、調整池式、貯水池式、揚水式)
②火力供給力(地熱を含む)
③原子力供給力
④他社受電電力
⑤他社電力会社との融通

などがあり、供給力として需給バランスに組み込む場合には、最初に水力供給力の有効利用と適切な水・火・原子力の組み合わせによる構成を考え、次に広域運営による電力融通、さらには作業停止計画などを織り込む必要がある。

第3章　電力系統の運用

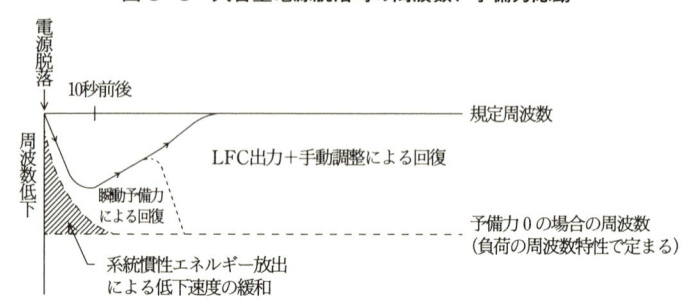

図3-3　大容量電源脱落時の周波数、予備力応動

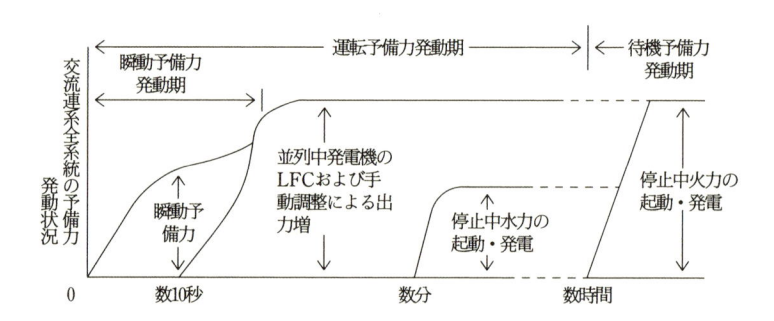

3-1　水力供給力

（1）　水力発電所の級別分類

水力発電所はその機能から（表3-2）のように流込み式、調整式、貯水式、揚水式に大別されるが、さらにその出力調整機能の保有状況から（表3-3）のように級別分類される。

（2）　流込み式発電所

流込み式発電所の運転は、河川の自然流量（自流）にすべて左右される。したがって、とくに上流に貯水式・調整式発電所のような河川流量の調整機能を有する発電所がない水系では、同一気象状態では1日の発電出力はほとんど一定で、この意味からは日負荷曲線のベース部分を分担するベース供給力と考えられ、他の水力供給力と大きく相違する。

第2節　電力需給の調整

表3-2　水力発電所の分類

区分	分類 機能別	分類 級別	出力調整機能の保有状況
一般水力	自流式 流込み式 A	AⅠ	調整池を持たず、河川の流量そのままの発電に限定されて、出力調整機能を有しないもの
一般水力	自流式 調整池式	AⅡ	小容量の調整池を有しているもの
一般水力	自流式 調整池式	AB	やや大容量の調整池を有するもの
一般水力	貯水池式	B	大容量の調整池・貯水池を有し、発電量を季節的に移行できるもの
揚水式水力	揚水式	PA	級別分類は一般水力と同様
揚水式水力	揚水式	PAB	級別分類は一般水力と同様
揚水式水力	揚水式	PB	級別分類は一般水力と同様

表3-3　水力発電所の級別分類

項目＼級別	B級、PB級	AB級、PAB級
調整率(%)　$\dfrac{V(\text{有効貯水量}:\text{m}^3/\text{s}\cdot\text{D})}{R(\text{年間総流入量}:\text{m}^3/\text{s}\cdot\text{D})}$	20％以上	5％以上
補給率(%)　$\dfrac{Q(\text{発電所最大使用水量}:\text{m}^3/\text{s}\cdot\text{D})}{\dfrac{R(\text{年間総流入量}:\text{m}^3/\text{s}\cdot\text{D})}{365}}$	150％以上	―
補給持続日数(日)　$\dfrac{V(\text{有効貯水量}:\text{m}^3/\text{s}\cdot\text{D})}{Q(\text{発電所最大使用水量}:\text{m}^3/\text{s}\cdot\text{D})}$	15日以上	3日以上

(注)　1($\text{m}^3/\text{s}\cdot\text{D}$)とは、毎秒1($\text{m}^3$)の水が1日間流れた場合の水量で、1米個日ともいう($24\times60\times60\text{m}^3$をいう)

　なお、流込み式発電所の出力は一般的に小さく、全供給力中に占める割合は非常に小さい。

第3章　電力系統の運用

（3）調整池式発電所

　調整池式発電所は、日または週間を通して負荷の変動に対応し得るよう河川の流量を天然または人工の調整池によって調節し、出力を需給状況に応じて変化させることができるようにしたもので、これらの発電所は、池の有効容量の大小によって月間、週間、日間の出力調整を行う。

　この種の発電所では、最大使用水量と常時使用水量との比は、流込み式発電所に比べて大きいのが特徴である。

　週間調整および日間調整発電所の運用例をそれぞれ（図3-4）に示す。

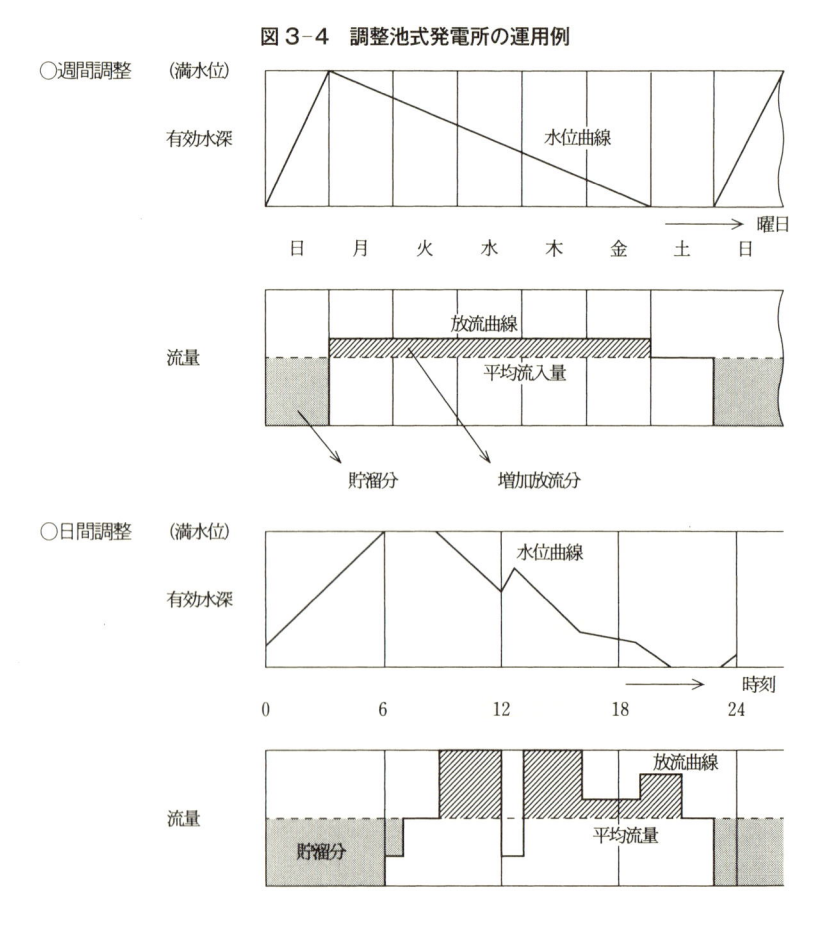

図3-4　調整池式発電所の運用例

190

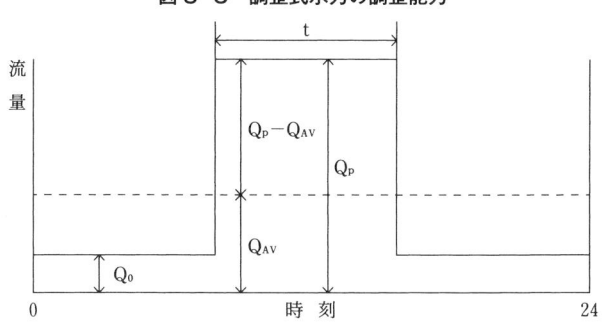

図3-5　調整式水力の調整能力

調整池式水力発電所の調整能力（電力）は、（図3-5）において、

　　Q_{AV}：その日の平均流量（m³/s）

　　Q_P　：その日の最大使用水量（m³/s）

とすれば、（$Q_p - Q_{AV}$）で表され、自流による発電力に調整電力を加えた発電力を期待することができる。

この調整能力（Q_{Adj}）は、調整池の容量、その日の河川流量によって異なり、次のように算定できる。

　　V　：有効貯水量（m³）

　　Q_O：その日の最低使用水量（m³/s）

　　t　：1日のうちのピーク継続時間（h）

とすると、

$$Q_{Adj} = Q_p - Q_{AV} = \frac{V}{(60秒 \times 60分 \times t時間)}$$

この式から、豊水期のように平均流量 Q_{AV} が大きくなると、Q_p との差が小さくなるので調整能力は減少することが分かる。また、逆に渇水期に平均流量がある程度以上小さくなると、ピーク時間帯以外の時間内に調整池が満水とならないので、Q_p を下げた運転とならざるを得ず調整能力は減少する。このようなことから、この二つのケースの中間の流量で調整能力は最大となる。

ここで、ピーク継続時間は、調整池の有効貯水量Vが一定であるので、これを短くするほど調整能力は大きくなるが、負荷曲線に合わせた運転とするのが望ましいので、おのずからある範囲の値となる。

以上から、調整池式発電所の調整能力相当分は、次に述べる貯水式発電所と共に、日負荷曲線のピーク部分を受け持つよう運用される。

（4）　貯水池式発電所

　貯水池式発電所は、貯水池からの放流を発電に利用できる発電所で、（表3-2）に示すB級の容量をもち豊水期に貯水し、渇水期に放流するなど長期にわたって、その河川の流量を調節できる。したがって、日常の発電所の運用に際しても、弾力性に富んだ運転ができるので、ピーク用としての運転に適する他、系統事故、負荷の急変などに備えるための運転予備力としても活用できる。

　貯水池式発電所は、貯水池水位のルール曲線にしたがって運転を行い、1年間に最大の水力エネルギーが得られるよう運用するが、本来、河川の豊・渇水の流量を調整し、主として豊水期の水を貯え、渇水期にこれを使用して水系一貫としての発電増加を図るものである。

　したがって、一般に、河川の最上流にある発電所の日間運用などにおいては、一般の発電所と運転形態が異なり、下流発電所までの水の流下時間を考慮して、電力を最も必要とするピーク時間帯に、水系全体として最大出力を得るような運転をすることとしている。

　貯水池水位のルール曲線の例を（図3-6）に示す。

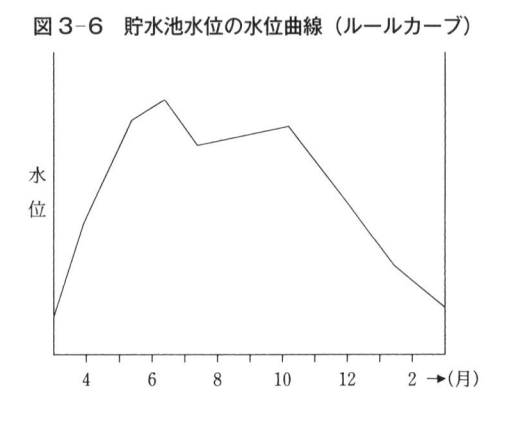

図3-6　貯水池水位の水位曲線（ルールカーブ）

(5) 揚水式発電所

①揚水式発電所の種類

揚水式発電所は、夜間帯の軽負荷時における火力・原子力の余力や豊水期の余剰電力の利用または他社から受電する融通電力によって、下部貯水池・調整池（下池）の水をポンプで揚水して、上部貯水池・調整池（上池）に貯溜し、これを1日のピーク時または渇水期に利用して発電を行う。

揚水式発電所の使用形態としては、その日のピーク負荷時に利用する日間調整型、または週末に揚水して、その週のピーク負荷時に充当する週間調整型がある。

揚水式発電所には、上部貯水池に河川流量が流れ込む混合式と、上部貯水池に河川の自然流量が流れ込むことのない純揚水式に区分される。

②揚水式発電所の運用

揚水式発電所の運用にあたっては、揚水効率を考慮する必要がある。

$$揚水効率 = \frac{揚水（発電）による発電電力量}{揚水（ポンプ）に要する電力量} \times 100 (\%) \Rightarrow (65\% \sim 75\% 程度)$$

すなわち、揚水の動力源として燃料費の安い高能率火力を運転しても、揚水効率が低いため実質的には低能率火力並みの効率となる。

また、貯水池容量などによって運転継続時間に制限を受けるのも揚水式発電所の特徴である。

しかし、負荷変動に対する即応性、信頼度などの面では一般水力と同様に、火力・原子力と比べて優れた特性を有しているので、これらの得失を総合的に勘案して運用する必要がある。

需給調整面からは、発電目的によって、主として次の2種類がある。

a. 需給均衡を維持するためのもの（マージン揚水発電、供給力揚水発電などと称される）

b. 経済性の向上を図るためのもの（経済揚水発電）

前者は1日の需要に対する供給力が不足する場合に行う揚水発電のことで、後者は一般に揚水発電による減分費用と、揚水のための増分費用を比較し、効果がある場合に行われるが、揚水を行うケースには以下のものがある。

a. 最深夜帯や高出水期において、火力機の下げ代がなくなり余剰電力が発生するような場合（余剰消化揚水）
b. 深夜、休日などの原子力、ベース火力の余力で揚水して経済効果がある場合。
c. 下池で溢水の可能性がある場合（上池容量がとくに大きい場合に限る）

この他、発電の目的によっては運転予備力、周波数調整用、系統運用対策などのための稼働がある。

近年、老朽火力機の休廃止に伴い経済揚水が減少している半面、LNG・石炭火力、原子力発電など需給運用面で弾力性に乏しい供給力の増加によるaと同様の理由による揚水の増加など、従来と比べ揚水式の稼働に影響する要因が変化してきている。

3-2　火力供給力

火力供給力の特質、とくに需給調整上留意すべき事項としては、次のものが挙げられる。

① 機器の保安上、30～70日程度の補修作業を必要とする。
② 負荷変動および起動停止など、水力供給力と比較して運転上の制約がある。
③ 使用燃料および環境対応などが多様化しており、運転上の制約を受けることが多い。

（1）　供給力の算定

火力には設備保安上定められた期限内に定期点検を行う必要があるので、可能出力はこれらによる減少出力を考慮する必要がある。この補修による減少出力の値は、日々の運用では、その日に定期点検を行っている火力ユニットの認可出力の合計となるが、月単位での電力需給を検討する場合は、次式によって計算した月平均値が用いられる。

$$月平均補修出力 = \frac{\Sigma（補修中の設備可能出力 \times 停止日数）}{一カ月の暦日数}$$

(2) 即応性

　需要変動に対する供給力の追従は、需給調整面における重要な問題である。すなわち、供給力の追従能力の良否によっては、周波数の仕上がりに影響すると共に、朝の立ち上がり、昼休みにおける急激な負荷変化時など、場合によっては系統運用面上に大きな支障を与えることになる。

　このような需要変動に対する供給力の追従性能を即応性として評価しており、現状では水・火力の総合調整によって対処しているが、今後は需要規模の増大に伴う変動量の増加、さらに原子力供給力の増加などから、その即応性の向上がますます必要となってきており、この面からも、コンバインドサイクルの採用あるいはミドル火力の開発が進められている。

(3) 最低負荷運転と日間起動停止運転

　タービン・ボイラは長時間継続して安定運転できる最低負荷の限度があり、それは通常最大出力の3分の1~4分の1程度である。しかし、最近では深夜軽負荷帯の供給力対応として最低負荷の低減が推進され、さらに日間起動停止運転（DSS：daily startup and shutdown）についても、需給状況に応じ経済性の検討のもとに頻繁に行われている。

(4) 使用燃料

　火力の使用燃料は、石炭、重油、原油、ナフサ、LNG、天然ガスなど多様化が進んでいる。したがって、日々の需給調整において火力機の負荷分担を決定するにあたっては、それぞれの燃料条件、環境条件などを十分考慮して総合的な運転を行う必要がある。

3-3　原子力供給力

原子力供給力の需給調整上留意すべき事項としては、次のことが考えられる。
① 機器の保安上、年間80~100日程度の補修作業を必要とする。
② 経済性・環境保全の面で優れていることなどから、定格出力一定運転を基本としている。

(1) 供給力の算定

前述の火力供給力と同じであるが、原子力の場合は発電機並列から最大出力となるまでかなりの日数を要するため、月単位の電力需給を検討する場合には、立ち上がり部を考慮することにしている。

(2) 即応性

定格出力一定運転を基本としており、需要変動に対する追従運転は行っていないが、今後は火力供給力同様、運転機能の拡大が必要となってくるものと思われる。

3-4 他社受電

他社受電には、水力、火力および原子力などの発電機を有する他の事業者、たとえば、県企業局が運営する電源および共同発電会社から受電する電力や一般電気事業者間融通などがあり、その供給形態に応じて、自社供給力に準じた運用を行っている。

なお、電力融通の詳細は第4章第2節「広域運営における電力融通」で述べることとする。

3-5 作業停止計画

電力系統の保安のためには、電力系統設備を停止したうえでの点検、補修が必要であるが、実施にあたっては、需給バランス、良質な電力供給あるいは系統の安定運用などを考慮する必要がある。したがって、その計画または実施にあたっては、需給バランスを考慮したうえ、次の諸点に留意する。

① 火力・原子力発電所は、ある期間内に定期点検を実施する必要があり、需給運用上に与える影響が大きいので、実施時期・期間、作業能力、潮流上の制約などを十分考慮しておく必要がある。

② 水力および火力、送変電設備の停止にあたっては、安定供給と経済性に留意する必要がある。

第3節　電力系統の運転操作

1. 系統操作とその必要性

　電力系統の拡大・複雑化に伴いこれを安定に維持していくための系統操作は、単に事故時の復旧操作にとどまらず、平常時においても、既設設備の機能を最大限に活用するための系統状況に応じた系統構成変更や、事故発生時に備えた事前措置など、電力系統の総合運用のための幅広い意味での必要性をもっている。

　電力系統の運転操作は、一定の基準にしたがって秩序正しく、かつ安定に、また保安上危険のないように行う必要があるため、給電指令業務について、平常時および事故時の系統操作に関する規程基準などを定めておく他、給電指令機関からの指令範囲・指令系を明確にすると共に、給電指令発令者自身も電力系統の特性、各設備の性能および現状の系統状態を十分に把握しておく必要がある。

　一方、個々の要素すなわち発電所、変電所および開閉所では開閉器類の操作をその目的に応じて円滑に行えるよう、標準的な操作手順を作成しておく必要がある。

　最近は、より高い供給信頼性を求められているため、電力系統構成は、弾力的な運用ができる範囲で極力単純化して運転操作を行いやすくすると共に、規程基準類の整備や訓練によって、より正確かつ迅速に操作を実施できるようにしておくことが肝要である。

2. 系統操作の種類

　電力系統の運用にあたっては、発電および負荷の分布とその特性、電力潮流の状況、系統操作の難易度、送電損失、供給信頼度などを考慮して、標準状態の接続方法が決められている。これを常時（標準）系統という。この他設備の作業停止時などに対応した特別系統をあらかじめ定めておく場合がある。

こうした中で行われる系統操作には、次の平常時および事故時の操作がある。

2-1　平常時の操作

　平常時の操作には、設備の作業停止に伴うものや電力潮流の改善を目的としたものがある。

　作業停止時の系統操作は、発電機、変圧器、送電線、開閉器類の保守点検の際に必要である。

　電力潮流改善のための系統操作は、夏場などの高需要期間における電線路などの重潮流軽減、送電損失軽減、適正な電圧の確保などを目的に行われる。

　この他、平常時の操作として、台風・雷・塩害・雪害などの異常気象により系統事故の発生が予測される場合の予防措置としての系統切替操作などがある。

　系統操作を行う場合の給電指令は、次の方法が取られており、いずれの指令も「一指令一操作」の原則を踏まえて成り立っていることと、発・受令時は、その目的と内容を明確にして行うことを忘れてはならない。

　①一指令一操作
　一指令ごとに一操作を行うもので、給電指令の原則としている。
　②一括指令操作
　数単位の操作を一括して指令し操作を行うことで、操作内容が定型的・単純であり、誤操作の恐れのない操作に適用される。
　③目的操作
　操作目的を総括的に指令して操作を行うもので、発・受令者の相互確認により誤指令・誤操作につながらないような対策を別途講じてある場合に行われる。

2-2　事故時の操作

　電力系統の一部に事故が発生した場合において、故障カ所を迅速に取り除き供給を再開させると共に、事故カ所が修理された後、常時系統に復旧する操作を事故時の操作という。

　事故時の操作は、各電力会社では操作規程や基準類に基づいて行っている。操作には、給電指令による操作を行うばかりでなく、自動再閉路装置や自動復

旧装置あるいは制御所、発・変電所における自主復旧操作などがある。

なお、自主復旧操作とは給電指令によらないであらかじめ定めている範囲および手順により制御所または発・変電所で得られる情報に基づき自主的に行う操作をいう。

一般的な事故復旧操作として、次のことが行われる。

① 系統事故によって負荷が停電した場合は、系統の事故復旧の状況を確かめ、健全な系統から供給できるものは、速やかに系統切替を実施して、停電した負荷に供給する。

② 送電線が、その区間の両端においてトリップ（リレーによって自動しゃ断すること）し停止した場合は、通常その片端から再送電（強行送電ともいう）を行う。

再送電とは、事故があった直後の電線路を運転電圧で充電することをいい、その電線路が送電に支障のない確率が高く、かつ背後に安定した電圧がある場合に実施する。

架空送電線の事故の約85～90%は瞬時地絡であり、再送電によって送電継続できる場合が多く、事故復旧の迅速化を図るために再送電は広く実施される。

・2回線送電線の両回線とも停電した場合は1回線ずつ再送電を行う。
・2回線のうち一方が良好の場合は、直ちにその回線を使って逐次復旧する。再送電不良の場合は、区間を細分して再送電を実施し、故障区間の検出に努める。

③ 事故カ所あるいは区間が判明した場合は、その部分を除いて他の系統を平常状態に復帰する。事故箇所については、できるだけ早く復旧し元の状態に戻す。

④ 広範囲事故などにおける初期の電源立上げや電線路が長期間停止した場合には、停止した電線路を低電圧で充電して、徐々に運転電圧まで上昇させ復旧する。これを試送電という。

⑤ 電力系統の事故が局部的なものでなく、かなりの広範囲にわたり停電した場合は系統の早期復旧を図るため、系統の安定を保ちつつ、火力発電所の起動電源を確保して早期再並列に努めると共に、主要幹線および高電圧系統から順次復旧する。

基幹系統に電圧がない場合、または再送電が不適当と認められた場合などは、それぞれの系統での復旧に努め、その後に系統間の並列を行い順次復旧する。

3. 気象と電力系統の運転

電力系統の運転は、降雨、気温などをはじめ雷、風雪、風雨などの気象条件の影響を受ける要素が極めて大きい。

気象状況の把握は、気象レーダー図、高層・地上天気図および気象情報提供システム（マイコス）などによるものと、管内事業所に設置している雷センサーやLLS（落雷位置標定システム）による雷観測情報、着氷雪情報などにより行われる。

気象条件によって電力系統に事故発生の恐れがある場合には、起こり得る事故を予想し、主に次のような事故防止のための運転および操作が行われる。

(1) 運転予備力の確保

電源脱落事故時には、直ちに応動できるよう平常時よりも多めに運転予備力を確保しておく。水力発電所であれば数分ないし10分程度で並列できるが、火力発電所は並列までに長時間を要するので、あらかじめ並列して低負荷運転で準備しておく。

(2) 作業停止中の機器の使用

作業停止予定を延期する他、作業停止中の設備は可能な限り復旧を行い、事故発生時には設備に余裕が持てるよう万全な体制を整えておく。特に、保護継電器が停止中の場合は、これを使用してその機能を完全に発揮できるように心掛けると共に、通信設備なども関係各所との連絡が十分とれるよう作業を中止することが望ましい。

(3) 塩害時の電圧低下運転と再送電の制限

台風の接近、冬期季節風などにより塩害の発生が予想される場合には、がいし類の閃絡を防止するため、電圧を通常の目標電圧より低下させる運転が行われる。

さらに塩害事故の復旧に際しては、制御所または発・変電所の自主復旧操作による再送電を中止し、給電指令により行うこととしている。また、自動再閉路装置の運用についても、状況により給電指令で除外することも行われる。

(4) 潮流調整および系統構成の変更
　雷観測情報、台風情報などにより、その進行方向を予測し、通過点となる系統に事故が発生しても被害を最小限にとどめるよう、あらかじめ、潮流軽減や系統構成変更の操作を行う。

(5) 情報の連絡
　台風、雷、雨、雪などに関する注意報、警報が発令された場合、給電指令機関は関係各所にこれらの情報を連絡し、警戒運転体制を整えるようにする。

4. 系統操作の訓練

　電力系統の拡大に伴い、系統内に発生するあらゆる現象が複雑化してきており、系統運用業務に携わる各機関の所員は、より高度な運用技術の習得が必要である。
　特に、系統事故発生時においては、安全・的確・迅速な判断、処理が必要であることから、次のような訓練を実施している。

4-1　机上訓練

　電源脱落、送電線事故、変圧器事故などを想定し、系統の復旧方針の確立や事故時の操作手順などについて訓練する。

4-2　シミュレータによる訓練

　実際の電力系統を模擬した訓練用シミュレータにより、実運用に近い緊迫した状況下で、各種の訓練を行うもので、設備の信頼性が高くなり実際の事故に遭遇する機会が少なくなっている昨今、実戦力養成のために極めて有効な手段となっている。

第4節　電力系統の調整と制御

1. 負荷周波数調整

1-1　周波数調整の目的

　電気事業法第26条および同施行規則第25条に、一般電気事業者はその供給する電気の周波数を標準周波数に維持するよう努めることが義務付けられている。

　標準値の維持を努力義務としたのは、事故、その他電力系統に擾乱が発生したとき、周波数が一時的に変動することは技術的にやむを得ないこととしたものである。

　また、時々刻々変動する電力需要に対応して供給力を完全に追従させることは、技術的にも不可能であって、常に標準値からの偏差値がある幅以内にあるよう努め、確率的に変動量が標準値を維持するように努力しているのが実態である。

　周波数調整は、この目的のために行うものであって、目標とする標準値からの偏差の幅としては、使用者側から要請されるものと、一般電気事業者自体が、電力系統の広域的な運用上から必要とするものとがある。

　需要側では、製紙、繊維工場における電動機、電気時計、オートメーション機器、電子計算機などにおいては、周波数の一定値保持が要求され、これに対し電力会社としては、会社間連系線の潮流制御、安定度などの点から極力小さくすることが必要とされているが、わが国における現状では、標準周波数に対し±0.1〜±0.2Hz程度に収めることを目標としている。

1-2　調整方式

　電力系統に周波数変化を起こさせる系統内の負荷変動（図3-7のD曲線）は、次のような周期をもった成分が重なっていると考えられる。すなわち、負荷変

第4節　電力系統の調整と制御

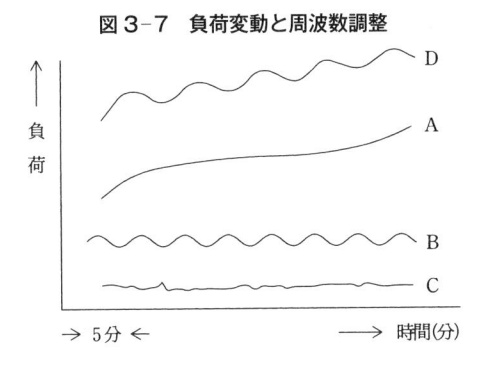

図3-7　負荷変動と周波数調整

動のうち十数分より長い（図3-7のA曲線）、数分から十数分以内のB曲線、数分以内のC曲線などである。

　これらの各負荷変動に対する電力系統の周波数調整は、制御可能な数分から十数分以内のB曲線のあらかじめ予測できない負荷変動を対象として行われ、A曲線の負荷変動は日負荷曲線から予測できることから、需給調整面で経済性を加味しつつ、ベース負荷分担供給力の調整によって行われる。またC曲線のような速い負荷変動はガバナ・フリーおよび系統の自己制御性によって吸収される。

　以上の関係は（図3-8）のようになる。（図3-8）の具体的な周波数調整の方法は、通常次の四つに分類される。

(1)　前日予想によるベース調整

　各電力会社の中央給電指令所では毎日、負荷曲線の形状にあうように、翌日24時間の負荷について1時間ごとの需要電力量を予想し、供給力の自流式水力、貯水池式、水力、揚水式水力、他社受電および火力・原子力発電の運転出力の決定を行い、関係系統給電所、地方給電所、発電所へ指令しておく。

　（図3-7）のA曲線は、このように予定された発電力であるが、これは狭義の意味では周波数調整とはいわない。

(2)　給電指令による補助調整

　当日の負荷は、前日の予想値に比べて2～3%の差異を生ずることが多く、そ

図3-8 周波数変動と制御分担

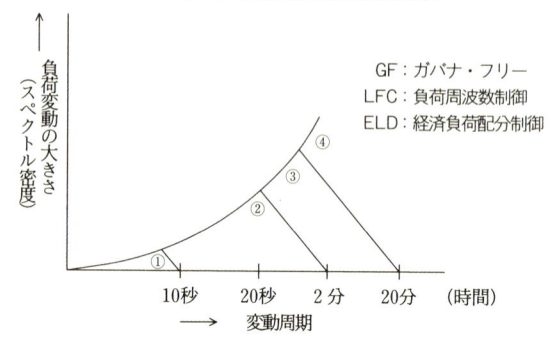

GF：ガバナ・フリー
LFC：負荷周波数制御
ELD：経済負荷配分制御

縦軸：負荷変動の大きさ（スペクトル密度）
横軸：変動周期　10秒　20秒　2分　20分　（時間）

①系統自体の自己制御性により自然に補正
②火力発電所および火力発電所のガバナ制御（GF）による調整
③LFC による調整
④ELD による調整

の差異によって生ずる周波数変動を給電指令所で行う需給調整による発電所の出力調整によって吸収し、目標範囲内に収めるようにする。

（3） 周波数制御発電所における自動制御

時々刻々変動する負荷変動に即応して、中央給電指令所の自動化システムにより周波数偏差を検出し、制御信号を制御発電所に伝送し、発電所側制御装置により発電所出力を自動制御するもので、通常数分～十数分程度の周期で変動する負荷調整を分担する。

（図3-7）のB曲線がその状況を示している。これがいわゆる負荷周波数制御（LFC）であって、周波数の偏差値を小さくするためには、発電機調整容量の総量を系統容量の5%程度とすることが望ましい。

（4） 調速機による周波数制御

周波数の変動に対しては、発電所の調速機が周波数を設定値に保つ方向に自動的に動作し、数分程度以下の短い周期で変動する負荷に対して有効である。

発電所では、設定された負荷を基準として系統周波数に応動するよう負荷制限装置（ロード・リミッタ）を除外して運転するガバナ・フリー運転を行い、短

周期の変動負荷は LFC の負担としないようにしている。

なお、このような短周期の負荷変動に対しては、即応性の高い火力機および水力機のガバナ・フリー運転が分担する割合が大きい。

水力発電所の調速機特性としては不動時間が小さく、感度が高く、しかも速度調定率も適正のものが必要であり、動作特性の優れている電気式調速機を使用している。(図3-7)のC曲線は、調速機運転による分担である。

1-3 連系線潮流と周波数変動

連系系統内で負荷が変化した場合、またはなんらかの原因で発電力が変化した場合には、連系線の電力潮流が変化する。

簡単な例として、二つの系統 A、B が送電線で連系されている場合について考えてみる(図3-9)。

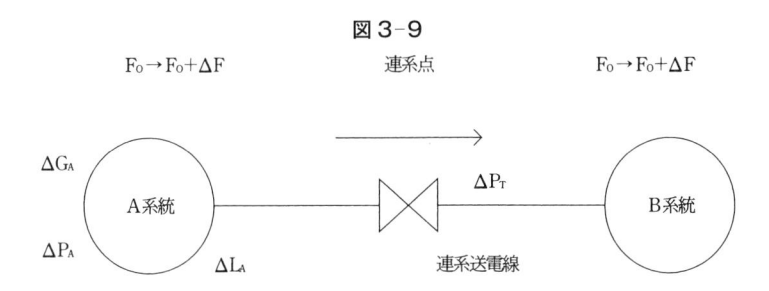

図3-9

$F_0 \to F_0 + \Delta F$ 連系点 $F_0 \to F_0 + \Delta F$

ΔG_A　A系統　　ΔP_T　　B系統
ΔP_A　　　ΔL_A　連系送電線

ただし、

ΔG_A：A 系統における発電力変化量

ΔL_A：A 系統における負荷変化量

ΔP_A：A 系統における差し引き電力変化量

ΔP_T：連系線の潮流変化量

いま、A 系統で $\Delta P_A = \Delta G_A - \Delta L_A$ の電力変化を生じ、両系統の周波数が ΔF だけ上昇(A 系統で負荷が減少したケース)したとする。

A、B 両系統は同期運転を行っているので、両系統の周波数変化は等しい。また、B 系統では電力変化はないものとすると、この場合、A 系統では ΔP_A だけ供給力が増加し A 系統から B 系統に電力が流れ込む。この潮流変化分を ΔP_T

とする。

A、B両系統の系統周波数特性定数を $K_A[\text{MW}/0.1\text{Hz}]$、$K_B[\text{MW}/0.1\text{Hz}]$ とすれば、

$$K_A \cdot \Delta F = \Delta G_A - \Delta L_A - \Delta P_T \quad \therefore K_A \cdot \Delta F = \Delta P_A - \Delta P_T$$

$$K_B \cdot \Delta F = \Delta G_B - \Delta L_B + \Delta P_T \quad \therefore \Delta P_T = K_B \cdot \Delta F$$

$$\therefore \Delta P_T = \frac{K_B}{K_A + K_B} \Delta P_A, \quad \Delta F = \frac{\Delta P_A}{K_A + K_B} \quad \text{となる。}$$

すなわち、周波数変化量 ΔF は、電力変化量 ΔP_A を連系系統の系統周波数特性定数 $(K_A + K_B)$ で割った値となる。また、ΔF と連系線潮流変化 ΔP_T との関係は、

$$\Delta F = \frac{1}{K_B} \cdot \Delta P_T \quad \text{となる。}$$

連系送電線の周波数—潮流特性を（図3-10）に示す。B系統のみに変化が起きた場合は、前述の場合と同様にして求められるが、これらの関係をまとめて定量的に示すと、（表3-4）の通りになる。

図3-10　連系送電線の周波数—潮流特性

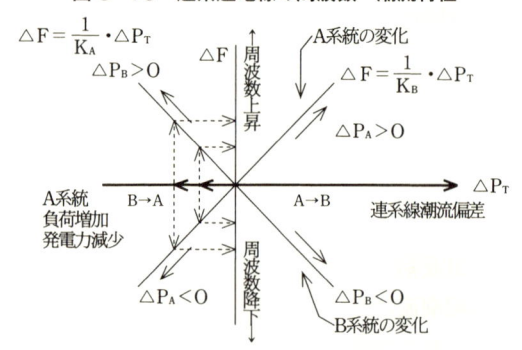

ただし、A・B両系統の連系線潮流は変化前潮流に変化量 ΔP_T が重畳された値となる。なお、時間的な観点からみると、（表3-4）は電力系統の静特性であり、実際の連系線潮流変化は、電力潮流—周波数の動特性を加味したものとなる。

第4節　電力系統の調整と制御

表3-4

	変化条件 (発電力か負荷のどちらかが変化する)			系統周波数変化量	連系送電線電力変化量	潮流変化の方向
	発電	負荷	変化量			
A系統	増加	減少	$\triangle P_A$	$\dfrac{\triangle P_A}{K_A+K_B}$	$\dfrac{K_B}{K_A+K_B}\triangle P_A$	A→B
A系統	減少	増加	$-\triangle P_A$	$\dfrac{\triangle P_A}{K_A+K_B}$	$\dfrac{K_B}{K_A+K_B}\triangle P_A$	B→A
B系統	増加	減少	$\triangle P_B$	$\dfrac{\triangle P_B}{K_A+K_B}$	$\dfrac{K_A}{K_A+K_B}\triangle P_B$	B→A
B系統	減少	増加	$-\triangle P_B$	$\dfrac{\triangle P_B}{K_A+K_B}$	$\dfrac{K_A}{K_A+K_B}\triangle P_B$	A→B

1-4　負荷周波数制御方式

負荷周波数制御 (Load Frequency Control-LFC) 方式には、次の四つの方式がある。

① 定周波数制御 (Flat Frequency Control-FFC)
② 定連系線電力制御 (Flat Tie Line Control-FTC)
③ 周波数偏倚連系線電力制御 (Tie Line Load Frequency Bias Control、または Tie Line Bias Control-TBC)
④ 選択周波数制御 (Selective Frequency Control-SFC)

(1)　FFC (定周波数制御)

この方式は、連系線潮流に無関係に電力系統の周波数だけを検出して規定値に保持するように、系統の発電力を制御する方式である。

定周波数制御を適用する系統では、系統の周波数のみに着眼して制御するため連系線の電力潮流は大幅に変動する。したがって、この制御方式は、単独系統または連系系統でも比較的系統容量が大きい主要系統に採用するのに適している。

わが国においては、50Hz系では東京電力㈱が、また直流連系されている北海

道電力㈱がそれぞれこの方式を採用している。

(2) FTC（定連系線電力制御）

この方式は、連系線電力を検出してこれを目標値に保つように制御発電所に制御信号を送り、その出力を制御する方式である。このため連系線電力潮流制御が主体となる。

たとえば、主要系統であるA系統に比較的小容量のB系統が連系し、連系線容量その他から潮流を運用目標値内におさめることが重要であると考えられるB系統に適用される。この場合、B系統においては、周波数に無関係に連系線電力潮流を制御するので、主要系統であるA系統で周波数を一定に保つような制御が行われていないと、安定した運用ができない。この場合の各系統の制御特性を（図3-11）に示す。

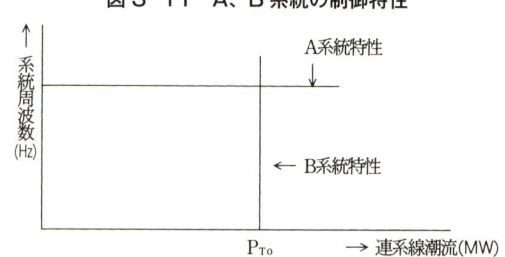

図3-11 A、B系統の制御特性

(3) TBC（周波数偏倚連系線電力制御）

いくつかの系統が連系している場合、一つの系統がFFC、他系統がFTCを行っていると、自系統内に負荷変化が起こったときだけでなく、他系統で負荷変化が起きても制御発電所が応動する。

周波数偏倚連系線電力制御は、周波数変化量（ΔF）と連系線電力変化量（ΔP_T）を同時に検出して負荷変化がどこの系統で起こったかを判定し、各系統では、自系統内に起こった負荷変化は自系統で処理する制御方式である。

この場合、（図3-12）に示すように、A系統およびB系統の負荷変化と系統周波数特性定数をそれぞれ ΔL_A、K_A、ΔL_B、K_B とすれば、

$$\Delta L_A = K_A \Delta F - \Delta P_T$$

図 3-12

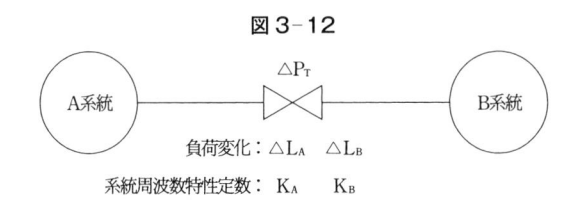

```
A系統 ──△P_T── B系統
   負荷変化：△L_A  △L_B
   系統周波数特性定数： K_A  K_B
```

(連系線潮流ΔP_Tの符号は A → B へ流れる場合を+とする)

$\Delta L_B = K_B \Delta F + \Delta P_T$

となる。

したがって、周波数変化量に系統周波数特性定数を乗じたものを連系線電力変化量に加えれば、自系統内に起こった負荷変化量を知ることができる。

(系統周波数特性定数)×(周波数変化量)+(連系線電力変化量)

なる量によって発電力を制御すれば、その発電所は自系統内の負荷変化だけに応動することになる。

この値は、連系系統内における制御必要量を示しており地域要求電力（Area Requirement-AR）といっている。

(4) SFC（選択周波数制御）

この方式は、TBC 方式と同じような制御特性を有しているが、TBC 方式が採用される前に採用された方式である。TBC 方式と異なる点は、周波数変化量、連系線電力の変化量の大きさそのものには無関係に、その変化量が+であるか-であるかを検出し、その組み合わせにより、いずれの系統で制御すべきかを判定し制御するものである。

1-5 複数系統で連系される連系系統の制御

複数の系統で連系される連系系統は、すべての系統が TBC 制御を行うのが理論的に好ましいが、バイアス値などの整定に困難が伴うので限度がある。そこで、この他に広く用いられる方法は、中心となる系統が FFC を行い、他の系統が TBC 制御を行う方法がある。

この場合は、中心となる系統が連系系統全体の不足応動量を補償するよう動

作するので、ある程度調整容量の余裕が必要である。

この制御は、中央給電指令所で周波数偏差および連系線電力変化量を検出し、系統全体として制御すべき出力を算出し、各発電所の制御能力を勘案して、各制御発電所に制御指令を発するもので、系統全体の監視と装置の運用がすべて中央で行われる。

この方法は、装置の調整、バイアス値の整定、制御発電所の制御分担比、制御発電所の切り替えなどが簡単で、しかも円滑に行うことができる。この方式は、TBC 方式を採用する場合、制御発電所が数カ所に及ぶ場合などに適しており、現在、欧米諸国をはじめわが国でも最も広く採用されている方式である。

近年、わが国では 50-60Hz 系統間および北海道―本州間で直流連系による広域運営の拡大が図られているが、直流連系でも周波数比率制御方式などの連系線潮流制御が行われている。(図 3-13) にわが国で採用している LFC 方式の現状を示す。

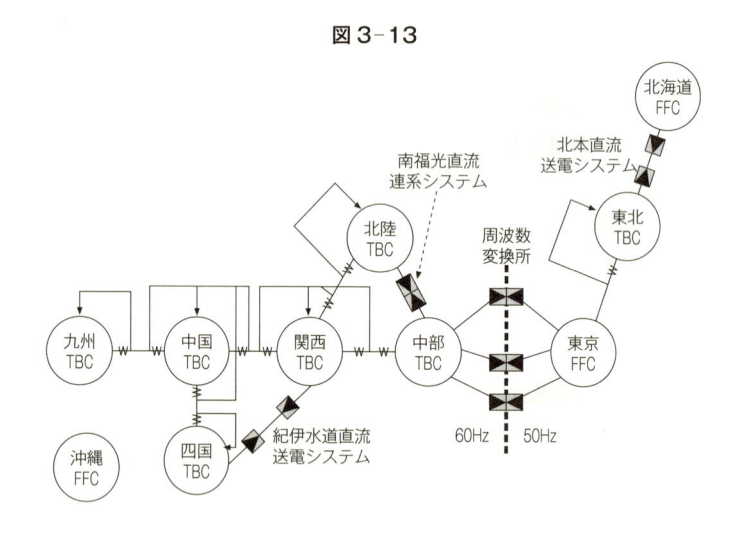

図 3-13

1-6 周波数制御発電所

(1) 周波数制御発電所の条件

周波数制御発電所としては、次のような特性を備えていることが望ましい。

① 負荷変動に即応した出力制御ができること。
② 出力制御幅が大きく、かつ調整電力量も十分であること。
③ 出力変動による機械系および水理系振動や運用上の影響がないこと。
④ 送電系統上あるいは水利上の支障が少ないこと。
⑤ 自動制御を行う場合の制御系の構成が容易であること。

(2) 水力発電所

制御対象発電所は、貯水池式または調整池式発電所であって、使用水量の季節的変化が少なく、また農業用水・水道水などのための使用水位および水量の制限も少なく、上下流発電所より独立しており、出力変化により下流発電所の運用に制約を生じないことが必要である。

とくにサージタンクと圧力トンネルを含んだ水理系をもつ発電所では、水理系の振動によって、サージタンクの水位が周期的に大きく変動し、溢水することのないように出力変動幅を抑えるなどの配慮が必要である。

最近、大容量高落差の揚水式発電所が開発されているが、火力発電所に比較して、負荷変動の追従性に優れており、早期の負荷の立ち上がり、および昼休みの負荷変動の調整用として使用すれば周波数調整効果が大きい。

(3) 火力発電所

系統容量の増大に伴って、火力発電所においても負荷周波数制御を行う必要が生じ、制御対象も小容量ユニットから大容量ユニットへと逐次拡大されつつある。制御発電所として使用する場合は、起動に要する時間、運転可能範囲、制御運転時の出力変動幅および変化速度について、各機ごとに試験を行って選定する必要がある。

(4) 原子力発電所

原子力機は出力変化についてはフレキシビリティがあり、LFC運転時における変動対応の可能性はあるものの、現状では燃料面からみた経済運転の他、負荷のサイクリックな変動に対する原子炉特性と、サイクリックな過渡変動による燃料への影響などの問題が解決しておらず、LFC運転を可能とするためには

十分な技術的検討と運転経験が必要である。

1-7　周波数と有効電力の協調制御

（1）　制御方式
　周波数と有効電力の協調制御は、先に述べた負荷周波数制御と、全体の燃料費を最小とするように各発電機の出力を調整する経済負荷配分制御とで構成される。EDCは必要以上に早い周期で行っても、その経済性は向上しないので周期成分はLFCより遅い部分を分担している。

（2）　LFC（負荷周波数制御）
　負荷変動の数分～十数分の周期成分はまったくランダムで、あらかじめ予測できないため、周波数および連系線の潮流変化を検出し、これを速やかに零とするようなフィードバック制御が必要である。
　その基本構成は（図3-14）のようになる。装置構成については、アナログ方式、デジタル方式および両者を組み合わせたハイブリッド方式などが開発されたが、近年では、電子計算機の技術の進歩、高信頼度化によりデジタル方式を採用している会社が多い。
　周波数制御の誤差は累積されて、電気時計の時差として表れるので、時差が

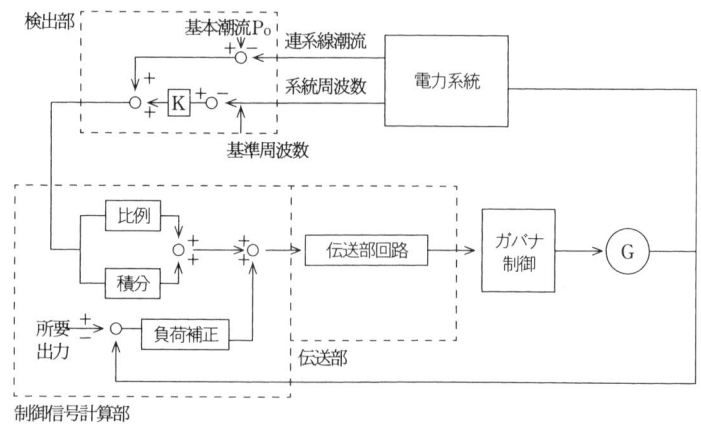

図3-14　LFCの基本構成（TBCの場合）

規定値に達すれば基準周波数を少し変化させて、これを補正する「時差補正部」が付加される。

また、連系線電力制御の誤差は電力量として累積されるので、予定電力量と比較し、時間帯末に許容誤差以内におさまるよう基準潮流を補正する「連系線電力量補正制御」が行われる。

（図3-14）で制御信号計算部は、検出部で得られた制御量を調整する部分で、制御量に比例する信号および積分された信号を発電所の応動特性に応じて伝送する。

制御量を零とするために、制御系として積分要素を含むことが必要であるが、中央に積分制御器を設ける場合と、発電所ガバナ・モータの積分特性を利用する場合がある。

負荷補正部は、発電所の負荷分担を規制するためのもので、経済負荷配分出力を設定し、発電所出力がこれに一致するような補正信号を出すことにより、LFCとEDCの協調制御を行わせる。

LFCとEDCの協調制御を考慮した制御信号計算部の方式は、次のように分類される。
○直列方式
○並列方式
○再配分方式
○複合方式

おのおのの比較を（表3-5）に示す。現在、わが国では並列方式、再配分方式または複合方式が用いられている。

デジタルLFCの制御周期は3～5秒程度となっている。またデジタル制御になったことにより、近代制御理論を用いた制御方式も研究されている。

(2) EDC（経済負荷配分制御）

LFCは、周波数および連系線潮流を規定値に調整するため、発電所の出力応答の可能な範囲で速やかに制御する。このため、各発電所の出力は必ずしも経済的な配分になるとは限らない。したがって、LFCで応動した出力を経済的な出力配分とするためにEDCが必要である。

第3章　電力系統の運用

表3-5　LFCとEDCの補合方式

方式	原理回路概要	利点	欠点
直列方式	A.R → LFC → EDC → G（系統）	常に経済的な制御が行われる	EDCの計算制御速度で規制されるのでA.Rの吸収が遅くなる
並列方式	LFC、A.R、EDC → G（系統）	大きなA.Rに対し、LFCとEDCの両者が合成され、速やかに制御される	LFCとEDCの制御方向が一致しない場合がある
再配分方式	A.R → LFC → G、EDC（系統）	A.Rを速やかに吸収する	・再配分の過程で系統に外乱を与えることになる ・LFC調整容量が大きくなる

(注)　A.R：地域要求電力、自系統内の制御必要量で
　　　｛(系統周波数特性定数)×(周波数変化量)＋(連系線電力変化量)｝として表わされる。

　EDCをLFCと合わせて、実際に運用するにあたっては、火力機の負荷変化速度、LFCバンド切替時間、給水ポンプ切替時間など種々の運転制約条件がある。

　このため単純な経済負荷配分を行っても、発電機がこれに追従しない場合が多い。したがって、これら制約条件下で常に過不足なく発電機出力を調整していくには、負荷予測に基づいた先行制御を行う。

　60万kWユニットの制約条件の例を示すと（表3-6）および（図3-15）の通りである。

　先行予測期間としては、朝の負荷の立ち上がり時間などから2～3時間程度必要である。

①負荷予測

　電力需要は天候、季節、曜日および社会的要因により変動し、その日の負荷パターンが大きく左右される。この需要を予測するため、過去の実績を基にそ

第4節　電力系統の調整と制御

表3-6　火力機のLFC運転制約（例）

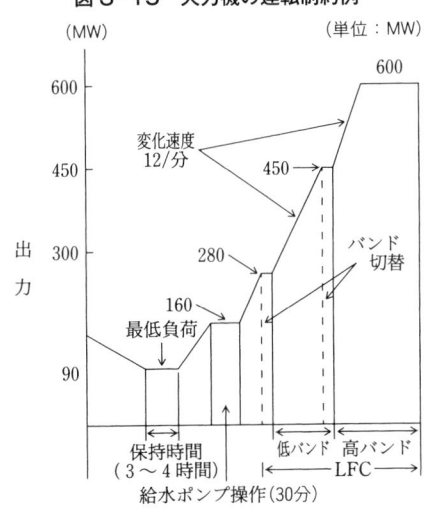

負荷変化幅	高　域	MW	600〜450
	低　域	MW	450〜280
負荷変化速度	ＬＦＣ使用	MW／分	12
	ＬＦＣ除外	MW／分	5　（280〜160の範囲） 3　（160〜 90の範囲）
バンド切替時間		分	1分程度
給水ポンプ切替時間		分	30（160MWに保持）

図3-15　火力機の運転制約例

の日の予測される事項に修正を加え、日間の総需要カーブを作成する。

EDC制御プログラムでは、この総需要カーブを基に、これを実際の総需要との差異により修正を加えて2〜3時間先までの負荷予測を行う。

②火力機の経済負荷配分方法

予測需要から水力の自流分や固定出力の原子力機などを差し引き、火力機総合の分担出力パターンを求め、前述の諸制約の下で等ラムダ法により経済負荷配分計算を行う。（図3-16）は2台の発電機の場合の経済負荷配分の例であるが、

図3-16 火力機の経済負荷配分例

(a) 発電機の制約条件を無視した場合

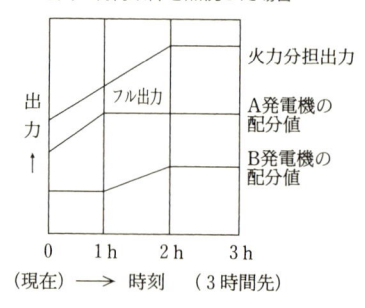

(b) 実際の可能応答カーブ

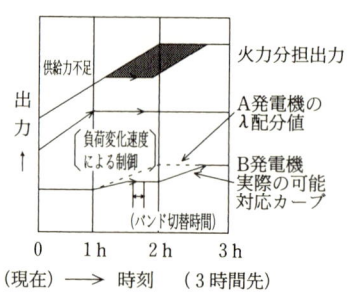

(c) 発電機の制約条件を考慮した場合

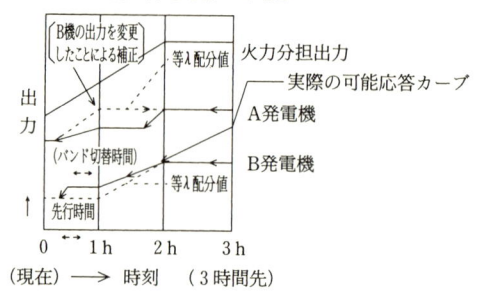

- 発電機の制約条件を無視して、各時点で等ラムダ法による負荷配分を行った場合の経済負荷配分結果は(a)図のようになる。
- このまま運用すると、発電機の運転制約によりB発電機が追従できない場合には(b)図の斜線部に担当する供給力不足が生じる。
- このような供給力不足を招かないために、応答の遅いB発電機は、(c)図のように先行して負荷をとる必要があり、これにより変更した出力は、他のA発電機で補正しなければならない。

2. 潮流調整

2-1 潮流調整の目的

電力系統における電力潮流は、有効電力および無効電力に分けられる。これ

第4節　電力系統の調整と制御

らの潮流は、電源構成、送変電設備などにより制約を受け、また需要および供給力の変化に伴い時々刻々と変化する。しかも各地の需要の特性の相違および電源の供給能力、効率などによる運転方法の相違などにより、電力潮流の変化は一様ではない。

さらに、この間に作業あるいは事故などによる発電所および送電線の停止を伴う場合があるので、合理的な系統運用を行うためには運用前の計画時点で適正系統構成を組み、電源設備の適正な発電調整計画を立てると共に、常時の電力潮流を監視し、時々刻々の潮流変化に対応して適切な潮流調整を行わなくてはならない。

電力潮流調整は、次の事項を目標として行う。
①電力系統の安定運用
　・電力設備の過負荷防止
　・安定度（定態・過渡）の向上
　・系統分離時における系統の壊滅防止
②電力系統の経済運用・電力系統の送電損失の軽減
③適正電圧の維持
④周波数調整

実際に潮流調整を行う場合、これらの目的を同時に、十分満足させることができるとは限らないので、このような場合には、それぞれの重要度を勘案のうえ、総合的調整および部分的調整を行う必要がある。

この潮流調整の具体的方法として、
・有効電力潮流は、発電所の出力調整の他、発電所、変電所の系統接続変更
・無効電力潮流は、発電所の運転力率調整、調相設備の運転停止などにより行う

しかも、これらの実施にあたっては、担当給電所が系統全体の状況を常時把握し、関係発変電所と密接な連絡を保ち、刻々の系統状況変化に即応して適正な潮流調整を行う必要がある。

なお、広域運営の強化に伴い、自社のみならず連系している他社系統への影響も考慮する必要があり、潮流調整は重要な業務となっている。なお、③の適正電圧の維持および④の周波数調整に関する潮流調整は、後述しているので説

明を省略する。

2-2 安定運用面からの潮流調整
（1） 電力設備の過負荷防止からみた潮流調整

電力設備の事故時、あるいは作業時には設備容量が減少し、潮流の大きさによっては運転継続中の並列設備が過負荷となり、そのまま運転を継続していては、設備の損傷または過負荷継電器の動作により自動しゃ断することにもなる。

したがって、一般には過負荷の程度により一定時間内に潮流調整を行い、過負荷を解消させる他、運転員による潮流調整では間に合わないような場合には、保護継電器により自動しゃ断させる。

電力設備が自動しゃ断、あるいは損傷に至った場合、電力系統の供給信頼度を著しく低下させるので、平常時および事故時の潮流が電力設備の過負荷限度以内に収まるよう潮流調整を行う必要がある。

①変圧器の過負荷限度

変圧器は熱容量が大きく、送電線や直列機器などの他の電力設備に比して過負荷限度における運転継続許容時間が長いのが特徴である。

変圧器の過負荷限度は冷却方式（自冷、水冷、送油、風冷など）、周囲温度（季節、時間の差）により異なるが、実運用では設置場所、負荷特性、設計、材質、経年などの相違を勘案して、寿命および保守への影響が問題とならない範囲まで過負荷させることを許容している。

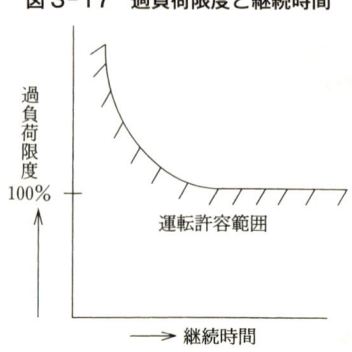

図 3-17 過負荷限度と継続時間

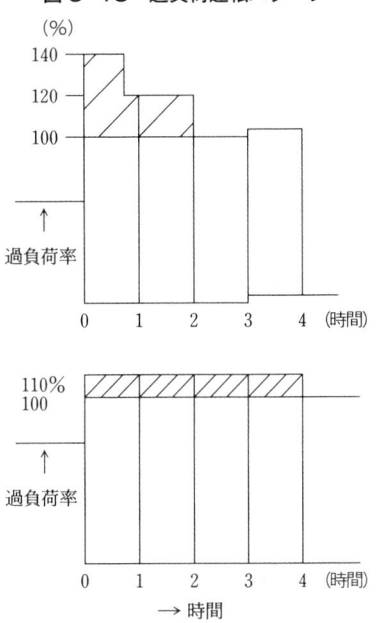

図3-18 過負荷運転パターン

　変圧器の過負荷限度は、過負荷継続時間により異なり、この両者は（図3-17）に示すような反比例の関係を有する。したがって、この範囲内に収まる過負荷運転は、どのような方法でも可能であるが、運転上の簡便さを考慮して、系統操作に要する時間を標準単位に区切り過負荷運転パターンを決めている。その一例を（図3-18）に示す。

②送電線の過負荷限度

　送電線の温度上昇は、気象条件（気温、風速）、線種により異なるが変圧器に比して熱容量が小さいため、過負荷運転許容時間が3分の1～5分の1と短くなる。もしこれ以上長く運転すれば電線の伸び、さらには電線溶断の危険性が生ずる。したがって、平常時の電力潮流は、1回線事故時に他の健全な送電線が過負荷限度内に収まり、しかも過負荷運転許容時間内に系統操作などを行い、定格電流以下にできるよう事前に調整しておく必要がある。

③過負荷運転における注意事項

　過負荷運転は緊急時などにやむを得ず行うもので、実施に際しては、次の点

に留意し細心の注意を払って行う必要がある。
　a．過負荷時は設備監視を怠らないこと。
　b．過負荷時は負荷時電圧調整装置をロックしておく。
　c．過去における過負荷実績、事故実績、経過年数などを事前に調査しておき、とくに必要な場合は設備別に過負荷限度を決めておく。

(2)　安定度面からの電力調整

　電力系統の安定度は系統構成、発電機の特性、系統保護方式および潮流条件などの影響を受ける。万一、安定度崩壊に至った場合には、全系的に大きな影響を受けるので、定態・過度安定度についてもその運用限界値を把握して、適正な潮流調整を行う必要がある。

　また最近、深夜軽負荷時に系統電圧が上昇し、その対策として、水・火力発電機の低励磁運転(進相運転)を行うことがある。火力機は短絡比が小さく、同期インピーダンスが大きいため(約160～190％)定態安定度が低下するので、低励磁運転の限度を把握して運用する必要がある。

　なお、他社連系を含めた電力系統の拡大により、安定度の問題は一社のみならず連系系統全体の運転状態の影響を受ける傾向にあり、連系された全系の適切な潮流調整を行う必要がある。

(3)　連系分離・系統分離時の単独系構成面からの潮流調整
①分離点の考え方

　分離点は、事故が発生した場合または発生が予想される場合、停電範囲を極力小さくするため、自動または手動により系統の連系を解くことがあらかじめ定められた、会社間または自社内電力系統間の連系点である。

　分離点設定の基本的な考え方は、分離された単独系統における需要と供給のバランス、分離時における周波数変動、安定度の維持、電圧調整などの系統運用を円滑に実施することにある。

　特に、最近のように大容量火力・原子力の系統並列により、事故時などにおける周波数変動に対する制約が厳しい場合には周波数変動を極力抑えるよう、適切な分離点を決めておくことが重要である。

②分離点の潮流調整

　分離点の潮流調整は、あらかじめ定められた融通計画に、当日の需要並びに供給力の変動を織り込み、発電力を調整することにより行う。この場合、系統事故時に事故時潮流がさらに重畳されることを考慮し、この場合も系統間脱調、大幅な周波数変動、送変電設備の過負荷が生じないよう分離点の運用限界潮流を設定して、この限度内に収めるよう潮流調整を行う。

　これらの配慮がない場合は、分離後の単独系統における周波数変動が大きくなり、この結果、振動発生などの悪影響を並列火力機に与える他、場合によっては大容量火力・原子力機の連鎖的脱落や負荷しゃ断を引き起こすことでさらに系統周波数が変動し、ひいては単独系統の壊滅に至る恐れがある。

③系統分離と連系運用

　系統分離を分離点の特徴からみると、
- 　各社間の系統連系点における分離……………………………………連系分離
- 　自社内の適切な系統連系点における分離……………………………系統分離
- 　火力系統（火力発電所と適当な周辺負荷を含めた系統）との連系点における分離……………………………………………………………火力単独分離

がある。

a. 各社間の系統連系点における潮流調整

　わが国における各社間連系点の潮流調整は、東京電力系統で定周波数制御（FFC：Flat Frequency Control）を行い、他社は周波数偏倚連系線電力制御（TBC：Tie Line Load Frequency Bias Control）制御を行っているので、平常時には自社内で処理するよう発電力を自動的に調整する自動制御方式をとっている。

　各社間連系点の潮流限度は、送電線の連続容量よりはむしろ過度安定度並びに定態安定度面で制約されることが多いこと、また連系分離後に予想される周波数低下（または上昇）限度を考慮した潮流となるよう目標値を定めて運用している。

b. 自社内の適切な系統連系点並びに火力系統との連系点における潮流調整

　自社内においては、たとえば、系統分離点を（図3-19）のように定め、次式により分離点潮流の調整幅を算出し、常時この限度内に収めるよう調整する。

第3章　電力系統の運用

図3-19　系統分離点

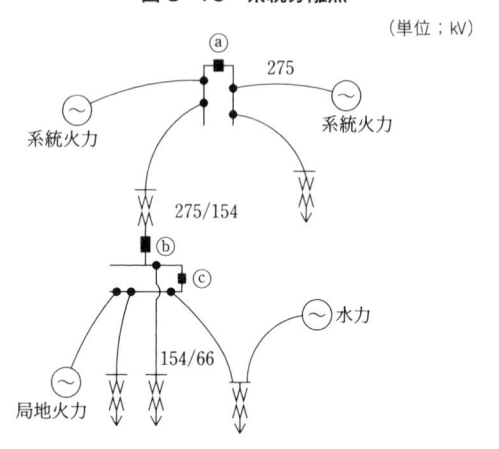

(単位；kV)

$$K/100 \cdot \Delta F_u \cdot P \sim K/100 \cdot \Delta F_d \cdot P$$

ただし、

　K：系統周波数特性定数（% MW/Hz）

　F_u：単独系統の周波数上昇許容限度（Hz）

　F_d：単独系統の周波数低下許容限度（Hz）

　F_o：基準周波数（Hz）

　$\Delta F_u = F_u - F_o$　$\Delta F_d = F_d - F_o$

　P：単独系統の系統容量（MW）

　図3-19に示す系統分離のうちで、ⓐは275kV系統を2分する点で、縦割分離点といい、ⓑ、ⓒはいずれか適正潮流の得られる点を選定するが、この点は275kVと154kV系との分離点で、横割分離点という。

　周波数の上昇（低下）許容限度は、周波数変動に対して最も敏感である大容量火力・原子力機の特性によって決められる。

　この特性を考慮して、各電力会社ではそれぞれ目標値を定めて運用している。最も問題となる周波数低下許容限度は、新鋭火力機および原子力機の場合、50Hz系では48.5Hz、60Hz系では58.5Hz程度としている。

(4) 連系線の電力潮流調整

連系線の潮流は、連系系統全体として経済性、需給不均衡などから決められるが、実運用に際しては次のような系統運用上の検討を加え、連系線における潮流に支障のない限度内で広域運営が行えるよう、融通電力を決定する必要がある。

①連系設備および連系線の設備容量
②安定度（定態、過渡）
③電圧（平常時、事故時）
④系統分離時における単独系統の周波数低下または上昇
⑤大電源脱落時の周波数低下と連系線潮流

連系線の潮流調整を行う場合、ベースとなる大きい潮流調整は大容量調整発電所の手動調整によって行い、常時の負荷変動によるランダムな潮流変化に対しては、周波数調整と組み合わせて自動制御を実施している。

これらの自動制御方式の説明は、周波数調整で述べているので、ここでは省略する。

また連系線の潮流制御をスムーズに行うためには、
①調整容量の確保および調整カ所の分散保有
②適切な補助調整および需給バランス計画の精度向上
③調整結果の十分なる監視

などに十分留意しておく必要がある。

2-3 経済運用面からの潮流調整

電力が送電線で送られている限り、送電線の抵抗Rにより、$I_i^2 \cdot R$に相当する電力が熱損失となって失われる。

送電系統における送電損失は次式で表される。

$$P_L = \sum_i \frac{P_i^2 + Q_i^2}{V_i^2} \cdot R_i$$

ただし、
　P_L：電力損失
　P_i：i線路の有効電力、Q_i：i線路の無効電力

V_i：i 線路の電圧
R_i：i 線路の抵抗

　この式から分かるように、電力損失を軽減するには、有効電力および無効電力を調整すればよいことが分かる。簡単な2端子系統間の電力損失軽減は潮流調整も容易であるが、実際の電力系統では、有効電力の調整は発電力の調整、系統構成の変更を、また無効電力の調整は発電機の力率調整および調相設備の調整を全系的な観点から行う。
　これらを合理的に行うため、実際の運用においてはEDCやVQCなどのオンライン制御が使われる。

2-4　潮流調整のための系統操作

　日常、潮流調整、電圧調整その他運用上の問題点の解決対策として発電機の出力調整、力率調整あるいは調相設備の運用があるが、この他に電力系統間、同一電力系統内における送電系統間および回線間で発電機、変圧器および送電線などの切替操作が行われる。

（1）　系統切替操作方法の種類

　系統切替操作方法は、次の4種類に大別される。
　①ループ切替
　ループ切替とは、発電所または変電所を同一電力系統内の他の送電系統または他の回線に無停電で切り替える方法で、切り替えようとする開閉器を投入して、一端ループとしたうえ、いままで送電または受電していた開閉器を開放する方法である。
　②並列切替
　並列切替とは、電力系統の一部を他の電力系統に切り替える場合、その電力系統全体を切り替えようとする他の電力系統に一端並列した後、切り替えようとする部分を他の電力系統に残して並列を解いて無停電で切り替える方法である。
　③解列切替
　解列切替とは、電力系統の一部を他の電力系統に切り替える場合、いままで

連系されていた電力系統から解列して、一端別の単独系統とし、その後で連系しようとする他の電力系統に並列して切り替える方法をいう。

④停電切替

停電切替とは、発電所または変電所を他の電力系統へ切り替える場合、いままで送電または受電していた開閉器を開放し、一端停電状態としてから切り替えようとする開閉器を投入して切り替える方法をいう。

(2) 系統切替操作の適用条件

系統切替操作を行う場合、切替時に発電支障、供給支障の発生を防ぐため、極力ループ切替を行うのが好ましい。しかし、切替操作に関連ある電力系統の状態、切替開閉器の開閉能力、安全性の確保などの面でループ切替が困難な場合には、他の操作方法で切替操作を行う。

系統切替操作の実施にあたっては、切替操作の種類に応じて次に示すように、必要な条件を満足させるよう系統状態を操作しなくてはならない。

①ループ切替必要条件

ループ切替を行う場合、両電力系統間に位相差および電圧差があると、ループ切替時にその差に応じたループ横流が流れる。したがって、ループの実施にあたっては、ループ回路内の電力設備が過負荷になったり、リレー動作が生じたりしないよう、位相差、電圧差をある値以内に抑える必要がある。

a. 位相差を調整するには、ループ予定回路内の進み位相側から遅れ位相側に向かう有効電力潮流を減少させるよう発電機出力の調整を行う。なお、ループ予定回路では十分な潮流調整が行えない場合には、ループ予定回路をバイパスするなどして別ループを構成し、当初のループ予定回路内の電力潮流量を軽減させたうえで、ループ予定回路をループ切替する。

b. 電圧差を調整するには、ループ切替点、またはその近傍の発・変電所で、できるだけ調整効果の大きい地点に設置されている各種電圧調整装置を使用する。

なお、ループ・オフする場合には、開放地点の有効電力潮流および無効電力潮流変動を極力少なくする必要がある。そのようにしないと、ループ・オフ時に潮流変化および電圧変動が大となり、運用上支障がでる恐れがある。

②並列または解列切替の必要条件

並列または解列切替を行う場合には系統並列、解列地点における両電力系統間の周波数差および電圧差が大きいと並列時に系統動揺が発生し、最悪の場合には脱調に至る。

したがって、この周波数差、電圧差は極力小さくするよう両電力系統で発電調整、電圧調整を行う必要がある。

a. 周波数調整は、系統容量の小さいほうの電力系統における並列発電機の出力調整によるのが容易である。

b. 電圧調整は、系統容量の小さいほうの系統側に並列している各種電圧・無効電力調整装置により調整するのが容易である。

(3) 系統切替操作時の注意事項

系統切替操作を行うにあたっては、次の点に留意する必要がある。

① 系統切替操作は、しゃ断器により行うことを原則とする。

② 系統切替時に潮流や電圧変動などのため保護継電器が誤動作する恐れがある場合は、これをロックして行うことなどを考慮する。

③ 悪天候など（雷雨、濃霧など）には、系統操作を中止するのが望ましい。なお事前に悪天候などを予測できる場合には、万一系統事故が発生しても、電力系統の受ける被害を最小にとどめるよう、必要に応じて系統切替操作を行い、電力潮流を調整するのが望ましい。

(4) 系統切替操作時の判定方法

ループ切替を行うには、ループ切替点における電圧差および位相差を測定し、これらからループ時の横流を算定し、ループ回路の電流が電流容量超過または保護継電器の動作に至るか否かを判定する。電圧差、位相差から横流を算定する方法の一例を次に示す。

一般に、ループ切替を行う場合には、位相差はほぼ10度以内であることが多く、近似的に横流の有効分は位相差で決まり、無効分は電圧差によって決まると考えてよい。

したがって、横流の有効分P、無効分をQとすると次式で表せる。

$P = a \cdot \Delta\theta$　〔MW〕

$Q = \beta \cdot \Delta V$　〔MVar〕

ただし、

　$\Delta\theta$：切替点の位相差〔度〕、V：切替点の電圧差〔kV〕

　a、β：回路により決まる定数で次式で表される。

$$a = \frac{17.5}{X_0}\left[\frac{MW}{度}\right] \quad \beta = \frac{1000}{X_0 V}\left[\frac{MVar}{kV}\right]$$

　X_0：ループ回路のリアクタンス〔10MVAベースの％値〕

　　V：ループ点の公称電圧〔kV〕

なお実運用に際しては、ループ切替点それぞれについて電圧差、位相差とループ横流との関係を事前に求めておき、ループ切替許容電圧差、位相差を定めておくのが望ましい。

実系統では、一般に位相差5度以内であれば問題ないが、系統および潮流状況によっては10～15度程度で実施している。電圧差は10％程度以下であればほとんど問題なくループ切替を行うことができるが、操作にあたっては慎重な事前検討を必要とする。

2-5　ループ系統の潮流調整

(1)　ループ系統の潮流調整の必要性

ループ系統とは、(図3-20)に示すように環状送電線により連系される系統をいい、これには電圧階級別にみて、

①同一電圧階級ループ系統〔たとえば、275kV系統〕

②異電圧階級ループ系統〔たとえば、275-154kV系統〕

に大別される。

ループ系統を構成する各送電線の潮流は、負荷の配置、各送電線の導体の種類、亘長、回線数の差などにより、配分が異なってくる。したがって、次の観点から潮流制御が必要となる。

　a. ループ系統全体の送電容量を増大する

1送電線の送電電力が設備容量限界となり、そこがネックとなって他の送電線に余裕があっても、ループ系としては電力の送電ができないようなケースが

図 3-20 ループ系統の概念図
(a) 同一電圧階級型ループ系統　　(b) 異電圧階級型ループ系統

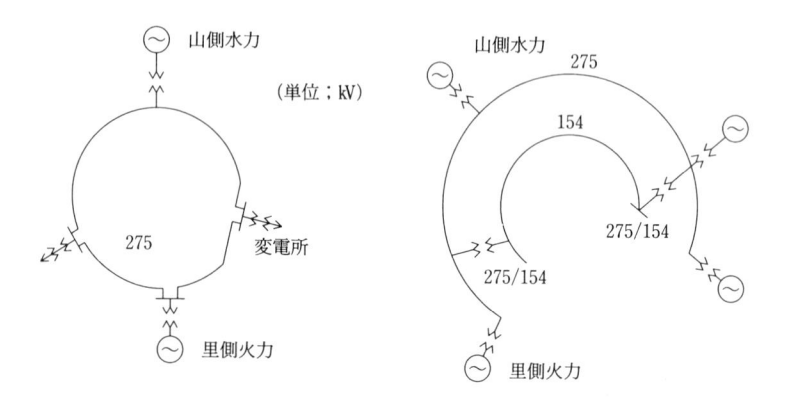

生ずる。このような場合には、各送電線の潮流を適当に配分して系統全体としての送電容量を大きくする。

b. ループ系統全体の信頼度を向上する

ループ系統全体の安定度は、故障の種類や故障前の各送電線潮流によって左右されるので、想定される故障に対して適切な潮流配分を行っておき、系統全体としての信頼度を高める。

c. ループ系統全体としての電力損失を軽減する。

送電線の抵抗分に応じて適切な潮流配分を行い、系統全体としての電力損失を軽減する。

(2) ループ系統の潮流調整方法とその実施例
①潮流調整方法

ループ系統における潮流調整方法としては、一般に発電機出力調整の他に、(図3-21) に示す三つの方法がある。

位相調整器は、送電線Aの相差角θに対して位相角ϕだけ変化させ$(\theta+\phi)$とするもので、ϕが正の場合はA送電線の電力を増加し、負の場合は減少させる。

直列コンデンサ、直列リアクトルは、それぞれ送電線Aのリアクタンスを減少または増大させ、A送電線の電力を増加または減少させる作用をする。しか

図 3-21　ループ系統における潮流調整方法

潮流調整の方法	各方法の比較
位相調整器による方法	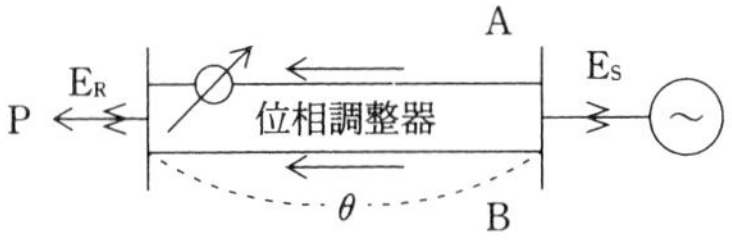
直列コンデンサによる方法	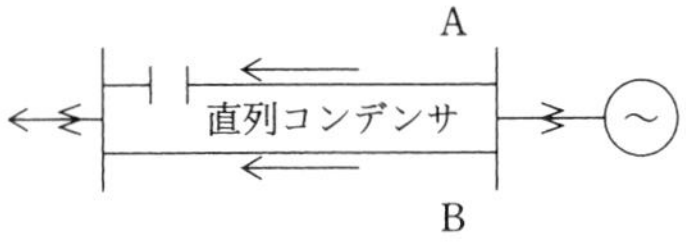
直列リアクトルによる方法	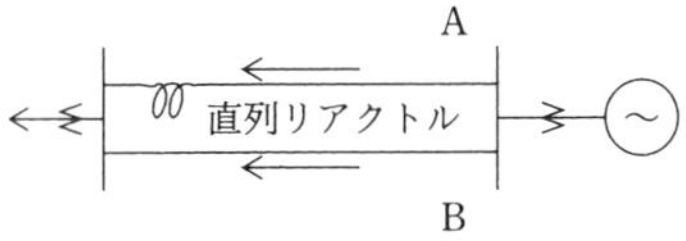

し、直列コンデンサは火力および原子力発電所の近傍では軸ねじれや共振の発生に、また直列リアクトルは安定度・電圧の低下につながることから、適用にあたっては十分な検討が必要である。

②潮流調整の実施例

位相調整器（Loop Power Controller、LPC と呼んでいる）による潮流調整例と

図 3-22　位相調整器の制御対象系統例

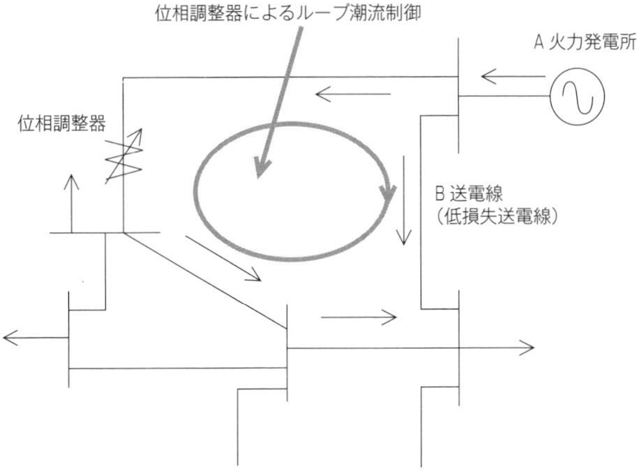

して、(図3-22)のように東北電力㈱の275kVループ系統内に位相調整器が設置されている。このLPCは、大容量のA火力発電所で発電した電力を、送電容量が大きく送電損失の小さいB送電線に多く分流させるために設置されている。LPCタップを変更することによりループ内に流れる潮流を調整すると同時に、平常運用時における系統内の電力損失を軽減するよう中央給電指令所から計算機によるオンライン制御を行っている。また、ループ系統内送電線事故時には重潮流送電線の過負荷を解消するような調整も行うことができる。

3. 電圧調整

3-1 電圧調整の目的

電力系統の電圧は、需要および供給力の変動により刻々変化するが、この変化を一定の範囲に収め、需要家が電気機器を支障なく使用できるよう電圧の安定維持を図ることが必要である。

この許容電圧範囲については、低電圧に関しては電気事業法第26条および電気事業法施行規則第44条により、101±6V あるいは202±20V と定められている。高電圧以上に関してはとくに規定されていないが、前記規則に準じて電圧変動目標幅を定めてその維持に努めている。

近年の技術革新により、電子計算機や自動制御機器など各種電子応用機器が広範にわたって使用されており、供給電圧に対する需要家からの質的要請はますます厳しくなっており、各電力会社ではこのような要請に応じ、多くの自動制御機器によって適正電圧に維持するよう努めている。

一方、電力系統においては電力需要の増大と共に、電源の遠隔・大容量化、送電線の長距離・高電圧化やケーブル系統の増大など、系統構成面で質的変化が生じている。したがって、サービスレベルの維持向上という面だけでなく、電力系統の安定運用、無効電力の適正配分による送電損失の軽減および設備利用率の向上などの経済的運用という観点からも、適正な系統電圧の維持が必要である。

適正電圧を維持するには、電力系統に散在する各電気所の無効電力を制御する必要があり、発電機の電圧、力率調整や電圧調整装置および各種調相設備の

総合運用によって、電圧・無効電力の調整を行っている。
　以下、基準電圧の設定法、電圧・無効電力調整装置およびその調整・制御方法について述べる。

3-2　基準電圧の設定

　系統電圧の調整にあたっては、次の方針で運転基準電圧あるいは無効電力潮流を設定し、これを維持するように努めている。
　①需要家供給電圧の基準を維持すること
　②電力機器が正常に機能し、系統の安定運転ができること
　③適正な無効電力バランスを維持し、送電損失の軽減を図ること
　④連系点の電圧、無効電力潮流の適正化を図ること
　⑤電圧調整機器および調相設備が有効に稼働できること
各電気所ごとの基準値の設定方法は次の通りである

(1)　配電用変電所
　配電用変電所においては、需要家供給電圧を規定値（101±6Vあるいは202±20V）に維持することを目標とし、二次側母線の基準電圧を設定している。
　基準電圧の設定にあたっては、対象バンクの各フィーダーの日負荷曲線あるいは最大・最小負荷の想定値、高圧線電圧降下、柱上変圧器タップ変更点、低圧線電圧降下および配電線用電圧調整機器の設置状況などを総合的に検討し、バンク全体として総合的に需要家供給電圧が規定値を維持できるよう決定する。
　なお、この基準電圧は需要の伸び、あるいは季節的負荷変動に応じ、毎年数回の見直しを行っている。

(2)　一次変電所
　一般に電圧調整装置を有する変電所の二次側母線に基準電圧を設定することが多い。基準電圧の設定にあたっては、季節別、時間帯別（夜間・昼間・点灯）の予想潮流に基づいて系統の潮流計算を行い、当該変電所から供給される配電用変電所の一次側電圧および特高需要家の電圧を満足すると共に、接続発・変

第3章　電力系統の運用

図3-23　送電系統の概念図

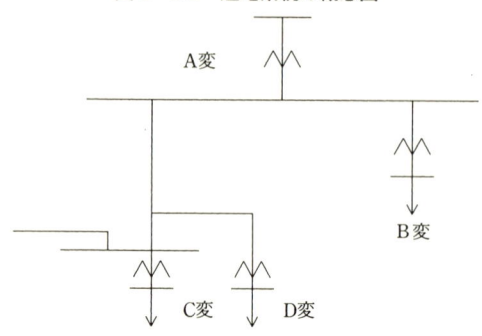

電所の電圧調整機器が適正に運用でき、かつ隣接系統の基準電圧と協調がとれるよう検討を行って決定している。

(図3-23)に示す系統において、各配電用変電所B、C、Dの二次側基準電圧が前項(1)により決定されると、その一次換算値と対象期間の代表負荷による変圧器および線路の電圧降下から、各配電用変電所に供給すべきA変電所の電圧が得られる。

ここで、B、C、Dに電圧調整装置がある場合は、その調整範囲だけの変動幅が許容されることとなり、Aの基準電圧はB、C、Dの許容最高電圧のうちの最小値と、許容最低電圧のうちの最大値の間に選ばれる。

この関係を示したものが(図3-24)である。なお超高圧変電所の一次側母線電圧は、一般に二次側母線電圧を基準値に維持できる範囲であればよく、電力設備の許容電圧範囲、電圧の上・下限値を設定し、必要により全系の無効電力バランスの適正化、送電損失の軽減、系統の安定運用などを考慮して、特定の

図3-24　A変の基準電圧の設定範囲

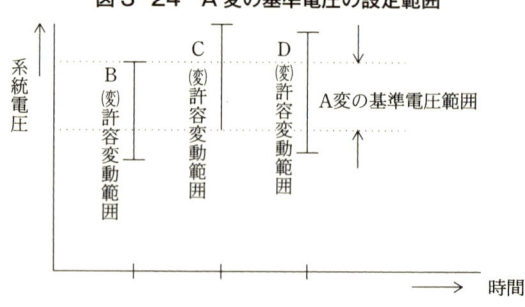

発変電所に基準電圧を設定することもある。

(3) 発電所
発電機の運転方式は、次の二つに大別できる。
① 固定した運転基準値は定めず、中央計算機からの制御指令にしたがって運転する場合。
② 個別に運転基準電圧あるいは基準力率（または基準無効出力）を設定し、これに基づいて運転する場合。

①の場合、運転電圧については一般に定格値の±5%、また無効電力については発電機の可能出力曲線の範囲で、連系変電所の基準電圧を維持するよう制御される。

また、②の場合の基準値は、発電機の容量および系統内の場所などにより、大きく次の二つの方式によって設定される。

a. 基準力率（無効電力）を設定する場合

発電機が需要地点から遠く離れていたり小容量である場合、その出力変化による系統電圧への影響は少ないが、発電機電圧はその出力により大幅に変動する。したがって、電圧指定運転を行うと、送電線の無効電力が大幅に変動し送電損失が増大したり、極端な進相運転となって安定運転を阻害したりするため、これらの発電機では力率指定あるいは無効電力指定運転をすることが多い。

基準力率あるいは基準無効電力は、代表潮流について系統の潮流計算を行い、送電損失が最小となるよう発電機出力に応じて決定される。なお、負荷端の発電所でも無効電力を有効に活用するため、この方法により重負荷時は低力率に、軽負荷時は高力率に運転目標を設定する力率（無効電力）スケジュール運転を行うこともある。

b. 基準電圧を設定する場合

大容量発電機では、系統の基準電圧維持を図るため、発電機端子あるいは系統側母線に基準電圧を設ける。

基準電圧は、各時間帯の系統条件について潮流計算を行い、系統電圧を基準値に維持できるようスケジュール設定する。発電所の基準電圧スケジュールの例を（図3-25）に示す。

第3章 電力系統の運用

図3-25 発変電所の基準電圧スケジュール

(単位；kV、%)

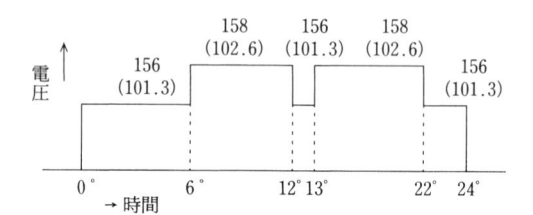

a. 局地火力

電圧軸：156 (101.3) — 158 (102.6) — 156 (101.3) — 158 (102.6) — 156 (101.3)
時間軸：0°、6°、12°、13°、22°、24°

b. 系統火力

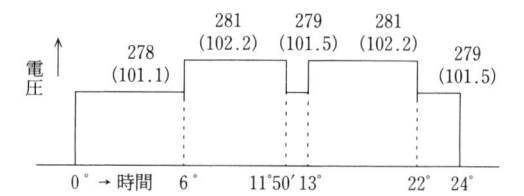

電圧軸：278 (101.1) — 281 (102.2) — 279 (101.5) — 281 (102.2) — 279 (101.5)
時間軸：0°、6°、11°50′、13°、22°、24°

c. 超高圧変電所

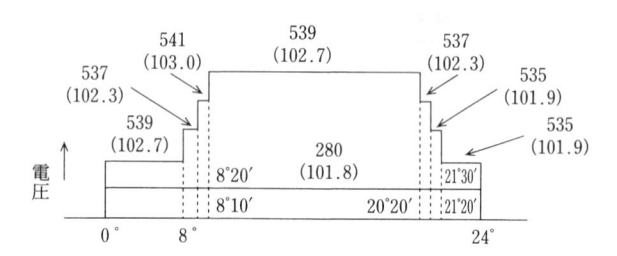

537 (102.3)、541 (103.0)、539 (102.7)、537 (102.3)、535 (101.9)、535 (101.9)
539 (102.7)、280 (101.8)
8°20′、8°10′、20°20′、21°30′、21°20′
0°、8°、24°

d. 二次変電所

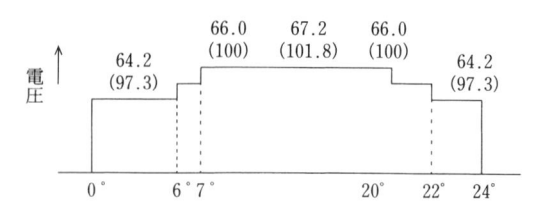

電圧軸：64.2 (97.3) — 66.0 (100) — 67.2 (101.8) — 66.0 (100) — 64.2 (97.3)
時間軸：0°、6°、7°、20°、22°、24°

234

3-3 電圧調整機器

　系統電圧の調整を行うには、変圧器タップの切り替えなどにより直接調整する方法と、発電機などの同期機や調相設備により無効電力潮流を調整することで電圧を降下あるいは上昇させる方法がある。
　これらの電圧調整に使用される機器について述べる。

(1) 発電機

　発電機の端子電圧 $\dot{V}_t$、内部誘起電力 $\dot{E}_i$ および負荷電流 $\dot{I}_t$ の間には、(3-1)式の関係があり、また内部誘起電力 $\dot{E}_i$ (3-2) 式のように、界磁電流 $\dot{I}_e$ に比例する。

$$\dot{V}_t = \dot{E}_i - jX\dot{I}_t \quad \cdots\cdots\cdots\cdots\cdots\cdots\cdots\cdots\cdots\cdots\cdots\cdots\cdots (3\text{-}1)$$
$$\dot{E}_i \propto \dot{I}_e \quad \cdots\cdots\cdots\cdots\cdots\cdots\cdots\cdots\cdots\cdots\cdots\cdots\cdots\cdots\cdots (3\text{-}2)$$

　ただし、X は発電機の同期リアクタンス
　したがって、(図3-26) のベクトル図のように、界磁電流を調整することに

図3-26　発電機の運転力率並びに無効電力調整

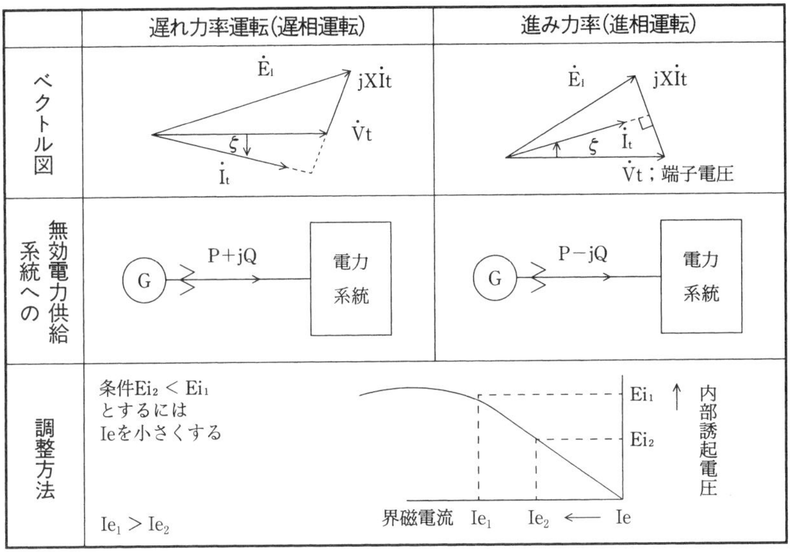

	遅れ力率運転(遅相運転)	進み力率(進相運転)
ベクトル図	$\dot{E}_i$, $jX\dot{I}_t$, $\dot{V}_t$, ξ, $\dot{I}_t$	$\dot{E}_i$, $jX\dot{I}_t$, ξ, $\dot{I}_t$, $\dot{V}_t$; 端子電圧
無効電力供給系統への	G ─ P+jQ → 電力系統	G ─ P−jQ → 電力系統
調整方法	条件 $E_{i2} < E_{i1}$ とするには I_e を小さくする　　$I_{e1} > I_{e2}$	内部誘起電圧 E_{i1}, E_{i2} ／界磁電流 I_{e1} I_{e2} ← I_e

よって発電機の力率角が変化し、無効電力を制御することができる。

発電機端子電圧 V_t を一定とした場合、界磁電流を増加すると内部誘起電圧 E_i が大きくなり、力率角ζは遅れて遅相運転となる。逆に、界磁電流を減少すると E_i が小さくなり、力率角ζは進んで進相運転となる。また、(3-1)、(3-2)式から明らかなように、界磁電流の調整によって発電機端子電圧を調整することができる。

発電機の界磁制御を行う方法としては、その検出要素により次の方法がある。
①自動電圧調整器（AVR；Automatic Voltage Regulator）
発電機端子電圧と基準電圧との偏差に応じて発電機の励磁電流を制御して発電機端子電圧を基準電圧に維持する装置。
②自動力率調整器（APFR；Automatic Power Factor Regulator）
発電機の運転力率と力率の基準値との偏差に応じて発電機の励磁電流を制御し力率を維持する装置。
③自動無効電力調整器（AQR；Automatic reactive Power (Q) Regulator）
発電機の無効電力と基準無効電力との偏差に応じた励磁電流を制御し基準無効電力を維持する装置。
④送電電圧制御励磁装置（PSVR；Power System Voltage Regulator）
送電線送り出し母線電圧と基準電圧との偏差に応じて発電機の励磁電流を制御し、送電線送り出し母線電圧を基準値に維持する装置。

発電機の運転力率の限界は、遅相運転については発電機容量および界磁容量によって定まる容量曲線によるが、進相運転については、さらに低励磁による安定度低下、発電機固定子鉄心端部の過熱および所内電圧低下などからも制約を受ける。

（図3-27）は、種々の制約条件を考慮して定められたタービン発電機の供給可能な有効・無効電力の関係を示しており、可能出力曲線と呼んでいる。

近年、超高圧系統やケーブル系統の拡大に伴い、送電線の充電容量が増大しており、深夜に進相無効電力が過剰となって系統電圧が過昇することがある。この無効電力を吸収する対策の一つとして一部の火力発電機などの進相運転が行われている。

進相運転の問題点として発電機の内部誘起電圧が低下するため、短絡などの

第4節　電力系統の調整と制御

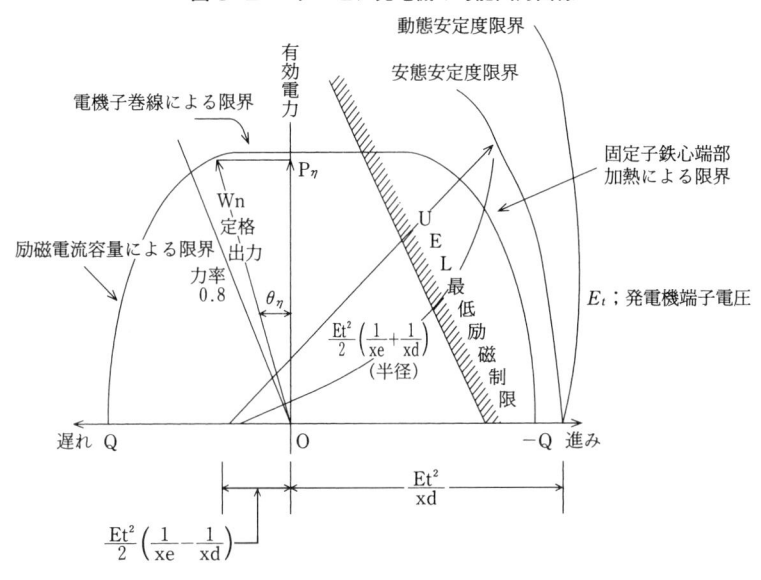

図3-27　タービン発電機の可能出力曲線

系統事故が発生すると系統電圧が低下し、安定な運転を行うことができなくなるという点がある。

(2) 同期調相機（RC；Rotaly Condenser）

同期調相機は、発電機と同様に励磁電流を調整することにより、無効電力の発生・吸収が可能で、電圧調整の即応性に優れ、調整が連続的で系統の電圧特性や安定度を向上させる効果がある。ただし、優れた性能を有する反面、建設コストが高く、運転・保守も煩雑で次に述べる電力用コンデンサや分路リアクトルに比べ電力損失も大きく、不経済である。

(3) 電力用コンデンサ（SC；Static Condenser）

電力用コンデンサは、電力系統の無効電力および電圧調整を目的とした、無効電力を供給するための調相設備で、負荷が消費する無効電力や系統での無効電力損失を補償し、系統電圧の低下を抑制する。調整は負荷開閉器の入切により行うため、段階的な調整となることから、急激な電圧変化がないよう1台当

たりの容量を適正に選定する必要がある。また、設備費が安価で広く採用されている。

(4) 分路リアクトル (ShR; Shunt Reactor)

分路リアクトルは、電力用コンデンサとは逆に無効電力を吸収するための調相設備で、長距離・超高圧送電線やケーブル系統の充電容量などにより発生した無効電力を吸収し、系統電圧の過昇を抑制する。電圧調整方法は電力コンデンサと同様である。

(5) 直列コンデンサ (Sr. C; Series Capacitor)

送電線に直列に挿入し、線路リアクタンスを補償して、見かけ上の線路インピーダンスを減少させ、線路の電圧降下を軽減すると共に、負荷変動に対する受電端電圧の変動を抑制するために設置される。

(6) 負荷時タップ切替装置 (LTC; Load tap Changer または LRA; Load Ratio Adjuster)

負荷電流が流れている状態でタップ切替を行える装置を負荷時タップ切替装置 (LTC または LRA) といい、これを付けた変圧器を負荷時タップ切替変圧器 (LRT; Load Ratio Control Transformer) という。

LTC は、負荷電流を流した状態で有効電力や無効電力になんら影響を及ぼすことなく電圧を調整できるため、配電用変圧器から 500kV 変圧器まで広く用いられている。

(7) 静止形無効電力補償装置 (SVC; Static Var Compensator)

電力用コンデンサとリアクトルの組み合わせからなる装置で、他励式の交流変換器で系統に対する無効電力潮流を連続的に制御する装置をいう。一般には、リアクトルの無効電流を制御する方式が多く、電力用コンデンサの無効電流を制御する方式などもある。なお、自励式の交流変換器を採用したもの自励式 SVC (SVG、STATCOM とも呼ぶ) という。

(8) その他

以上の他、配電用の電圧調整装置として、配電線路の途中に設置し高圧線の電圧降下を補償する線路用電圧調整器（SVR；Step Voltage Regulator）や、並列コンデンサを負荷変化に応じて開閉器により開閉する開閉器付コンデンサ、あるいは固定式の並列コンデンサおよび直列コンデンサなどが使用されている。

3-4 電圧調整方法

各電気所の基準電圧あるいは力率（無効電力）を維持するため、前述の電圧調整機器を自動あるいは手動で制御し調整を行う。その方法は次の通りである。

(1) 配電用変電所

配電用変電所の電圧調整には、線路電圧降下補償器（LDC；Line Drop Compensator）と、電圧継電器によりLTCまたはLRTを制御し、負荷電流に応じて母線電圧を自動的に調整するLDC方式と、時間帯別に負荷電流に応じた基準電圧を設定し、そのスケジュールにしたがってLTCまたはLRTを制御して母線電圧を調整するスケジュール方式がある。

一方、調相設備は、変圧器の無効電力潮流に応じて設定された時間帯別スケジュールにしたがって自動的に投入・開放を行い、負荷力率を調整して電圧変動を抑制している。

(2) 一次変電所・送電用変電所

一次変電所の電圧調整は、負荷時タップ切替装置（LTC）を主体としてLTCが上下限に達しない範囲で調相設備を調整し、基準電圧の維持と無効電力配分の適正化を図る。

すなわち、二次側母線を基準電圧に維持するため、LTCを自動的に制御すると共に、調相設備については、変圧器通過無効電力潮流あるいは一次側母線を基準値に維持するため、自動あるいは手動で制御している。

(3) 発電所

発電所の電圧調整方法としては、前述のように電圧指定方式と力率あるいは

無効電力指定方式があり、一般にそれぞれ AVR、APFR および AQR により、あらかじめ定められた時間帯スケジュールにしたがって自動調整されるが、小容量機の力率・無効電力指定方式では終日一定運転することが多い。

3-5 電圧・無効電力制御方式

　電力系統の電圧・無効電力の調整は、電気所ごとに個別制御装置により行う方法と中央給電指令所計算機による中央制御装置により行う方法がある。近年は、協調制御あるいは系統運用自動化の一環として中央制御を採用している電力会社もある。

(1)　個別制御

　ある与えられた系統条件に対し、あらかじめオフライン計算を行って電気所ごとに母線電圧あるいはバンク通過無効電力に基準値を定め、この基準値を維持するよう各電気所の電圧調整装置や調相設備を個別に制御するもので、その主な制御方式としては次がある。
　①一定値制御
　②時間帯別スケジュール制御
　この方式では、前提とした系統条件に対し実際の系統状態が変化した場合、適正な制御ができるよう一定値制御と時間帯別スケジュール制御を組み合わせている。

(2)　ブロック協調制御

　中央制御装置を用いた制御方法のうち系統内の電圧・無効電力変化の影響がある範囲に限られる場合、そのブロック内の発変電所の電圧・無効潮流データによりローカル装置で論理判断を行い、各発電所の電圧・無効電力調整機器間の協調を図って、各電気所の基準電圧を維持するための適正な操作量を指令する方式である。なお、ブロック間の協調は中央で行う。

(3)　中央制御

　中央制御装置を用いた制御方法のうち系統内の電圧・無効電力の変化が広範

第4節　電力系統の調整と制御

囲にわたって影響を及ぼす場合、その系統を一括して総合的に協調制御を行う方式である。

すなわち、系統内の必要発変電所の電圧・無効潮流データを中央に収集し、計算機により各発変電所の電圧・無効電力調整装置の適正操作量を算出し、その結果により自動調整を行って、系統電圧維持のための最適運用を行うものである。(図3-28)に各方式の概念を示す。

図3-28　電圧・無効電力制御方式の概念図

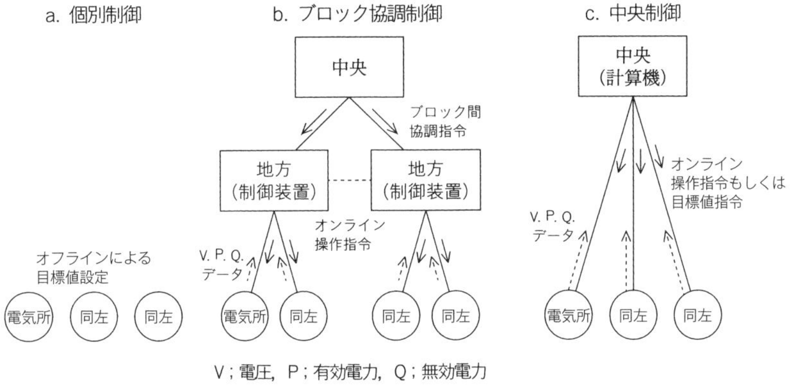

a. 個別制御　　b. ブロック協調制御　　c. 中央制御

V；電圧，P；有効電力，Q；無効電力

第5節　電力系統の経済運用

　電力需給調整について、第2節においては需給のバランス面を主に触れたが、年間計画から時々刻々に至るまで、それぞれの段階における需給計画が立てられている。

　これらの計画を作成するにあたっては、常に経済性を追求する必要があり、種々の手法が開発されてきているが、それらの考え方と手法のうち代表的なものについて述べる。なお、これらの手法は長期的な計画においても、必要に応じて使用されている。

1. 水　力

1-1　水力供給力の経済運用の原則

　水力発電所は、その形式によって調整能力が大きく相違する。貯水池式や調整池式発電所はピーク供給力として運用され、調整能力のない流込み式水力はベース供給力として運用される。

　この場合、個々の水力発電所の調整能力を限界まで活用することが、必ずしも電力系統全体の経済性を満足するとは限らないので、これを検討するためには電力需要の日負荷曲線との関係を十分考慮する必要がある。

　まず、ピーク供給力として水力発電所（揚水式水力を含む）が他の形態のピーク供給力と根本的に相違する点は、エネルギーの供給量が限定されているということである。換言すれば、火力発電所などのピーク供給力では、燃料さえ補給すれば設備容量いっぱいの発電を継続することができるが、水力発電所の場合には、利用し得る水量によって限定されるので、ピーク供給力としての継続時間に制限がある。

　水力発電所の設備容量が流量または貯水量に比較して、相対的に過大のときには、需要の形状に適合するように全発電すると、必要な水を短時間で使い切り継続して発電することができない。したがって、需要の要求する時間にわた

り発電するためには、設備のもつ出力を減少して使わなければならない。

(図3-29)によってこの概略を示すと、持続曲線で表された需要に対して、限界調整電力P、および調整電力量Aの能力がある水力と火力とを組み合わせて供給する場合に、①のように調整能力を最大限に活用した水力発電所の運用と、②のように調整能力を抑えて運用する二つの極端なケースが考えられる。

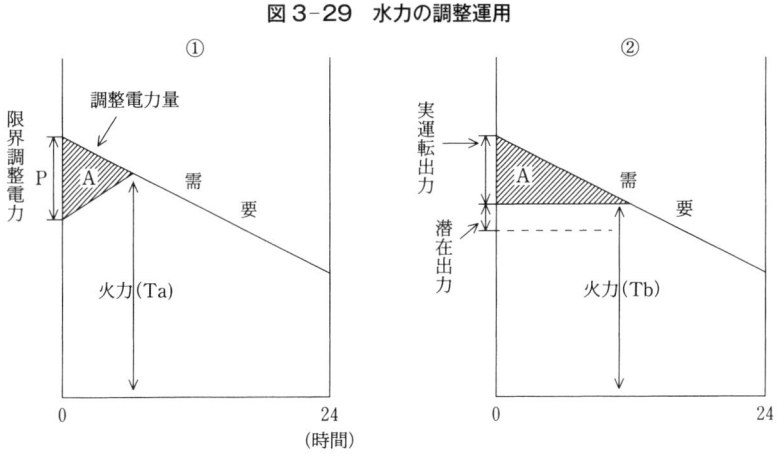

図3-29 水力の調整運用

この2種類の運用方式を比較すれば、②の方が並列する火力機が少なくて済むことは明らかである（Ta>Tb）。したがって、②による運用では、火力負荷率の向上により熱効率が向上し、燃料消費量が少なくて済むため経済的となる。

このように、火力機はできるだけフラット運転とする運用が、経済運用面だけでなく、火力設備も少なくて済むことから、設備計画面からも経済的であり、現在の電源開発計画は、②のような水力の調整運用を前提に策定されている。

②のような運用をした場合の限界調整電力と、実運転出力との差を水力の潜在出力といっている。これは設備出力のうち、有効な供給力とならない部分で需要の形状などにより変化する。

したがって、建設計画時点において潜在出力を生ずることがあっても、水力地点の立地条件と長期的観点から、それが適当な大きさであると判断される場合には、あえて潜在部分を含んだ規模で水力開発を行っている。

第３章　電力系統の運用

1-2　連接水系発電所の経済運用

わが国の水力発電所では、大容量の貯水池が少なく、貯水・放流を上・下流の発電所の影響を無視して行うことができない比較的小容量の貯水池、調整池式発電所の並んでいる水系が多い。このため連接水系の経済運用のための計算手法がわが国で検討されてきた。

このような連接水系発電所群の経済運用の基本は、与えられた日間総使用水量の下で、火力群の日別ごとの総燃料費を最小にするような各時間帯の使用水量を決定することである。

この場合、連接水系の制約条件として、上流発電所の発電放流が下流発電所に影響するため、調整池を有効に使用して溢水放流を出さないようにする必要がある。このため、とくに溢水防止について考慮をはらった計算手法が開発されてきた。

その代表例として、拡張協調方程式法と強制制限法がある。

拡張協調方程式は次の３式を解くものである。まず、火力の負荷配分を各発電所の増分コストが等しくなるようにする。

$$\frac{d\,_tF_i}{d\,_tG_i} = {}_t\lambda \left[1 - \frac{\partial\,_tP_L}{\partial\,_tG_i}\right] \cdots\cdots\cdots(3\text{-}3)$$

ただし、

　　　$_tF_i$：i番目火力発電所の燃料費

　　　$_tG_i$：i番目火力発電所の出力

　　　$_tP_L$：送電損失

　　　$_t\lambda$：増分電力単価

　左下添字 t：時刻

水力発電所でも同様にして、(3-4) 式にしたがって負荷配分する。

$$[{}_t\gamma_j - {}_{t+\tau j}\gamma_{j+1}]\frac{\partial\,_tQ_j}{\partial\,_tP_j} = {}_t\lambda\left[1 - \frac{\partial\,_tP_L}{\partial\,_tP_j}\right] \cdots\cdots\cdots(3\text{-}4)$$

ただし、

　　　$_tQ_j$：j番目水力発電所の使用水量

　　　$_tP_j$：j番目水力発電所の出力

$_t\gamma_j$：j番目水力発電所の水の仮想単価

τ_j：j番目発電所から (j+1) 番目の発電所までの発電放流の到達時間

(3-4) 式の左辺は、対象発電所の増分使用水量、∂Q/∂Pに、この発電所の発電放流によって消費される水の仮想的な価値をかけたもので、その発電所に貯水された水の単価と、すぐ下の発電所の水の単価（流下時間を考慮）との差が消費される水の価値である。

次に溢水を防止するため (3-5) 式が与えられる。

$$\frac{d_t\gamma_j}{dt} = -_t\gamma\left[1-\frac{\partial_tP_L}{\partial_tP_j}\right]\frac{\partial_tP_j}{\partial_tS_j} + \left[_t\gamma_j - _{t+\tau j}\gamma_{j+1}\right]\frac{\partial_tQW_j}{\partial_tS_j} \quad \cdots\cdots\cdots (3\text{-}5)$$

ただし、

$_tS_j$：j番目水力発電所調整池の貯水量

$_tQW_j$：j番目水力発電所のダム溢水量

τ_j：j番目発電所ダムから (j+1) 番目水力発電所ダムまでの溢流の到達時間

(3-5)式の右辺第1項は、落差変動の効果を表したものである。出力P_jが貯水量S_jの影響をほとんど受けない水系では、第1項を省略することができる。第2項の∂QW/∂Sは、貯水量が調整池の上限を超えて溢水すると、ゼロから急に正の大きな値となり、このためγ_jが大きくなる。このことはγ_jが時間にさかのぼって減少することに相当するので、溢水する前の時間帯の使用水量を増加させることになり溢水を防止する。

強制制限法は、溢水量を強制的に他の時間帯、または他の発電所へ配分する方法で、溢水発生前の時間帯の使用水量を増加させ、以後の時間帯の使用水量をその分減少させることによって補正する。

このようにして、自己および上流発電所の調整可能量（溢水を補正するために使用水量を修正できる量）を調べ、補正しきれるまで逐次上流発電所へ上っていき、水系として溢水を防止する。

1-3 貯水池の運用

（1） 貯水池運用計画の基本事項

貯水池は、その運用の目的によって主として渇水期に使用するものと、下流

第3章　電力系統の運用

発電所の渇水補給用として使用するものがある。

これらの年間貯水池使用計画は、過去何カ年かの流入量記録の月別平均値を基礎とし、かんがい用水などの責任放流や観光上の要求による規定水位などに留意し、渇水期に発電量を増加するよう、年間の需給状況と関連させて計画する。計画にあたっては、次の諸事項に留意して策定する。

①有効な出水捕捉と放流

豊水時の出水をできる限り貯水し、無効放流を少なくして渇水期に有効な発電を行い、年間発電量の増加に努める。

②ピーク供給力の確保

下流発電所を含めた水系一貫運用を考慮して貯水池運用を行い、ピーク供給力としての調整能力をできる限り確保し、需要変化に適合した調整能力の有効利用を図る。

③水・火力総合経済運用

平水時は大容量火力が高負荷連続運転となるように貯水池を運用し、渇水時は低能率火力を停止するよう貯水池の放流を増加して火力燃料費の節減を図る。

この他、次の諸事項も考慮する。

a. 河川流量の特性と流入量
b. 流入量と貯水池容量との関連（貯水および放流期間、溢流時期の有無）
c. 貯水池水位と発電電力との関係（高水位能率運転の可否）
d. 上流からの流水の到達時間、流下損失などを考慮した下流発電所への放流方法
e. 下流用水に対する影響の有無

これらによって最も経済的な運用計画を立案する。

実際的な貯水池の運用においては、確率的な現象である河川の出水を処理しなければならないので、貯水池の水位を月ごとに与えるなど定まった運転ではなく、起こり得る種々の状況に応じて運転できるような計画を策定する必要がある。

(2) 貯水池運用計画

広く用いられている運用方式で、二重ルール曲線方式と称されているもので、渇水期のkW確保と経済運用の両者を目的として、過去の流入量の統計的な値に基づいて（図3-30）のような2本のルール曲線を作成し、各月の使用水量はその時の貯水量と2本のルール曲線との関係から定める。

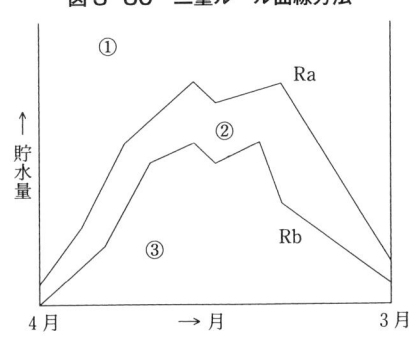

図3-30 二重ルール曲線方法

2本のルール曲線のうち、曲線R_aは、豊水年でもこの程度の貯水量であれば無効放流は比較的少なく、また曲線R_bは渇水年でも、この程度の貯水量であれば最大電力の確保ができるように求めたものである。

運用にあたっては、この両曲線の中間領域②に貯水量を保つことが望ましい。しかし流入量よっては、貯水量が上部領域①または下部領域③になることがあるので、その時々の需給状況を勘案して放流量を決める。この二重ルール曲線方式は、作成にあたって相当な経験を必要とし、また需給状況や供給力構成の変化に対して、そのつど修正を要する場合の即応性に乏しいので、次のような方法により計算機を使い作成されている。

① ダイナミック・プログラミング法
② グラジェント法
③ 最大原理法

年間運用計画から、さらに短期（月〜週）の降雨、出水、負荷、火力運転状態等の実績および予測によって補正し、これに基づいて翌日の貯水池運用（貯・放流量）が決定される。

1-4 揚水式水力発電所の運用

（1） 揚水式水力発電所の運用効果
揚水式水力発電所を運用する場合、次の効果がある。
①火力機の高能率運転

余剰電力または深夜の高効率火力などの単価が安い電力を利用して揚水し、ピーク時に高価値の電力を発電し、電力の価値を転換する。

これは、深夜の火力発電所の負荷率向上および昼間の低効率火力発電所の低減により、熱効率の上昇を図るものである。

②運転予備力としての活用

揚水式水力発電所の負荷変動に対する即応能力を利用して、運転予備力として活用する。

（2） 揚水運用のメリット算定方法
揚水式発電所は前記の運用効果があるが、これらのメリット算定方法を具体的に示すと次の通りである。

①高効率火力により低効率火力を低減する場合

$$メリット = (P \times a) - \left[\frac{P}{\eta_0} \times b\right] + c$$

　P：昼間帯低効率火力低減電力量

　a：低効率火力低減による減分単価

　η_0：揚水総合効率 $= \left[\dfrac{揚水による発電電力量}{揚水に要する電力量}\right]$

　$\dfrac{P}{\eta_0}$：深夜高効率火力増加電力量

　b：高効率火力増加による増分単価

　c：低効率火力起動費

②高効率火力 n 機が部分負荷運転（単機出力 P）のとき、揚水により 1 機を停止し、(n-1) 機を高負荷運転（単機出力 P_{MAX}）とする場合

　　昼間 $n \times P \rightarrow (n-1) \times P_{MAX} + P'$ ……………………………………(3-6)

夜間 n×P_N → (n-1)×P'_N ··· (3-7)
　P'：揚水発電電力
　P'_N：(n-1) 機の場合の単機深夜出力

(3-6)、(3-7) 式の火力増減分単価（熱効率差による）よりメリットを求める。

③運転予備力を火力から揚水式水力に肩代わりさせる場合

火力発電所群において必要な運転予備力を保有しながら運転している場合に、この運転予備力を揚水発電所に肩代わりさせて、火力の運転台数を減らす場合のメリットは、

$$\text{メリット} = \{(P_s \times a_s) - (P_t \times a_t) + c\} + \left\{P\left(a - \frac{b}{\eta_0}\right)\right\}$$

　P_s：停止機電力量
　P_t：出力増加機の電力量
　a_s：停止機運転費単価
　a_t：増出力機運転費単価

2. 火　力

2-1　火力経済運用の原則

　火力発電所の経済運用は、水力発電所との併用運転により送電損失も考慮して、電力系統全体で燃料費を最小とするように運転するのが原則である。

（1）　火力発電所の運転順位

　一般に系統潮流ネック、適正運転予備力の確保など、系統運用上の制約を考慮しながら、高効率の火力機から優先的に運転順位を決める。

（2）　高負荷運転

　火力発電所の熱効率は、定格出力時には最低負荷運転時に比べて10％程度向上することから、できるだけ定格出力運転となるように並・解列の時期を選定する必要がある。

第3章 電力系統の運用

（3） 連続運転

火力ユニットの起動停止は、機器に与える繰り返し熱応力の問題や起動損失と称される熱損失などがあるので、できるだけ連続運転することが好ましい。

しかし、昼夜間需要の格差、電源構成によっては夜間に火力機の一部を停止し翌朝起動する、いわゆる日間起動停止運転(DSS；daily startup and shutdown)を行う必要が出てくる。この場合に生ずる起動損失と、起動停止を行わなかったために生ずる火力群全体の低負荷運転による効率低下および豊水期などに生ずる水力余剰電力量との比較によって経済効果を判定する。

なお、機器の特性によっては、毎日の短時間停止に適さない火力ユニットがあるので注意を要する。

（4） 送電端熱効率の向上

火力発電所では環境保全の観点から排煙脱硫、排水処理などの諸装置が設置され、火力所内損失が増大の傾向にある。このため火力発電所における熱管理を一層適正に行い、熱効率の向上に努める必要がある。

2-2 火力経済負荷配分

負荷配分の対象となる発電機が、すべて火力発電機である場合、あるいは水火力併用系統において水力発電所群の運用が、すでに他の手段によって決定されている場合に、以下に示す理論が適用される。

経済負荷配分の目的は、火力の総燃料費を最小にすることであり、この目的を達成するために変化することが許される量は各火力発電機の出力である。いま、各火力発電機出力を P_i、各火力燃料費を F_i（これは P_i のみの関数で与えられる）、また送電損失を P_L（これはすべての火力発電機出力の関数として与えられる）負荷を P_R とすると、次のように定式化することができる。

$$\sum_{i=1}^{n} P_i - P_L = P_R \cdots\cdots\cdots\cdots\cdots 需給バランス$$

$$P_L ; P_L(P_1, P_2, \cdots\cdots P_n) \cdots 送電損失$$

$$F_T = \sum_{i=1}^{n} F_i(P_i)$$

ここで、iは火力発電機の番号を示す添字である。(i=1、2、………、n)

目的は需給バランスの条件のもとで燃料費F_Tを最小にすることで、ラグランジュ未定係数法を適用して、次のラグランジュ関数を定義する。

$$L = F_T + \lambda \left(P_R + P_L - \sum_{i=1}^{n} P_i \right)$$

ここで、λはラグランジュ未定係数である。

Lを独立変数P_iで偏微分し、ゼロに等しいとおくことによって、最も経済的な負荷配分となるために必要な条件を求めることができる。

$$\frac{\partial L}{\partial P_i} = \frac{\partial F_T}{\partial P_i} + \lambda \left[\frac{\partial P_L}{\partial P_i} - 1 \right] = 0 \quad \text{また、} \quad \frac{\partial F_T}{\partial P_i} = \frac{\partial F_i}{\partial P_i} \quad \text{とすると}$$

(∂：ルンドと読む)

$$\frac{dF_i}{dP_i} + \left[1 - \frac{\partial P_L}{\partial P_i} \right] \quad \therefore \quad \frac{\frac{dF_i}{dP_i}}{1 - \frac{\partial P_L}{\partial P_i}} = \lambda$$

i=1、2、………、nである。

上式は物理的には、『ある時刻において各発電機の増分燃料費（dF_i/dP_i）に、送電損失に基づくペナルティファクタ$1/[1 - \partial P_L / \partial P_i]$を乗じた値が、すべての発電機について等しくなるとき、最も経済的な状態となる』ことを示している。この式は通常協調方程式と呼ばれる。

(1) 火力発電機の増分燃料費曲線

火力発電機の燃料費曲線は、発電機出力の二次関数として次式のように近似している。

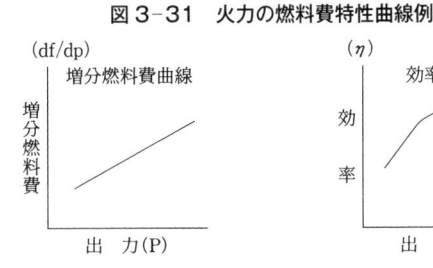

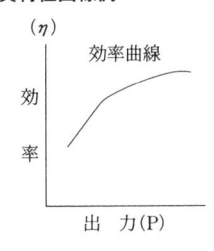

$$F_i = a_i P_i^2 + b_i P_i + C_i \quad \cdots\cdots\cdots\cdots\cdots\cdots\cdots\cdots\cdots\cdots (3-8)$$

図3-31 火力の燃料費特性曲線例

この二次式を微分して出力の変化に対する増分燃料費特性を求めると (3-9) 式のような一次式となる。この式が火力発電機の増分燃料費曲線である。

$$\frac{dF_i}{dP_i} = 2a_i \cdot P_i + b_i \quad \cdots\cdots (3\text{-}9)$$

この曲線の意味は、火力発電機のある出力 (P) から、単位出力 (たとえば、1kW) だけ増加するには、燃料 (F) をどれだけ増加しなければならないかを示している。

一般に火力発電所では、軽負荷時に単位出力を増加するために必要な燃料費よりも、重負荷時に単位出力を増加するために必要な燃料費の方が高いことが分かる。このことは、火力発電所の効率曲線が、一般に (図3-31) のようなものであることと矛盾するかにみえるが、増分燃料費を考える際には、ある出力から単位出力だけ増加するには、どれだけの燃料が、さらに必要かを算出しているのであって、燃料費固定分を除いて考えているためこのような傾向になる。

効率曲線から増分燃料費曲線を作成すると (図3-32) のようになる。

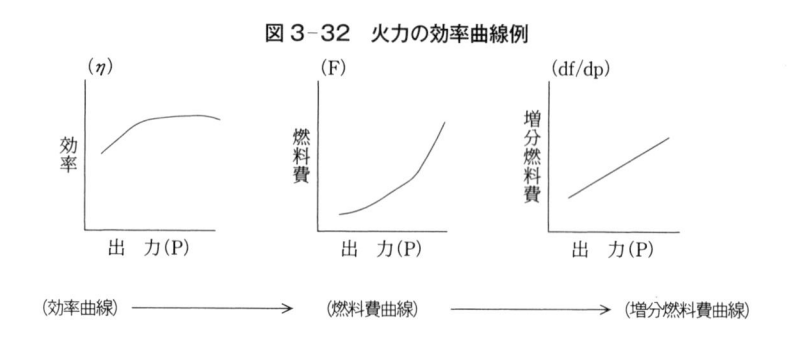

図3-32 火力の効率曲線例

$$F = K \cdot \frac{P}{\eta} \quad K；定数、\eta；発電所の総合効率$$

(2) 火力発電機相互間の経済的な負荷配分

最も経済的な配分方法は、各ユニットの増分燃料費の値が等しくなるようにすることである。これを等増分燃料費法（等ラムダ法）と呼んでいる。

いま仮に、需要が W_0(kW) であったとし、これを A・B 両発電機で分担するとすれば、最も経済的な分担（等ラムダ法を適用）は、(図3-33) のようになる。

第5節 電力系統の経済運用

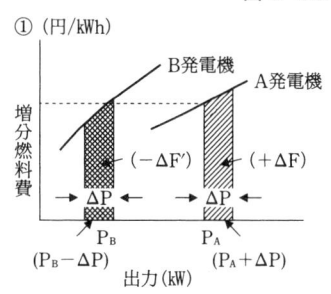

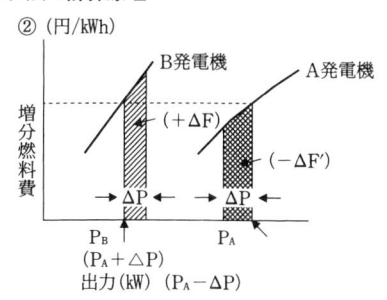

図3-33 等ラムダ法の計算原理

ここで、
$W_0 = P_A + P_B$ である。

この配分が、最も経済的になっているかどうか検討するためには、(図3-33) 等増分配分から（ΔP）だけ、A、B発電機相互に置き換えてみて、その置き換えが不利益（燃料費増）になることを確かめればよい。具体的には、

a. A発電機の分担をΔPだけ増加し、B発電機の分担をΔPだけ減じた場合（需要W_0は一定に保つ）の燃料費の増減は、(図3-33①)のようになる。

　　燃料費の増加量と減少量を比較してみると、増加量の方が多いから置き換えることが不利益になる。

b. a項の場合と反対に、A発電機の分担をΔPだけ減じ、B発電機の分担をΔPだけ増加させた場合の燃料費の増減は、(図3-33②)のようになり、上記と同様に、やはり置き換えることが不利益になる。

3. 水・火力総合経済運用

実際の電力系統の構成を考えると、経済運用については水・火力を総合して考える必要がある。

水・火力の系統における経済運用の問題は、一定期間内の総需要量と河川の出水量を予測して、この需要に見合った最も経済的な水・火力発電機の発電計画を立てることである。

j火力発電所のi時間帯の出力を$_iP_j$、燃料費を$_iF_j$、水力発電所の出力を$_iP_r$、貯水量を$_iS_r$、使用水量を$_iQ_r$、流入量を$_iJ_r$、水位を$_iH_r$、需要を$_iP_R$、送電損失

を $_iP_L$ とし、上下限値を上下の棒線で示せば、諸制限条件は、

  貯水量制限 $\underline{S_r} \leq {}_iS_r \leq \overline{S_r}$

  使用水量制限 $\underline{Q_r} \leq {}_iQ_r \leq \overline{Q_r}$

  水力出力制限 $\underline{P_r} \leq {}_iP_r \leq \overline{P_r}$

  火力出力制限 $\underline{P_j} \leq {}_iP_j \leq \overline{P_j}$

となり、また諸特性式および関係式は、

  電力平衡条件 $\Sigma_i P_r + \Sigma_i P_j - {}_iP_L = {}_iP_R$

  火力燃料費特性 ${}_iF_j = \alpha_j + b_j \cdot {}_iP_j + C_j \cdot {}_iP_j^2$

  火力出力 ${}_iP_r = {}_iH_r(\alpha_r + \beta_r \cdot {}_iQ_r^2 + \gamma_r \cdot {}_iQ_r^2)$

  貯水量条件 ${}_iS_r = {}_{i-1}S_r + {}_iJ_r - {}_iQ_r$

となる。

 最経済な運用とは、これらの条件下で次の総燃料費を最小にすることである。

$$\sum_{i=1} {}_iF_j({}_iP_j) \to 最小$$

 このような問題を解く解法として協調方程式法、ダイナミック・プログラミング（DP）法、リニア・プログラミング（LP）法等がある。

 それぞれの計算手法の概要と特徴を（表3-7）に、また一例としてグラジェント法を用いて計算する場合のフローを（図3-34）に示す。

表3-7 水火力総合経済運用計画計算法の比較

	計算方法の概要	特　徴	備　考
協調方程式法 （γ法）	初期時間帯の水単位（γ）を適当に変更して貯水池制限値を満足するとき、各時間帯のγを決める 使用水量は協調方程式の解として求める	水単価の変更に伴う使用水量変化特性を活用したもの 対象発電所が多くても適用可能	水力効率が一定に近いと収束しにくい
ダイナミック・プログラミング法 （DP法）	各貯水池の始めと終わりの貯水量の定められた水火力併用系統の最適化の問題を2時間帯の最適化計算に還元し、これから全時間帯の合計燃料費が最小となる運用計画を求める	長期運用計画には適当である。対象発電所が多くなると弛緩法が適用されるが、計算規模が非常に大となる	初期値の指定は不要。最適化計算の時系列方向は問題とならない
リニア・プログラミング法 （LP法）	一次式で近似される制約条件の中で全燃料費を最少にする貯水量発電を求める	対象発電所、時間帯数が多いときはLP計算が非常に膨大なものとなる	
グラジェント法	考察期間の全燃料費が減小する方向へ独立変数を少しずつ修正し、全燃料費が最少となるまで繰り返す	対象発電所が多くても適用可能。運用制限にかかった場合の処理方法として強制制限法・ペナルティー法がある	初期値の指定が必要。修正係数の選定が重要
最大原理法	ポントリアギン最大原理の基礎を適用し、ハミルトン関数を導入して、それを最大化し、かつ貯水量端点条件を満たす	貯水量制限を理論的に考慮できる。記憶容量が少なく済む	仮想水単価の初期値を指定する

第3章 電力系統の運用

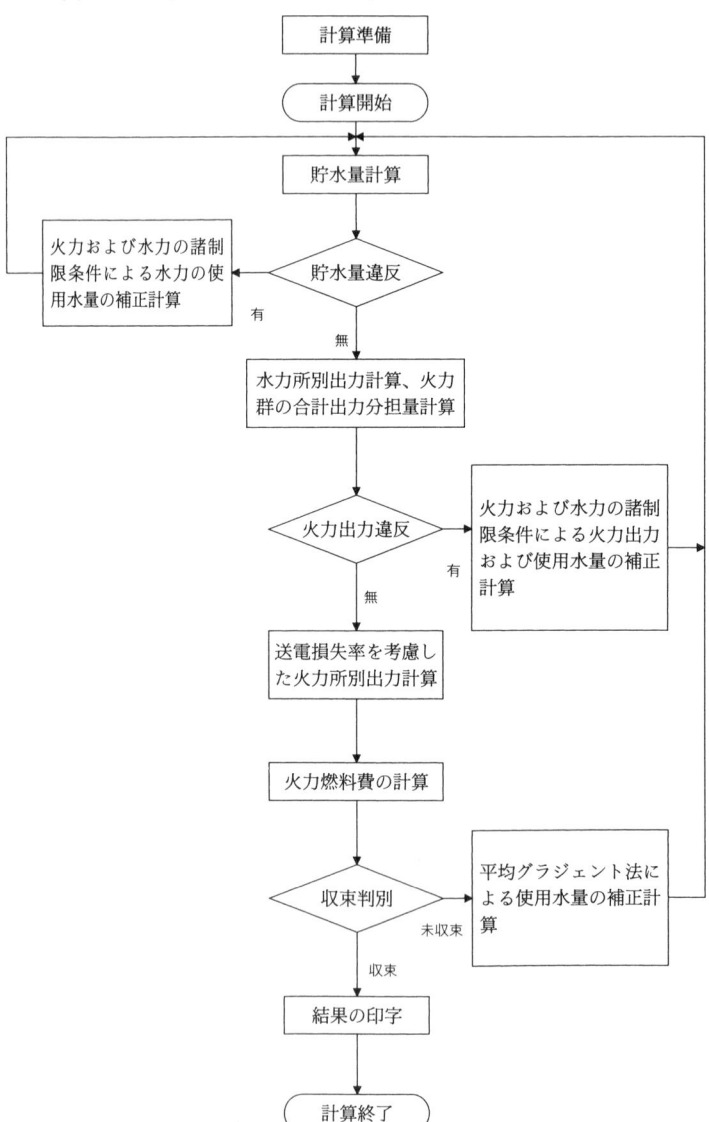

図3-34 グラジェント法による経済運用計画計算フロー図の例

第6節　電力系統総合自動化

1. 総合自動化の目的と効果

　電力系統運用における自動化は、電力品質の向上、省力化、経済性の向上、業務処理の的確化を目的として、従来から定形業務を主体に進められてきた。

　近年のIT社会の到来に伴い、良質な電力の供給に対する要請はますます高まっている。また大規模・複雑化する電力系統を総合的・有機的に把握し的確な運用業務を行うために運用者を総合的にサポートする必要があり、電力系統運用の自動化はますます重要になってきている。

　電子計算機を核とする電子応用技術の飛躍的進歩、パケット網などの情報伝送網の整備などから、最近では、インターネット技術を応用したネットワークの導入、AI技術を応用した需要予測機能・事故復旧支援機能、さらに先行事故シミュレーションや自動操作機能など、運用者をサポートするための高度な機能の導入が進んでいる。

　業務別に自動化の傾向をみると、まず給電業務面では、安定した品質の電力を供給するため、従来から大幅な自動制御を取り入れ、負荷周波数制御、電圧無効電力制御などの自動化を図っており、最近は将来断面予測による先行監視、先行制御機能の導入など、機能のさらなるレベルアップが進んでいる。

　一方、発変電所の運転面では省力化を目的として従来より無人化・自動化を進め、水力発電所や変電所においてはほぼ100％に近い無人化率[※1]に達するなど、各社とも一通りの成果を得ている。

　　　　　　　　（※1：平成16年度末実績、水力発電所99.7％、変電所98.8％）

　最近は、大規模集中化に伴う運用者の負担軽減を図るため、前述した事故復旧支援機能や自動操作などの導入が進んでいる。

　また、配電系統における自動化は、配電設備の停電時間の短縮、効率運用を目的として初期の段階では柱上開閉器の時限式順送装置、スーパービジョン（配電線情報遠方監視装置）の導入にはじまり、最近では配電線の開閉器の遠方監視

制御の拡大、配電系統のモニタリング機能の強化などを進めている。
　これら電力系統運用の自動化を進めることにより大略次のような効果が得られる。

(1) 電力の安定供給
① 有効・無効電力の総合制御により、周波数・電圧の安定したより品質の高い電力を供給することができる。
② 事故を想定した種々の系統状況を模擬することにより、事前に事故対策の検討が行えるので、事故波及を極限化することができる。
③ 事故発生後の復旧操作（周波数安定、過負荷解消、停電負荷の切り替えなど）を速やかに行うことができるとともに、復旧が容易になる。

(2) 省力化
多数の無人発変電所を1カ所から集中制御し、記録、操作などを含め自動処理することにより、労力並びに業務の省力化が図られる。

(3) 労働環境の改善
① 発変電所の集中制御により僻地勤務が解消し、労働、生活環境が向上する。
② 単純業務の自動化、機械化により人間はより高度な業務に専念できる。

(4) 経費の節減
需要に合わせた最経済的な発電や、電力潮流の最適化による送電損失の軽減などにより、電力系統全体の運用経費を最小とすることができる。

2. 総合自動化システム

2-1 システム体系と機能

　電力系統の運用形態は、電力会社ごとに一部異なるものの、概念的には（図3-35）のように階層構成となっている。

第6節　電力系統総合自動化

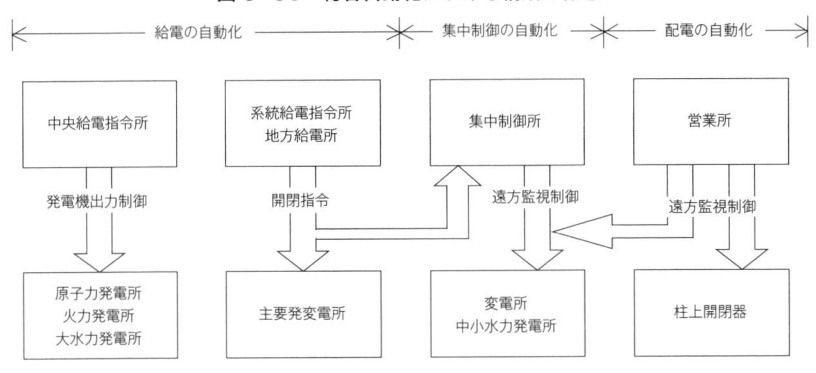

図3-35　総合自動化における構成の概念

電力系統運用には、負荷周波数調整を主体とする需給運用と、電力系統の電圧、潮流調整や電力設備の計画停止操作、事故時の系統復旧操作などを主体とする系統運用がある。

前者は全系統を一元的に監視・制御するため一カ所で行う必要がある。後者も一元化することが望ましいが、電力系統設備が膨大であるため、電圧階級、地域ブロックを考慮して適切な系統規模に区分して運用している。

したがって、運用体系としては主として需給運用を行う中央給電指令所を頂点とし、その下位に系統運用を行う系統給電指令所、地方給電所が位置し、さらにこれらの運用個所からの指令（給電指令という）に基づき電力設備の運転操作を行う多数の制御所が存在する階層構成となっている。

最近では、計算機や遠隔監視制御技術の進歩により制御所の分担範囲の拡大が可能となり、その結果給電指令と運転操作を合わせて行っているところも多い。

このように、システム体系は現在、（図3-36）のような制御体系となっており、運用と運転に着目して大別すると、

○給電機能と発変電所運転機能を分離したもの
○給電機能と発変電所運転機能を一体化したもの

の二つのパターンに分けられる。

なお、各階層機関の主な業務を（表3-8）に示す。

また、配電系統の運用については、需要家に直結し、網状かつ面的に広がる

第3章　電力系統の運用

図3-36　総合自動化におけるシステム体系例

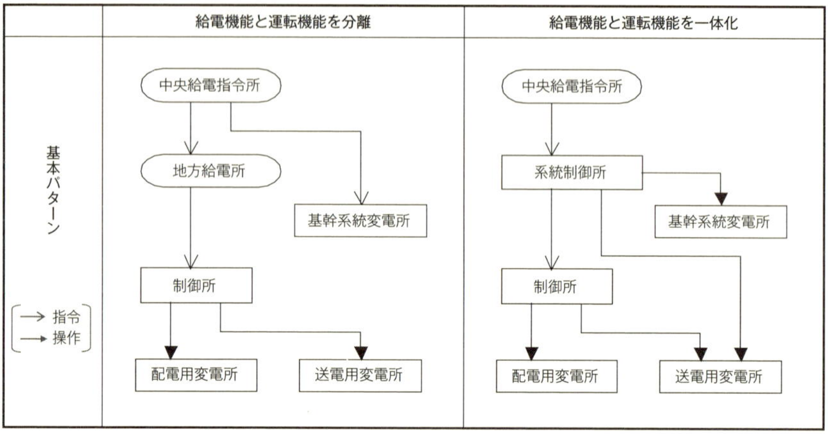

	給電機能と運転機能を分離	給電機能と運転機能を一体化
基本パターン → 指令 → 操作	中央給電指令所 → 地方給電所 → 基幹系統変電所／制御所 → 配電用変電所／送電用変電所	中央給電指令所 → 系統制御所 → 基幹系統変電所／制御所 → 配電用変電所／送電用変電所

表3-8　各階層機関の主な業務

階層機関	設置数	主な業務	備考
中央給電指令所	中心地に1カ所設置	○需給運用 ・原子力、火力、主要水力の需給運用 ・融通、他社受電の調整 ○基幹系統の系統運用 ○全系統の給電運用の統括	系統給電指令所がある場合は、基幹系統の運用は行わない会社もある
系統給電指令所 [基幹系統給電所他]	基幹系統を分割し、数カ所設置	○基幹系統の系統運用 ・電圧、潮流調整 ・電力設備の予定停止操作 ・事故時の系統復旧操作	
地方給電所 [系統制御所他]	支店に1カ所程度設置	○基幹系統の系統運用 ・電圧、潮流調整 ・電力設備の予定停止操作 ・事故時の系統復旧操作 ○管轄水力の需給運用	給電所は指令のみ、系統制御所は操作まで行う
制御所	地域ブロック単位に設置	○発変電所、開閉所の監視制御	一部の会社では、下位の電圧階級の系統運用も行う
営業所	地域ブロック単位に設置	○配電系統の監視 ○配電線開閉器の監視・制御	

大規模な系統であることから、これを適正に分割して管理する機関（営業所など）が担当している。

配電系統の総合自動化は通信線搬送または配電線搬送方式による配電線の遠方監視制御はもとより、配電線の運用に必要となる配電用変電所などの情報（電圧、電流、事故情報など）の伝送や引出用しゃ断器操作の一元化など、上位系統設備との連系を拡大してゆく傾向にある。

2-2 システム構成

電力系統の総合自動化システムにおいて主体となるのは制御用計算機システムであり、その機能を十分に駆使し、膨大な業務量を少数の要員で対処できるように次の点を考慮し設計されている。

① システムは安全かつ連続して運転できること。
② 電力系統状況の迅速・的確な把握と確実な操作が容易にできること。
③ 電力系統事故発生時などの処理対象データ量増大に対してもマンマシンインターフェース他の機能が遅滞なく応答処理可能なこと。
④ 電力設備の増設および変更に対してもオンライン機能を停止することなくハードウエア、ソフトウエアの追加、変更が容易にできること。
⑤ 自動化機能の高度化に対応できるようにシステムに裕度をもたせること。

自動化システムの基本構成の一例を示すと（図3-37）の通りであるが実際には先に述べた運用上の形態に合わせて各機関に設置され（図3-38）に示すように有機的に結合されている。

なお、最近におけるシステム構築の傾向として、従来の集中型システムからシステムの拡張性などの面で優れている分散型システムへ移行しつつある。

このうち「機能分散型」は、自動化システムの大規模化・高度化に伴う保守性・拡張性を改善するため各業務処理機能を互いに独立した機能に分散し、その各々にプロセッサを割り付け、プロセッサ間をLANにより有機的に結合したものである。

また、「オープンシステム」は「機能分散型」に加えて、特定のアーキテクチャに依存しない、汎用のオペレーティングシステム、データベース、情報通信プロトコルなど、システムの根幹を標準化しその上でシステムを構築すること

第3章　電力系統の運用

図3-37　制御用計算機システム例（系統給電指令所、分散システム）

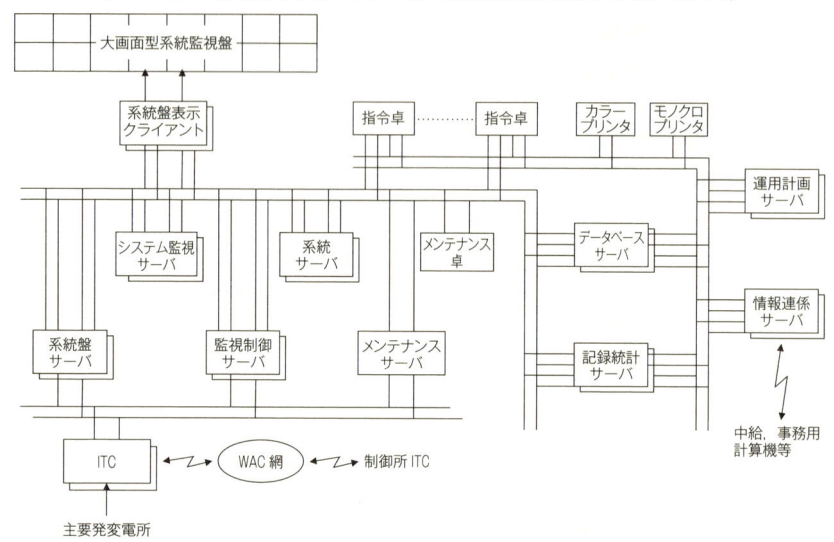

図3-38　電力系統制御システムの構成（例）

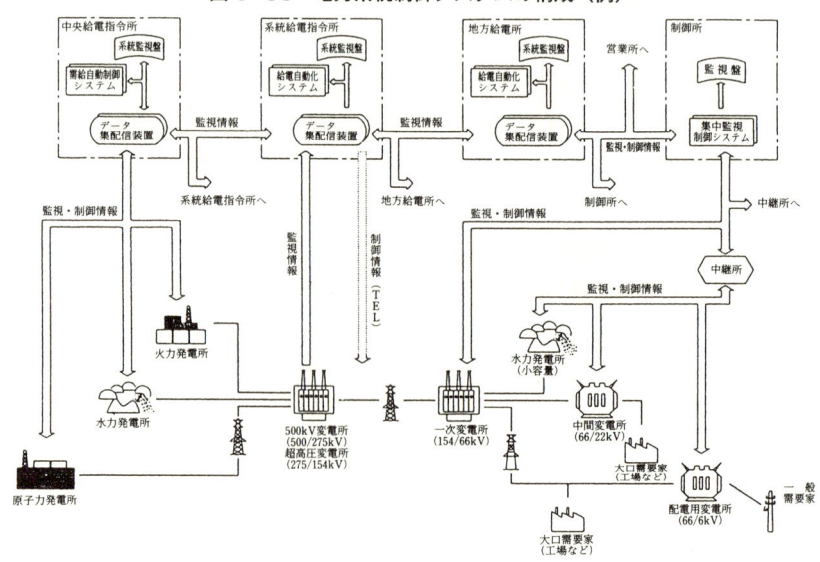

により、システム間でプログラムやデータの共有を実現し、逐次拡張が可能な柔軟なシステムを構築することを狙ったものである。

なお、近年、パソコン用のWebブラウザを活用して、異なるメーカーの計算機によるマルチベンダーシステムを実現している事例もある。

3. 総合自動化項目と内容

3-1 系統運用の自動化

系統運用の自動化は、系統監視盤表示のオンライン化からはじまり、情報伝送装置のデジタル化と電子計算機の導入により日々の運用計画から発電機の出力制御、発変電所の電圧調整などの制御、系統全体の監視および運転状況の記録統計処理と発展してきており、まず上位系統を管轄する中央給電指令所で実用化され、次に地方給電所・系統制御所へと導入されてきた。

一方、発変電所の自動化は、初期においてはせいぜい数カ所の無人発変電所の遠隔監視制御であったが、現在では100カ所を超す大規模な集中制御所も出現している。

各機関の自動化項目と内容は次の通りである。

(1) 中央給電指令所
① 需給制御：短周期負荷変動を対象とした負荷周波数制御、需給計画計算に基づく有効電力制御 他
② 系統監視：発電機出力、潮流、総需要、開閉器の状態変化などの監視、事故監視、VQC監視機能 他
③ 系統制御：系統運用計算ならびに系統監視結果に基づく、電圧、潮流制御
④ 運用記録：毎時間、日間、月間、年間の需給運用実績の統計処理、給電速報作成 他
⑤ 需給運用計算：年間、月間、週間、日間の需要、出水予測に基づく供給力の経済的出力配分、水系運用計算 他
⑥ 系統運用計算：各断面の潮流、電圧、安定度計算 他

⑦　情報伝送：給電情報、事故情報、営業情報、気象情報など各部門で必要とする情報の編集と、関係機関への送信処理　他

(2)　地方給電所（支店給電所、系統制御所）
① 　系統監視：開閉器の状態変化、潮流、電圧、停電の監視、事故監視、瞬低監視
② 　系統操作：発変電所の開閉器操作における自動操作手順表の作成、および自動・手動操作
③ 　記録統計：発電、負荷、電圧、潮流などの日・月報・年報などの統計処理、給電速報作成　他
④ 　運用計算：各断面の潮流、電圧、安定度計算　他
⑤ 　情報伝送：給電情報、事故情報、営業情報、気象情報など各部門で必要とする情報の編集と、関係機関への送信処理　他

(3)　制御所
① 　系統監視：開閉器の状態変化、潮流、電圧、停電の監視、事故監視、保護継電装置の動作状態監視　他
② 　系統操作：発変電所の開閉器操作における自動操作手順表の作成、および自動・手動操作、水系各発電所のスケジュール運転計画およびこれに基づく水車発電機の始動停止と出力制御、揚水発電所の運転モード切替、ゲート操作　他
③ 　記録統計：発電、負荷、電圧、潮流などの日・月報の統計処理、機器操作記録、給電速報作成　他
④ 　運用計算：自流および貯水量に基づく各発電所・ダムの水系運用計画、降雨およびダム流入量予測計算など
⑤ 　情報伝送：給電情報、事故情報、営業情報など各部門で必要とする情報の編集と、関係機関への送信処理　他

なお、近年ではAI技術を応用した需要予測、事故時の多量情報を的確に運用者に知らせるための知的アラーム機能や事故点判別機能、復旧操作支援機能など、従来手法では困難な運用者のノウハウを取り込み、運用者の思考の支援

となる機能の開発導入が活発に行われている。

3-2 配電の自動化

　配電線自動化は電力供給信頼度の向上、配電設備運用の効率化、お客さまサービスの向上などを目的として、配電線事故時に事故区間を的確・迅速に分離し健全区間への送電を短時間に行えるように
　　○配電線自動開閉器の設置とその遠方監視制御化
　　○計算機システム導入による自動化
を中心に進められてきた。

　配電自動化システムは導入効果の大きい都市部を中心に展開を図ってきたが、現在は中小都市、郡部地域を対象として導入拡大が進められている。

　営業所などの制御機関における主な配電線自動化項目は次の通りである。
① 監視：配電系統の状態監視、配電線の過負荷監視、配電用変電所のしゃ断器、保護継電装置の動作情報、計測情報他運転情報の受信と監視　他
② 制御：配電線開閉器の操作、配電線、バンク、変電所事故時の系統切替と最適負荷融通、会社によっては配電線しゃ断器操作、再閉路装置のロック　他
③ 記録：事故／操作記録、停電情報、報告書

　なお、最近では系統運用の自動化と同様にAIを摘要した負荷融通計算機能の導入や配電系統のリアルタイム監視機能の向上のため配電系統の電流計測などにより地絡・短絡などの判別などを行うモニタリングシステムの開発導入など機能の高度化が進められている。

　また、遠隔検針システムや遠隔異動処理など需要家直結業務の自動化についても開発・導入が進められいる。

第4章
電力系統の広域運営

第1節　広域運営の組織と機能

　電気事業の広域運営は、電力の需給安定のために、電気の特質を生かして各電力会社の供給区域を越え、設備の効率的な運用、電源の開発などを行おうとするものである。

　これは、国民経済的な視野で合理化を進め、安定した良質の電気を供給するという電気事業の使命とも合致している。このため九つの電力会社と電源開発㈱の10社は、中央電力協議会を設け、さらに全国を3地域に分けて各地域に協議会を設けることにより円滑な運営を図っている。

1. 広域運営の目的

　電力の広域運営は、電力供給の安定と電力設備の有効利用などを図ることを目的とし、各社の自主的経営の利点を最大限に生かしながら、各社協調のもとに設備の開発と運用、資材面の交流、技術開発の推進などを効果的に実施しようとするものである。

2. 広域運営の組織

　1958（昭和33）年に発足した広域運営は、経済・社会の急速な発展など内外の諸情勢に対応するため、時宜に応じ組織の強化が行われてきた。1968年7月には、広域運営10周年を契機として一層強力に推進するため、いわゆる「広域運営新展開の基本方策」を策定した。また、地域電力協議会は、東（北海道、東北、東京、電発）、中（中部、北陸、関西、電発）、および西（中国、四国、九州、電発）の3ブロックとし、広域運営の推進を企画するための会議体が設けられている（図4-1）。

　さらに第一次石油危機後の1975（昭和50）年6月には、電気事業を巡る環境条件の大きな変化に対応して「広域運営拡大方策」を策定し広域的協調体制の一層の強化を図り、また、代替エネルギー開発機運の高まりを受けて1980（昭和55）年には中央電力協議会に「技術開発推進会議」を設置している。1990（平

第1節　広域運営の組織と機能

図4-1　広域運営の組織・機関

(1) 中央電力協議会

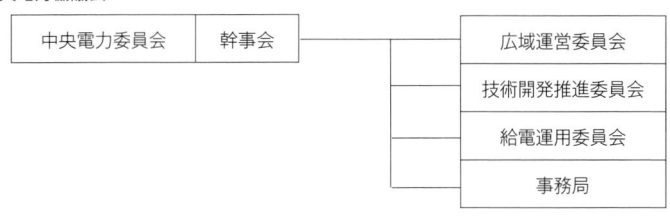

中央電力委員会 ― 幹事会
 ├ 広域運営委員会
 ├ 技術開発推進委員会
 ├ 給電運用委員会
 └ 事務局

(2) 東地域電力協議会

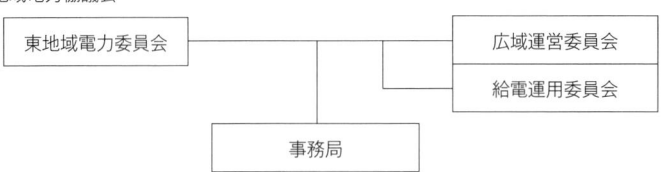

東地域電力委員会
 ├ 広域運営委員会
 ├ 給電運用委員会
 └ 事務局

(3) 中地域電力協議会

中地域電力委員会
 ├ 広域運営委員会
 └ 幹事会

(4) 西地域電力協議会

西地域電力委員会
 ├ 広域運営委員会
 └ 幹事会

成2)年3月には「広域運営の新展開」を表明しており、翌年には至近年の需給逼迫への対応、将来の電源開発構成、電力系統構想についての検討結果をまとめ、中央給電連絡指令所の機能強化も行われた。

その後、日本の経済構造や国民生活が変化していったことに伴い、電力需要が徐々に増大していったことや、電力供給コストの内外価格差なども問題視されたことにより、1995（平成7）年12月には31年ぶりに大幅な電気事業法の改正が行われ、発電部門に競争原理が導入されたことを皮切りに、2000（平成12）年3月には国際的に遜色のないコスト水準とすることを目指して電力小売部門

第4章　電力系統の広域運営

の部分自由化と託送制度が導入された。

　さらに自由化範囲の拡大およびネットワーク部門の公平性・透明性確保を法的に担保するため、2003年6月に電気事業制度の大幅な見直しが行われ、広域運営についても2005年4月から電力系統利用協議会が本格運用を開始したことに合わせ、中央給電連絡機能などを電力系統利用協議会へ承継した。

　従来、中央給電連絡指令所で実施していた全国融通の運用は、公平性・透明性ある運用の確保の観点などから、一般電気事業者からの委託に基づき電力系統利用協議会によりなされているが、中央電力協議会は電気事業者相互の広域運営に係わる全国融通の制度や運用を支援することにより、電力の安定供給と電力設備の効率運用に大きな役割を果たしている。

　また、電源地点の広域的活用、原子力開発に伴う協力体制、電力需給の広域的調整など、長期にわたる電力の安定確保のための活動は、さらに多岐にわたっていくものと思われる。

3. 広域運営の機能

3-1　設備運用

　広域運営は、第1段階として、既設設備を効率的に運用するための電力融通を中心に行われてきた。このための連系拡充の経緯をみると、1959（昭和34）年には50Hz系統（東北、東京）が、また、1960〜1964年には60Hz系統（中部、北陸、関西、中国、四国、九州）がそれぞれ超高圧送電線で連系された。1965（昭和40）年には佐久間周波数変換所の運転開始により、北海道を除く50Hz系統・60Hz系統が並用運転に入り、さらに1977（昭和52）年12月には、新信濃周波数変換設備が完成し、連系が一段と強化された。

　また、1979（昭和54）年12月には北海道と本州間に津軽海峡約43kmを海底ケーブルで結ぶ大容量直流送電線および交直変換所が完成し、運転を開始した。この完成によって北海道から九州までの電力系統はすべて超高圧送電線で連系され、設備面からも広域運営体制が一層整備された。

　この系統連系のもとで、渇水や故障などで供給力が不足する場合には各社間の応援融通を随時行っており、電力需給の逼迫を未然に防止する役割を担って

いる。
　このように、電力の広域運営は電力設備の効率運用を行う融通と、供給力の不足を補う応援融通の両面で電力の安定供給、接じょう地帯における電力設備の有効利用などに大きく貢献している。

3-2　設備開発

　広域運営の第2段階として、電源開発など設備計画面での協調が行われてきた。
　各社の自主的経営責任体制のもとに、数社による大容量ユニットの開発、原子力の共同開発などについて検討調整を進め、全体の設備節減に努めている。

3-3　技術開発

　技術開発は電力の安定供給確保と経営の合理化にかかわる重要な課題として、電力各社間をはじめ、㈶電力中央研究所との緊密な連携のもとに、国並びに関係各界の諸機関とも協調して重点的、効率的な推進を図っている。
　当初からの開発の主力は、軽水炉の定着化・信頼性向上をはじめとする原子力発電技術と、排煙脱硝技術・温排水対策などの環境保全である。原子力関連分野については、今後も軽水炉のより一層の高度化、原子燃料サイクルの確立、高・低レベル廃棄物の処理処分技術の開発などを重点的に推進していくこととしている。また、環境対策については、地球環境問題への関心の高まりから、CO_2排出抑制、石油代替エネルギーの開発など課題は多く、政府が推進している太陽光発電や風力発電などの新エネルギー導入に対しても、費用対効果の観点から効果の期待できるものについては、研究開発や導入支援の面で積極的に協力している。
　さらに、電力貯蔵技術をはじめとする負荷平準化の技術開発、石炭ガス化複合発電（IGCC）など、石炭の高効率発電技術開発、情報通信応用技術の開発などに取り組んでいくと共に、設備建設・運用におけるコスト低減を図るための合理化技術、新技術・新工法の開発・採用も積極的に進めることとしている。

3-4 その他

　以上の他、資材面についても各社協力しており、機器や材料の規格統一を進めることにより、各社間相互融通を行っている。この資材の広域融通は災害時などに大きな成果をあげており、2004（平成16）年10月の新潟県中越地震の際には、被災した東北電力㈱に対し、東京電力㈱を中心とした応援により、復旧作業と支援活動を円滑に進め早期復旧に寄与した。

第2節　広域運営における電力融通

1. 電力融通契約

1-1　電力融通

　1951（昭和26）年5月の電力再編成以来、増大の一途をたどった電力需要に対して電源開発が応じきれず、需給の不均衡を生ずるようなことがしばしばあった。

　このため、電力各社は長期の特定融通（特定の電源または特定地域の需要を対象とした電力融通）および需給調整融通（供給力の不足した会社に流す電力融通）を行い、需給の安定を確保すると共に、経済融通（設備の効率的な運用により経費の節減を図るための電力融通）の実施により原価の高騰を抑制してきた。

　1964（昭和39）年7月に新電気事業法が公布され、電気事業の広域運営を一層強化すべきことが織り込まれたのを機会に、新しい体系の電力融通契約に変更し、趣旨にそった電力融通を行ってきた。

　その後、電力融通をさらに弾力的かつ機動的に運用できるよう全国契約を中心に内容が改正され、現在に至っている。

　この間、1973（昭和48）年末の石油危機を契機とした経済情勢の変化に即応して、新たな観点から広域運営の拡充強化の方針が1975（昭和50）年6月に決定され、全国的な需給の安定を図るため、前節でも述べたように連系基幹送電系統の拡充、両周波数連系設備の増強など、地域間電力融通の積極化に対する条件整備が行われてきた。

　また、1996（平成8）年1月1日からは、規制緩和と電力各社の自主責任を柱とした新電気事業法の施行とこれに伴い更改された全国融通電力受給契約に基づき、経済融通電力への競争原理の導入（規制緩和関連）、連系系統の重潮流、気温感応度の増大などに対応した緊急的融通への対応などの見直しが行われている。

第4章　電力系統の広域運営

　1999年5月の電気事業法改正により、2000年3月から特定規模電気事業者の新規参入が可能となり、電力小売部門の部分自由化に伴う特定規模電気事業者との競争に対する公平性・透明性の観点から、諸契約の改定を行ない、翌2001年4月より経済融通については特定規模電気事業者の参加も可能となった。

　さらに、2005年4月1日からは、自由化範囲の更なる拡大とネットワーク部門の公平性・透明性確保を柱とした新電気事業法の施行および卸電力取引所の創設に合せ更改された全国融通電力受給契約に基づき、

　○公平性・透明性ある運用の確保（電力系統利用協議会へ運用委託）
　○経済融通の廃止

などを中心として見直し、融通受給対応を行っている。

1-2　電力融通の分類

　電力融通は、電力9社間で受給契約を締結する全国融通電力受給契約（全国融通という）と関係会社間で受給契約を締結する二社間融通電力受給契約（二社間融通という）とにより行われ、次のように分類される。

（1）　全国融通

　需給態様別に需給相互応援融通電力および広域相互協力融通電力の2種類に分けられる。その概要は、次の通りである。

① 　需給相互応援融通電力は、受電者の不足する電力を補うために受電者の要請により受給する電力をいう。
② 　広域相互協力融通電力は、環境特性に配慮し、軽負荷時のベース供給力を有効活用するために送電者の要請により受給する電力をいう。

（2）　二社間融通

　特定融通電力、系統運用電力、潮流調整電力および系統融通電力が主となっている。

① 　特定融通電力は、電源の広域開発をはじめ特定の発送電設備の広域的活用に伴う融通で、電源開発計画に織り込まれ、長期にわたって行われるものである。

② 系統運用電力は、需給上に直接関係なく隣接会社の接じょう地帯における電力設備の有効利用を図るために受給される電力である。
③ 潮流調整電力は、隣接会社間で供給信頼度の維持および系統の安定を図ることを目的に、系統運用上必要な系統作業ならびに系統設備の試験などを行うために受給される電力である。
④ 系統融通電力は、受給の意思に関係なく系統が連系運用していることにより、やむを得ず流れる電力である。

以上の電力融通の体系概略を（図4-2）に示す。

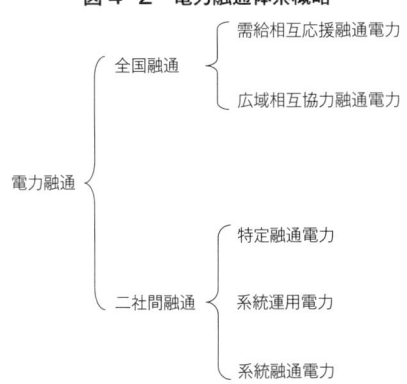

図4-2 電力融通体系概略

```
                    ┌ 需給相互応援融通電力
          ┌ 全国融通 ┤
          │         └ 広域相互協力融通電力
電力融通 ─┤
          │         ┌ 特定融通電力
          │         │
          └ 二社間融通 ┤ 系統運用電力
                    │
                    └ 系統融通電力
```

2. 電力融通の運用

全国融通は、2004（平成16）年5月の電気事業分科会報告において、「全国融通は引き続き一般電気事業者間で存続。運用業務については電力系統利用協議会に委託。」と位置付けられたことを受け、その運用を9電力会社から電力系統利用協議会に運用委託している。電力系統利用協議会は送・受電会社の申し出により融通受給が成立した場合、関係会社の運用制約がないことを確認し、9電力会社にその状況を紹介している。

なお、申出会社は公平性・透明性の観点から、電力系統利用協議会ルールに基づき事後検証用データ提出する。

2-1 受給の申出

電力会社の送電部門は、受給を必要とする場合には以下の必要事項を電力系統利用協議会へ連絡する。
- ・電力名称
- ・受給日時、電力

など。

2-2 送受電会社の選定

電力系統利用協議会は、前記の申出内容に基づいて、協力可能な隣接の会社を優先的に送受電会社および融通経路を選定する。

2-3 電力融通の実施

電力系統利用協議会は、9電力会社に対して、融通電力の受給についての状況（受給電力の運用区分、関係会社名、受給電力、電力量、時刻、時間など）の連絡を行う。

関係会社は、この連絡に基づいて、関係する隣接2社間で確認を行い、受給が開始される。

第3節　広域運営における給電運用

1. 広域給電運用機関

1-1　給電運用委員会

　広域運営における給電運用業務の円滑な運営を目的として、給電運用委員会が設置されており、各社委員により月1回程度の定例会議を開催している。

　給電運用委員会においては、需給状況の確認と需給実績統計管理などについての調査・検討を行っている。

2. 連系系統の運用

2-1　周波数調整

　50Hzおよび60Hz系統は、佐久間周波数変換設備、新信濃周波数変換設備および東清水周波数変換設備を介して連系し、第3章第4節に述べたように、FFC（定周波数制御）、TBC（周波数偏倚連系線電力制御）による周波数制御を行い、周波数変動幅の目標をおおむね±0.1～0.2Hzとなるよう運用している。

　また、北海道―本州間の直流連系においては、周波数の差に比例して電力を相互に融通し、系統周波数制御を行う平常時AFCと突発的事故などによる周波数の異常変動に対応し、速やかに電力融通を行い、系統の周波数を回復させる緊急時AFCにより、運用を行っている。

2-2　連系線潮流調整

　各社間の連系線潮流は本章第2節で述べた各種融通電力および振替供給の総和を基準潮流（計画潮流）として、平常時はこの基準を大きく逸脱しないよう、それぞれに制御目標値を決めて運用し、各社間の連系秩序を維持している。

　なお、各社間の連系送変電設備は、送電容量あるいは系統安定度による制約

などから運用容量を決めて、この範囲内で運用を行っている。

2-3 異常時における相互協力

(1) 相互協力の目的

電力系統の異常時における各社間の相互協力については、広域運営発足当時の1958(昭和33)年9月、「異常時における相互協力に関する方針」を決定し運用を図ってきた。その後、供給力の充足、系統の拡大、想定事故規模の大型化、信頼度に対する要求の高度化など、需給を取り巻く環境の変化に対応して1966(昭和41)年7月に「電力系統異常時における相互協力要綱」を策定し運用を行っている。

この内容は、電力系統に異常事態が発生した場合や、異常事態が発生する恐れのある場合において、9電力会社および電源開発㈱は、自主的な協力体制のもとに電力系統の安定維持、電力需給の均衡を図り、需要家へのサービスに万全を期することを目的としている。

このため系統の周波数が異常に低下するような緊急の場合および供給力の不足などにより需給の不均衡が長期にわたる場合などの措置について、各社間の相互協力方法を定めて協力することとしている。

(2) 異常事態発生の恐れがある場合の措置

台風・塩害などによって大事故の発生が予想される場合は、事故発生予測会社はもとより、健全側会社においても応援することを考慮し、各社は自主的に
　○　停止中の水・火力発電所の並列を行い、運転予備力保有の増加に努める。
　○　各社間接じょう地帯においては、発電機の切り替えによる応援準備を行う。
などの措置を行う。

(3) 緊急の場合の措置

大容量電源の脱落事故(電源線の事故しゃ断、大容量火力ユニットの脱落など)が発生し、系統周波数が大幅に低下した場合、事故会社はただちに自社の運転予備力を発動して増加発電するとともに、連系他社からも連系線容量の限度内

で応援電力を受電する。

また、連系の分離や系統の壊滅を防止するため、緊急負荷制限および電源制限などにより需給を均衡するための適切な緊急措置を行う。

このようにして、事故会社と健全会社の相互協力によって周波数の回復に努めるが、さらに周波数が低下した場合や電力動揺が発生した場合、あるいは過負荷・電圧低下が発生したような場合には、あらかじめ定められた保護装置の動作による連系解列条件によって、連系各社の自動解列を行い、事故波及を未然に防止する。

(4) 異常事態が長期にわたる場合

電力設備事故の復旧に長時間を要し、あるいは異常渇水が継続するなどの理由により、長期にわたる需給の不均衡が予測されるかまたは発生した場合は、次の手順によって各社は相互協力を行い、需給バランスの確保に努めることとしている。

① 水力停止作業および火力補修計画の調整
② 貯水池および調整池の非常使用
③ 長期停止火力の運転再開および自家用火力の非常運転
④ その他供給力増加に必要な諸対策の実施

3. 連系設備の運用

3-1 50Hz、60Hz両系統の連系

電力系統を相互に連系して、運用することのメリットについては先に述べたが、わが国の50Hz・60Hz両系統は、佐久間・新信濃・東清水の周波数変換装置(FC)によって常時連系(設備容量30万kW×4)され、自動緊急融通制御装置(EPPS)の活用などにより一層の合理的運用が図られている。

FCの運用の基本的な考え方は、次の通りである。

① 50Hzおよび60Hzの電力系統は、FCによって常時連系することを原則とし、系統事故時においても極力連系を保つよう努め、電力系統の強化を図る。

② FCによる電力融通は、供給力不足に対応する電力融通を優先し、その他融通についても効率的に有効活用する。
③ FCは、EPPSを常時動作可能な状態にしておき、緊急事態が発生した場合に、FCを通じて電力融通が行われるようにする。

3-2 北海道と本州系統の連系

　北海道と本州は、直流送電線で連系され、その両端に設置されている交・直流変換所（北海道：函館変換所、本州：上北変換所）によって、北海道50Hz187kV系統と、本州50Hz275kV系統とが常時連系（設備容量30万kW×2）され、佐久間、新信濃、東清水FCにおける直流連系と合わせて、わが国の電力系統は一部離島を除き完全に連系され、全国一貫した広域運営が行われている。

　北海道・本州間の電力受給は、自動周波数制御（LFC）、手動電力設定（PSS）、MWH補正および電力配分の機能により合理的に行われているが、北本連系設備の運用の基本的な考え方は次の通りである。

① 常時連系を原則とし、系統事故時においても極力連系に努め、電力系統の強化を図る。また、電力逆送運転により、平常時AFCをより有効に活用するため、融通電力が受給されない場合に、第1極を南流方向（北海道→本州向）第2極を北流方向（本州→北海道向）として零電力AFCを行っている。
② 北本連系による電力融通は、供給力不足に対応する電力融通を優先し、その他の融通などについても効果的に活用する。
③ 北海道・本州両系統の周波数差に応じて、系統容量比に見合う電力を相互に受給し、両系統の周波数安定維持を図る。

4. 広域給電運用の展望

　電力各社は、電力設備の有効活用を積極的に進めると共に、従来にも増して広域的な経済運用に主眼を置いて活発な電力融通を行ってきた。
　一方、設備面においても原子力をはじめ、石炭、LNG火力などの開発に伴いエネルギーの多様化により脱石油化を積極的に推進すると共に、地域内は勿論のこと、地域間の連系強化を図るため、500kV基幹系統の整備や周波数変換設

備、北本直流連系設備などの拡充を進めてきた。

　また、広域通信網により各社と電力系統利用協議会給電連絡所をオンラインで結ぶ計算機ネットワークを構築することで、給電連絡業務などの機械化を図り運用している。

　これにより、広域運営にかかわる給電運用業務の迅速化と精度向上が可能となり、緊急融通のより効率的な実施を図っている。

　広域運営に係わる給電運用は、2005（平成17）年4月に開始された電気事業制度により大きく変化したが、設備の有効活用を図るとともに、電気事業法第28条の精神のもと、電気事業全体の総合効率を高める運用が必要である。

第4節　電力系統利用協議会

1. 電力系統利用協議会の設立の背景

　2003（平成15）年6月に、卸売電力市場における取引所の開設、送配電業務に関する中立機関の設立、小売市場における自由化範囲の一層の拡大、一般電気事業者の会計分離・情報遮断の確保等の制度改革が実施された。

　送電・配電等の電力系統にかかわる設備形成、系統アクセス、系統運用等の業務（以下、送配電業務という）に関しては、従来、電力会社が自主的にルールを策定して、運用してきた。電気事業への新規事業者の参入自由化、小売自由化範囲の拡大に伴い、送配電利用における公平性、透明性のより一層の向上が要求されるようになったため、行政のチェックの下で電力系統に関するさまざまなルールの策定・監視を担う「送配電等業務支援機関」（いわゆる中立機関）を、民間の自主的な取組を前提として創設することになった。

　有限責任中間法人　電力系統利用協議会（Electric Power System Council of Japan）は2004（平成16）年2月に設立され、同年6月に日本における唯一の「送配電等業務支援機関」として、経済産業大臣から指定をうけた。

　電力系統利用協議会は約1年の準備期間を経て、2005（平成17）年4月に送配電等支援業務を本格的に開始した。

2. 電力系統利用協議会の事業内容

（1）ルールの策定

　協議会ルールは、電気事業法第94条第1項の趣旨に基づき、電力系統の安定性を維持しつつ、系統利用の公平性・透明性確保を目的として下記に関する基本指針を策定・公表している。
　○設備形成ルール
　○系統アクセスルール
　○系統運用ルール

○情報開示ルール

(2) ルールの監視（紛争処理）

上記ルールに基づいて、送配電など業務に関する指導・勧告およびあっせん・調停（苦情処理）が行われている。これら処理については、送配電業務の公平性・透明性確保の原則、関連法令、協議会ルールに基づき検討・決定している。

(3) 系統情報の公開

連系線空容量などの系統情報を、一般および会員向けに系統情報公開システムにより提供している。

(4) 中央給電連絡機能

電気事業者の送配電部門や卸電力取引所と密接な連携をはかり供給信頼度を維持するために、給電連絡所において以下の業務を実施している。

- ○ 卸電力取引所において成約した取引に係わる連絡調整業務（受託）。
- ○ 地域間をまたがる広域取引、地域間連系線運用・混雑管理に係わる連絡調整業務。
- ○ 全国融通運用業務（受託）。
- ○ 送配電業務に関する情報提供など

(5) 調査・研究・広報 など

送配電など業務の円滑な実施を支援することを目的として、調査、研究を行っている。また、供給信頼度評価、長期需要・供給力見通しなどに関する報告書、年報などを作成し公表している。

3. 電力系統利用協議会の組織

電力系統利用協議会は、法律の趣旨に基づき、中立者（学識経験者）、一般電気事業者、特定規模電気事業者（PPS）、卸電気事業者・自家発設置者などを会員として、会員代表の理事による民主的な決定手続きによって運営される組織である。

第 4 章　電力系統の広域運営

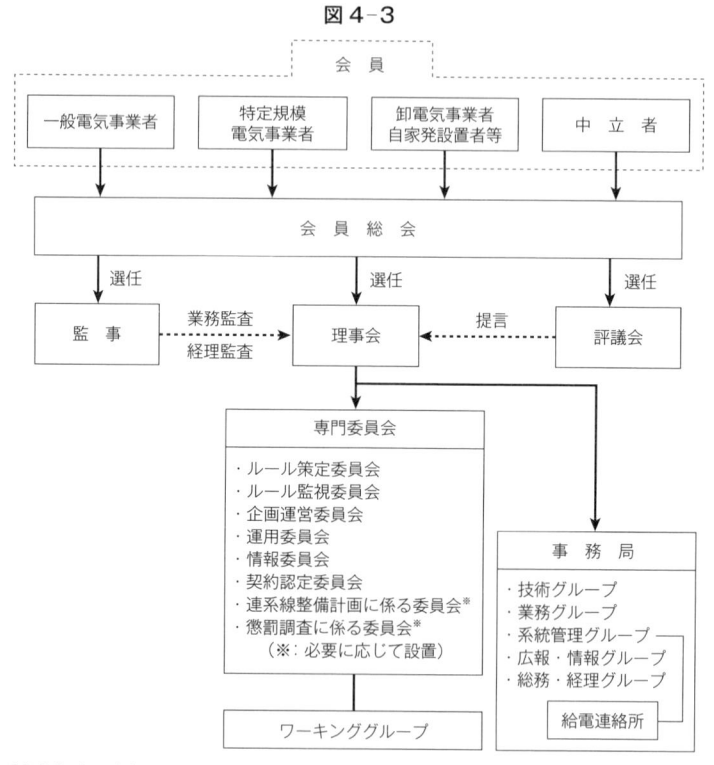

図 4-3

```
                          ┌─────── 会　員 ───────┐
                          │                        │
        ┌──────────┐  ┌──────────┐  ┌──────────┐  ┌──────────┐
        │一般電気  │  │特定規模  │  │卸電気事業者│  │中 立 者  │
        │事業者    │  │電気事業者│  │自家発設置者等│ │          │
        └────┬─────┘  └────┬─────┘  └─────┬────┘  └────┬─────┘
             │              │              │              │
             ▼              ▼              ▼              ▼
        ┌──────────────────── 会　員　総　会 ────────────────────┐
        └──────┬──────────────────┬─────────────────────┬────────┘
               │ 選任             │ 選任                │ 選任
               ▼                  ▼                     ▼
        ┌──────────┐ 業務監査 ┌──────────┐  提言  ┌──────────┐
        │  監　事  │─────────▶│  理事会  │◀─────▶│  評議会  │
        │          │ 経理監査 │          │        │          │
        └──────────┘          └────┬─────┘        └──────────┘
                                   │
                                   ▼
                          ┌──────────────────┐
                          │    専門委員会    │
                          │・ルール策定委員会│
                          │・ルール監視委員会│
                          │・企画運営委員会  │           ┌──────────────────┐
                          │・運用委員会      │           │    事　務　局    │
                          │・情報委員会      │           │・技術グループ    │
                          │・契約認定委員会  │           │・業務グループ    │
                          │・連系線整備計画に係る委員会※│ │・系統管理グループ│
                          │・懲罰調査に係る委員会※      │ │・広報・情報グループ│
                          │（※：必要に応じて設置）     │ │・総務・経理グループ│
                          └────────┬─────────┘           │  ┌────────────┐  │
                                   ▼                     │  │ 給電連絡所 │  │
                          ┌──────────────────┐           │  └────────────┘  │
                          │ ワーキンググループ│           └──────────────────┘
                          └──────────────────┘
```

［出典］有限責任中間法人　電力系統利用協議会 HP

索 引

C
CVCF ---------------------- 28、29

D
DSS（日間起動停止運転）-------- 195、250

F
FACTS ------------------------ 56
FFC（定周波数制御）------------ 207、277
FM電流差動リレー方式 ----------- 158

P
PCM電流差動リレー方式 -------- 157、168

い
位相調整器（LPC）------------- 229
位相比較リレー方式 ------------- 168
一指令一操作 ------------------ 198
一括指令操作 ------------------ 198
溢水 ------------ 194、211、244、245
異電圧ループ -------------------- 15

う
運転予備力 -------- 22、192、194、200、249

え
塩害 ------------------------- 198

か
ガバナ・フリー運転 ----------- 42、204
可能出力曲線 ---------------- 233、236

夏季需要 -------------------- 80、82
火力発電所 --------- 10、15、26、173、179、182、200、211、221、230、242、248、249、253
回線選択リレー方式 ---------- 159、168

き
供給信頼度 -------------- 14、28、32、78、85、89、95、101、102、132、138、197、218、265
供給予備力 ---- 21、33、77、88、93、95、98、185

け
経済運用 ------------ 22、90、173、223、242
経済負荷配分 ---------------- 185、214
系統安定度 ---------------- 32、56、168
系統周波数特性定数 -------- 206、209、222
系統切替 -------------- 179、198、224、265
系統操作 --- 154、179、197、219、222、226、264
系統分離 -------- 12、56、62、103、217、220
系統保護リレーシステム -------- 149、157
系統容量 ----------------------- 22、39、53、61、108、204、211、222、226、280
系統連系 ------- 12、15、21、62、98、112、221
原子力発電所 -------------------- 10、16、26、87、92、114、178、183、196、211、229

こ
後備保護 ---------------------- 157
交直変換装置 ------------------ 23、64
広域運営 ----- 21、22、187、210、217、223、268
亘長 ----------------- 11、17、107、139、227
高調波 ----------------- 24、29、30、66、122

286

索引

し

事故波及防止継電装置 ---------------000
自主復旧操作 -----------------199、201
自動再閉路装置 -------------------198
自動電圧調整器（AVR）-------------236
樹枝状配電方式 -----------129、137、146
需給バランス ------------------12、32、
　　77、79、85、87、165、187、196、223、250、279
周波数偏倚連系線電力制御（TBC）
　　------------------207、208、221、277
周波数変換所 -----------------23、270
瞬時電圧低下 -------------------29、167
順送式故障区間検出方式-----135、145、146
擾乱 ----------------------46、55、202
進相運転 --------------111、220、233、236

す

スタッキングレシオ -----------------93
スポットネットワーク方式 -----------138

せ

静止型無効電力補償装置（SVC）
　　-------------------------109、122、238
線路電圧降下補償器 ----------------239
線路用電圧調整器 ------------------239
全国融通電力受給契約 --------------273

た

多重事故 ---------------103、149、151
脱調 ------14、47、52、56、149、163、221、226
短期需要計画 ------------------85、182
短絡強度 ------------------------108
短絡容量 ---------15、24、44、53、60、122

ち

地方給電所 -----------180、203、259、264
中央給電指令所
　　--------180、203、210、230、240、259、263
中性点接地方式 -----------------149、152
貯水式発電所 ---------------------192
潮流調整 ----20、56、179、201、216、224、277
調整式発電所 ----------------------188
長期需給計画 -----------------79、85、182
直流連系 ------23、55、64、207、210、277、280
直列コンデンサ----52、57、60、122、228、238
直列リアクトル ------------------60、228

て

デジタル形リレー -----------------168
定周波数制御 -----------------207、277
電圧フリッカ ------------------70、122
電力系統 -------------------------9
電力系統利用協議会 ------23、270、274、282
電力損失--12、63、74、109、139、223、228、237
電力融通 -------81、182、187、196、270、273
電力用コンデンサ（SC）---------109、233

と

等増分燃料費法 -------------------252
同期調相機（RC）-------31、109、122、233

な

流込み式発電所 --------------------188

に

二社間融通電力受給契約 ------------274

は

パワーエレクトロニクス-----27、29、56、78

ひ

表示線リレー方式 ------------------ 159

ふ

負荷曲線
　　-------- 42、81、84、183、185、203、231、242
負荷時タップ切替装置（LTC）---- 109、238
負荷周波数制御（LFC）
　　--------- 42、204、207、211、212、257、263
負荷制限装置 --------------------- 204
負荷率 ----------------- 80、84、243、248
分路リアクトル（ShR）-------------- 109

へ

並列切替 ------------------------- 224

ほ

母線保護リレー方式 --------------- 160
方向比較リレー方式 --------------- 157

も

目的操作 ------------------------- 198

よ

揚水式水力発電所 ---------------- 248

る

ループ切替 ---------------------- 224

参 考 文 献

電力系統工学（関根、林、芹沢、豊田、長谷川共著、コロナ社）、電力システムの計画と運用（田村著、オーム社）、自己責任時代の電気保安（通商産業省資源エネルギー庁監修、電力新報社）、電力業の未来戦略　電力21フォーラム（PHP研究所）、電力系統技術計算の基礎（新田目著、電気書院）、電力系統技術計算の応用（新田目著、電気書院）、電力系統工学（関根著、電気書院）、配電系統（神尾著、電気書院）、配電系統（東松著、電気書院）、近代配電工学（日原著、電気書院）、電力系統の計画と運用（宮田著、電気書院）、電力系統の運営（山崎著、オーム社）、給電工学（吉田、太田共著、オーム社）、電力技術ディスクブック（電気書院）、原子力ハンドブック（オーム社）、配電工学現場の手引（中部電気協会、コロナ社）、米国電力研究所のFACTS構想—基礎調査と試算—（栗田著、電中研調査報告T92020）、400V級配電の保護保安方式（有賀他著、電中研依頼報告No.183529 (59-6)、FACTSの概念研究開発の現状（林著、電気評論'95-10）、パワーエレクトロニクス応用による新送電システム（嶋田著、電気学会誌112巻1号）、広域・大電力送電のための"連携強化技術開発"—プロジェクトの概要とこれまでの成果—（関根、林共著、電気学会B部門誌114巻10号）、電力分野におけるパワーエレクトロニクス応用機器の動向（加藤著、電気学会D部門誌115巻4号）、電力系統の多様化を支える自励式変換器技術（色川著、電気学会B部門誌115巻9号）、高圧又は特別高圧で受電する需要家の高調波抑制対策ガイドライン（経済産業省原子力安全・保安院）、電力系統の経済運用に関する研究（電力中央研究所）、総合エネルギー統計（平成7年版）、現代の配電技術（電気計算'72—臨時増刊vol.140）、電気事業審議会需給部会中間報告（1994年6月）、誘導調査特別委員会報告書「電力および通信技術の進歩と電磁誘導対策への展開」（平成5年11月）、電気学会・電子情報通信学会、電気工学ハンドブック（電気学会）、製鋼用大型アーク炉によって生ずる系統擾乱とその対策（電気学会、技術報告II部26号）、電力系統の電圧無効電力制御方式（電気学会、技術報告第84号）、電力系統の負荷・周波数制御（電気学会、技術報告第40号）、自動周波数制御（電気学会、電力系統技術専門委員会、電気書院）、電力系統における階層制御システム（電気学会、技術報告第30号）、給電運用の自動化（電気学会、技術報告II部26号）、電力系統の電圧安

定維持対策（電気学会、技術報告Ⅱ部73号）、基幹電力系統の質の高度化方策（電気協同研究会、電気協同研究31巻4号）、揚水発電（電気協同研究会、電気協同研究24巻1号）、主幹系統保護施設（電気協同研究会、電気協同研究25巻4号）、アーク炉による照明フリッカの許容値（電気協同研究会、電気協同研究20巻8号）、電力系統の安定運用（電気協同研究会、電気協同研究27巻4号）、わが国電気事業における送電連系と予備力の今後のあり方について（中央電力協議会）、系統保護継電方式の標準的な考え方（電気事業連合会）、電力輸送部門における総合電力系統の供給信頼度（電気事業連合会）、電気事業便覧　昭和60年～平成18年版（電気事業連合会）、海外諸国の電気事業 1993年（海外電力調査会）、電力需要想定および電力供給計画算定方式の解説　平成14年11月（日本電力調査委員会）、中央電力協議会年報　1986年～2005年（中央電力協議会事務局）

第7巻 電力系統

電気事業講座

平成 19 年 2 月 28 日　初版

編　者　電気事業講座編集委員会

発行者　酒　井　捷　二

発行所　株式会社エネルギーフォーラム

東京都中央区銀座 5-13-3 (〒104-0061)
電　話　東京 (03) 5565-3500
ＦＡＸ　東京 (03) 3545-5715

組　版　株式会社モリヤマ
印　刷　錦明印刷株式会社
製本・製函　大口製本印刷株式会社

ISBN978-4-88555-323-3 C3330
落丁、乱丁本はお取り替え致します。
©Energy-Forum 2007　　Printed in Japan

電気事業講座《全15巻》内容

第1巻 電気事業の経営
第2巻 電気事業経営の展開
★第3巻 電気事業発達史
第4巻 電気事業関係法令
第5巻 電気事業の経理
第6巻 電気料金
★第7巻 電力系統
第8巻 電源設備
第9巻 原子力発電
第10巻 電気流通設備
第11巻 電気事業と燃料
第12巻 原子燃料サイクル
第13巻 電気事業と技術開発
第14巻 電気事業と環境
第15巻 海外の電気事業
別巻 電気事業事典

★印は既刊